前 言

为推动茶艺师职业培训和职业技能鉴定工作的开展，在茶艺师从业人员中推行国家职业资格证书制度，中国就业培训技术指导中心在完成《国家职业技能标准・茶艺师》(以下简称《标准》)制定工作的基础上，组织参加《标准》编写和审定的专家及其他有关专家，编写了茶艺师国家职业资格培训系列教程(第2版)。

茶艺师国家职业资格培训系列教程(第2版)紧贴《标准》要求，内容上体现“以职业活动为导向、以职业能力为核心”的指导思想，突出职业资格培训特色；结构上针对茶艺师职业活动领域，按照职业功能模块分级别编写。

茶艺师国家职业资格培训系列教程(第2版)共包括《茶艺师(基础知识)》《茶艺师(初级)》《茶艺师(中级)》《茶艺师(高级)》《茶艺师(技师 高级技师)》5本。《茶艺师(基础知识)》内容涵盖《标准》的“基本要求”，是各级别茶艺师均需掌握的基础知识；其他各级别教程的章对应于《标准》的“职业功能”，节对应于《标准》的“工作内容”，节中阐述的内容对应于《标准》的“技能要求”和“相关知识”。

本书是茶艺师国家职业资格培训系列教程(第2版)中的一本，适用于对茶艺师技师和高级技师的职业资格培训，是国家职业技能鉴定推荐辅导用书，也是茶艺师技师和高级技师职业技能鉴定国家题库命题的直接依据。

本书2004年5月由中国劳动社会保障出版社出版，现已发行10多年。根据茶文化发展与茶艺师技能要求的变化，近期我们组织专家与从业人员对国家职业资格培训教程做出相应的修改。

本书在编写过程中得到江西省人力资源和社会保障厅职业能力建设处、江西省职业技能鉴定指导中心等单位的大力支持与协助，在此一并表示衷心的感谢。

中国就业培训技术指导中心

用于国家职业技能鉴定
国家职业资格培训教程

茶艺师

（技师 高级技师）

第2版

编审委员会

主　任　刘　康
副主任　荣庆华
委　员　余　悦　姚国坤　刘启贵　陈　蕾　张　伟

编审人员

主　编　余　悦
编　者　程　琳　赖蓓蓓　邓　婷　曾添媛　龚夏薇
　　　　龚凤婷　王立霞　王俊暐　赵玉香　龚建华
　　　　冯文开　连振娟　柏　凡　张莉颖
审　稿　姚国坤　刘启贵

中国劳动社会保障出版社

图书在版编目（CIP）数据

茶艺师：技师、高级技师 / 中国就业培训技术指导中心组织编写. -- 2版. -- 北京：中国劳动社会保障出版社，2019

国家职业资格培训教程

ISBN 978-7-5167-3017-1

Ⅰ.①茶…　Ⅱ.①中…　Ⅲ.①茶艺－中国－职业培训－教材　Ⅳ.①TS971.21

中国版本图书馆CIP数据核字（2019）第174364号

中国劳动社会保障出版社出版发行

（北京市惠新东街1号　邮政编码：100029）

*

北京市艺辉印刷有限公司印刷装订　新华书店经销

787毫米×1092毫米　16开本　17.5印张　326千字

2019年9月第2版　2023年3月第3次印刷

定价：54.00元

营销中心电话：400-606-6496

出版社网址：http://www.class.com.cn

目录

第一部分　茶艺师技师

第二部分 茶艺师高级技师

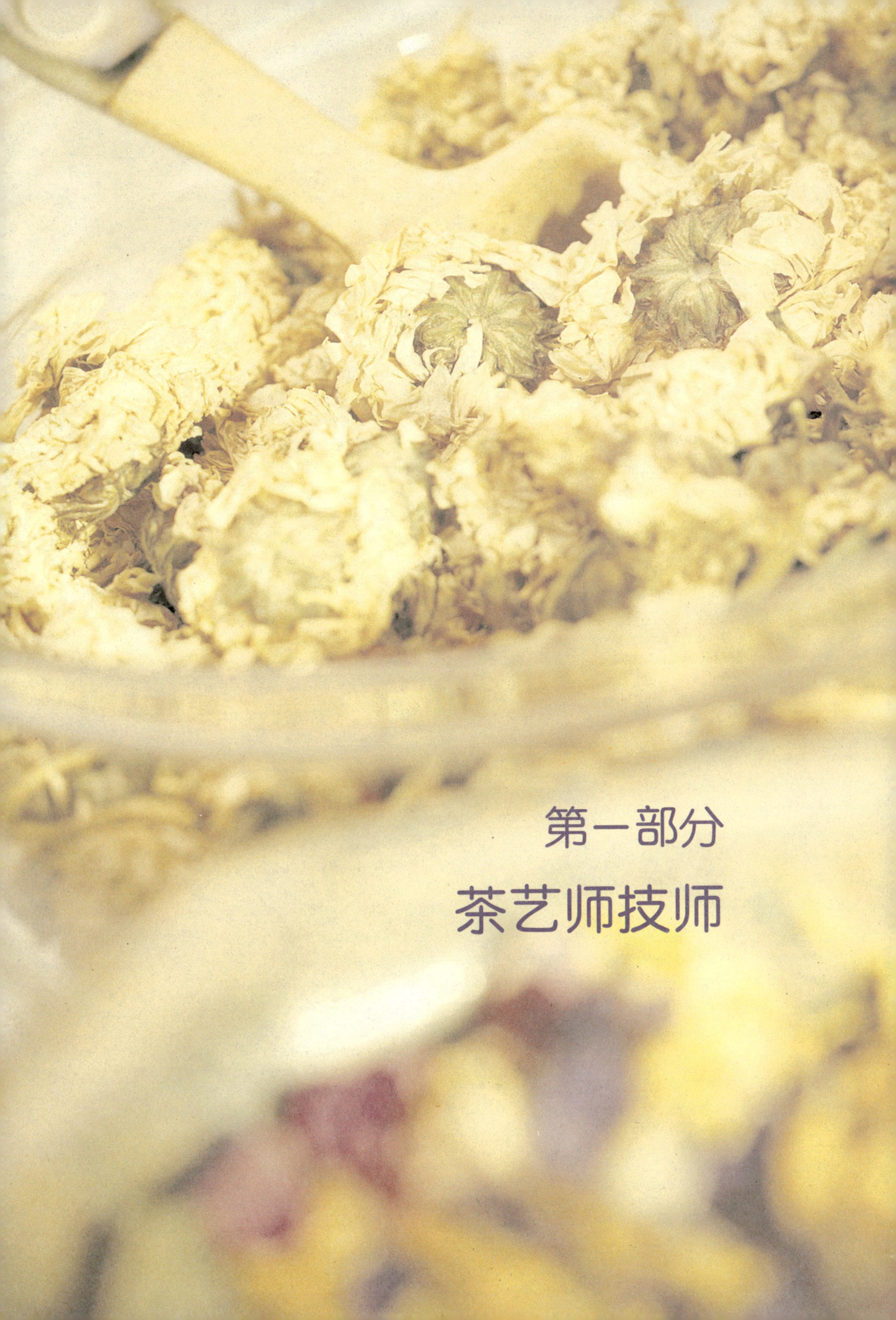

第一部分

茶艺师技师

第 1 章　茶艺馆布局设计

第 1 节　茶艺馆设计要求

一、茶艺馆选址的基本要求

茶艺馆是在茶馆的基础上发展起来的，具有较高的文化品位和自己的独特之处，对顾客有着吸引力。同时它又是经营性的专门品茶场所，对商业利益是不可不顾及的。因此，茶艺馆的选址需要同时考虑多方面的要求。

1. 茶艺馆选址调查的内容

茶艺馆的生意在很大程度上受地点的影响。因此，在确定了要开茶艺馆后，首先要做的就是进行地点调查。调查的内容包括以下内容。

（1）客源情况

客源充足是茶艺馆生存的关键条件，因此首先要调查所选地点的可能客源。调查内容包括该地区的常住人口数量及其分布的历史演变、流动人员数量与相关情况、人口的平均年龄、各年龄段比例、收入状况、职业类别、各年龄层的平均消费支出和支出项目，以及休闲人口的数量、素质和消费情况等。

（2）交通与相关条件

交通状况往往关系着客源多少，所选地址在所在城市中的交通位置、道路状况、街道情况（车道、铺面装修率）、车辆的通行状况和行人的多少，以及停车场、休息场、公园、公共设施等，甚至气候情况、大气状况都在调查范围之内。另外，还需要向有关部门咨询，是否有建筑物拆迁或重建的情况，以免在收回成本之前因拆迁而造成损失。

（3）地段优劣

地段是在商业中心还是偏僻之地，与购物中心、商业区、娱乐区的距离等，关系着地价高低，对顾客的吸引力。所选地段的地价是否超过承受能力，是必须考虑的问题。还要考虑地址的地形（平地、坡路），地面形状（长方形、方形为好，因其利用率较高），是否有足够的空间留给建筑物、停车场，以及安装空调和再建其他的必要设施。所在街道的状况和定位如何也要考察好，因为街道地段状况和交通的形式是吸引人们到这个社区来的一个因素，影响着过往行人的多少、旅客的种类等。在对地点的规模和外观进行评估时，也要考虑到未来消费的可能。

（4）可见程度

可见程度是与地段有关的一个条件。茶艺馆位置的可见程度是指顾客从多个角度观看，可以获得对茶艺馆感知的程度，应兼顾从不同方向驾车或徒步行走两方面。茶艺馆的可见程度往往会影响茶艺馆对顾客眼球的吸引力，这就是人们所说的眼球经济。

（5）经济状况

经济状况是指地区经济，也就是当地的基础产业是什么、状况如何，包括周围商业和商业街的发展概况、趋势和市场特性，邻近街道、邻近市乡村的经济对比，企业、商店、饮食店的数量和规模等。调查经济状况可以预测、评估当地的发展潜力与茶艺馆的发展前途。

（6）周围环境

茶艺馆因其文化艺术氛围和人们休闲消遣的需要，要求周围自然景色优美，视觉舒适。所以，茶艺馆应设在湖畔江边，或掩映在绿树竹林之中，或位于风景名胜区。如果茶艺馆位于闹市中心、交通要道，那么就一定要尽量营造一个幽静、舒适的环境。

（7）竞争对手

要以拟选地址为中心，向周围划出一定范围，对与茶艺馆同性质的竞争对象和类似的店铺进行调查，以达到“知己知彼”的目的。要调查其店铺面积大小、座位数和装修设计风格，主要营业项目与价位，员工人数与服务质量，营业时间与营业机动活动，经营者经营手段，顾客流量与层次，经营状况等，并做出评估，使自己对其优劣势心中有数，以取长补短，对自己店铺的形象设计、经营方针提出针对性的参考。选址的一般原则是，不应设在茶艺馆成群的地方，更不要门对门地经营，这对营业收入必然造成影响。餐馆的营业时间和座位的周转率都要高于茶艺馆。一个地方餐厅众多，会吸引很多顾客，一家客满，顾客可到另一家餐厅用餐。但茶艺馆不同于餐厅，其周转率低，绝大多数人不能不吃饭，却可以暂时不喝茶。

另外，茶艺馆选址还要考虑周围环境，尽量与茶艺馆氛围相契合，不要太杂，否则会显得茶艺馆不够档次。

在减少竞争的同时要注意，如果一条街道没有或很少有茶艺馆，就要调查分析其原因，以便在选址并开办茶艺馆前充分考虑可能出现的情况和准备相应的对策。

（8）能源供应

能源主要是指水、电等经营必须具备的条件。如果这一最基本的条件不能得到满足，那么这一位置是不能被纳入考虑之列的。水的质量尤为重要，因为水质的好坏直接关系到泡茶的效果。

（9）后备服务

垃圾处理、保安和防火，还有其他所需的服务都被包括在这个因素里。对这一地区所需服务的设施、费用和质量都是应该进行评估的。

以上这些是筹建一个新的茶艺馆早期选择地点时所应调查的主要内容。调查时要耐心细致，收集尽可能广泛的资料，为决策提供可靠的基础。

在对所选地点的各种资料进行收集以后，就必须着手分析、整理这些资料，判断是否应该在此地开茶艺馆。判断时不能偏重于有利或不利的一方面，因为在资料收集阶段往往会有一个大体判断，所以这个阶段要权衡利弊，保持客观。最好是先有几个待选地点，再分别进行翔实客观的调查，根据调查资料，最后通过比较选定最合适的地点。待选地点越多，越能发现较合适的、对今后的经营有利的开店地点。要倾听大多数人的意见，必要时请教有关专家。切记要亲自对地点进行调查，既要参考别人意见，尤其是专家的观点，又要有自己的考虑和分析，不可人云亦云。

开店之后，每隔较长的一段时间就要根据政府、行业发布的信息，大众传媒等所反映的休闲趋势，以及自己实地调查收集的资料和数据进行一定程度的更新，并与以前的资料进行比较分析，从而相应地调整经营策略，对经营活动进行调整。因为周围环境、自然条件、社区情况经常在发展变化，所以茶艺馆也需要应时而变。但是茶艺馆毕竟是茶文化的一个载体，不能只根据人数的涨落来变动，而应把握整个消费趋势，整个大众文化、休闲文化的走向。

2. 茶艺馆选址可以考虑的地段

一个店面无论装潢得多么赏心悦目，货色多么齐全，服务多么周到，如果所选地点不适当，生意也不可能兴隆起来。茶艺馆的选址是决定店面的装修风格、制定营业方针等各个方面的基础，因而至关重要。考虑到茶艺馆的休闲性质和较高的文化品位，以下地段可以被优先考虑。

（1）风景名胜区

自然景观和名胜之地本就是人们休闲娱乐常去的地方。在此开茶艺馆，具有先天的优势，可借湖光山色之景、名胜声望之势，增添茶艺馆的历史文化氛围，适宜游人在游览之余休息品茗，从而获得较佳的经济效益和社会效益。随着现在节假日的增多、旅游消费的增加、回归自然呼声的增强，选址于风景名胜区对茶艺馆非常有利。

（2）商业闹市区

这些地方商业繁荣，人流量大，交通便利，水电供应有保证，具备开茶艺馆的基本条件。而且此类地段是商业洽谈、约会聊天、逛街休闲等各类人群的云集之地，自然也是开设茶艺馆的理想地点。但相对地，这也是个价位较高、投资较大的地段。由于租金、竞争等诸多因素的压力，店铺设计、服务内容应有自己的特色，经营对象应是特定的，茶艺馆要走精品化的道路，规模较大者还应考虑到停车场等问题。

（3）公司密集区

在公司较为密集的地区，茶艺馆的顾客就比较固定，主要是上班族。他们具有一定的购买力，喝茶时间也比较集中，多为午休时间或下班时间。对此，茶艺馆经营应该强调品味，无论是整体设计，还是服务项目，都要适合此类消费群体的口味。

（4）饮食娱乐区

位于饮食娱乐区的茶艺馆总能吸引大批顾客，因为那是人们饮食娱乐时首先想到的地方，而且可与相关店铺形成联动经营，也有利于茶艺馆的宣传。但同时处于此地区的茶艺馆竞争压力也大，需要花费更多的财力和精力以突显特色。

（5）居民住宅区

居民住宅区茶艺馆顾客以附近居民为主，平日的对象大多为休闲人士，因而对此地居民的消费水平要进行确切调查，以便制定合适的价格。这种区域的店铺装修应以表现亲和力为主，努力营造一种轻松舒适的氛围，使其具有家庭外延（家庭会客厅）的功能。同时，应特别注重待客方式、服务态度、服务质量，使顾客产生归属感，这是此地段茶艺馆经营的关键点。

（6）城郊结合区

此类地区，既不乏城市的繁华与热闹，又有吸引长期处于闹市中人的清净与野趣。在这类交通便利的地方开设茶艺馆，正好迎合了当今城市居民闹中取静的心理需要，能够吸引一定的顾客群。

（7）交通集散地

机场、车站、码头等交通集散地，客源旺盛，来往的乘客是最主要的顾客群。在此设立茶艺馆，可为过往旅客在候机、候车、候船，以及旅途中转之际提供歇脚小憩的场所。来此的顾客以随意喝茶为主，其目的是等候、歇脚，因而茶艺馆所备茶水应以不耗费时间为宜，且价位不可太高。设计经营的出发点是大众化，服务也因客而异。此处的茶艺馆是为方便旅行者而开设的，因此必须设在旅行者很容易到达的地方，并且最好方便旅行者进出站。

（8）市乡镇中心

茶艺馆的开设地点位于市中心的商业圈、名胜区固然好，但选择市乡镇中心也不失为宜，因为这些地方也颇具消费潜力。人们在忙于生计之余，会偷得半日之闲，到茶艺馆坐坐，享受一下生活。此类茶艺馆的设计要富有乡土气息，价格的定位、供茶的种类要适合当地人的消费水平和口味。

（9）名胜古街

如能在名胜古街寻得一栋老宅，既不破坏原址风貌又保留古韵开设一家古香古色的茶艺馆，绝对是千载难逢的好机会。这类茶艺馆的经营理念一定是具有浓厚的历史文化底蕴、高雅有品位的氛围，并有传承传统文化的使命感。经营定位就相对要有一些格调与品位，相对适合文人墨客等人群。

以上是几大地段的分析。对于那些以独特的气氛、特色或特殊环境见长的茶艺馆来说，位置稍偏僻问题不大，因为顾客总会找到它们的。但反过来说，有利的地点对茶艺馆的经营效益总会更好一些。店铺规划须配合该地点的特殊性，还应考虑该地点茶源的补给、店铺租金是否合理等问题，以此拟定最佳营业战略，树立茶艺馆形象，创立茶艺馆品牌。

二、茶艺馆的经营定位

从市场竞争的现状来看，茶艺馆业同其他行业一样，同样存在优胜劣汰的规律。茶艺馆要在激烈的市场竞争中取胜，就必须在经营策略上树立品牌意识，体现自己的经营特色。

1. 茶艺馆定位的目标

（1）要营造闲逸、舒适的品茗环境

品茗历来讲究环境，或青山翠竹、小桥流水，或琴棋书画、花前月下，追求一种天然而富有情趣的文雅氛围。现代都市虽难以具备这样的品茗条件，但茶艺馆则可以根据经营的思路，在硬件装修方面尽可能营造出适合于品茗需求的环境空间。

（2）要追求尽善尽美的茶艺境界

茶艺馆的主要功能是品茗、休闲，而不是解渴，因此，茶艺馆提供的茶必须要有色泽纯正、香气清新、滋味鲜醇、外形美观的高品质，而不应只是解渴时随意在茶杯中放一把茶叶，用开水一冲而成的泡茶，因为茶品即人品，品茗如品人。经营者必须精通茶艺，能识茶、辨水，懂得各种茶叶的制作工艺、固有特性及冲泡方法，这样才能冲泡出一杯高质量的茶水。

（3）要有高水准的服务

服务是一种无形的产品，茶艺师服务的质量优劣体现在服务过程中，消费者一目了然。茶艺服务水平的高低，影响茶文化的传播，反映了茶艺馆的特色和经营层次。高质量的服务可以使茶客在品茗过程中了解茶文化的知识，学到泡茶、识水，掌握水温、水量等知识，并有“宾至如归”的感觉，留下对茶艺馆的美好印象。所以，茶艺师必须具备以下技能。

1）了解茶的历史、种类及各类名茶的产地、特点、冲泡方法，并能识别茶的质量。

2）正确地选择茶具，并能熟练地掌握冲泡技艺。

3）了解各地、各民族的饮茶习俗和茶文化的有关知识。

4）掌握最基本的英语对话。

5）掌握健康饮茶知识，并能正确引导顾客科学而又健康饮茶（如因人而异、因茶而异、因四季而异等）。

此外，要有品牌宣传意识。让自己的品牌口碑不但要深入老顾客思想中，还要利用广告宣传深入每一位潜在的顾客心目中。

总之，到茶艺馆品茗本身是一种高雅的享受，中国的茶文化有着很深的底蕴，要在茶馆经营中体现茶文化的内涵，经营者就必须懂得一定的茶文化知识，在经营中处处体现茶文化的内质、茶文化的民族风格和精神。只有形成自己的品牌和经营特色，茶艺馆才能在激烈的市场竞争中立于不败之地。

2. 茶艺馆定位的方法

（1）紧扣市场经济条件下人们的心理特点

随着社会主义市场经济的日渐深入，观念激烈碰撞，竞争日趋激烈，这反映在社会的每一个角落。同时，人们的工作和生活节奏加快。这些变化使人们经常处于一种高度紧张的状态之下，有工作的劳累、就业的压力、经济的困扰，还有家庭的烦恼等。处于这种状态下的人们，好比在惊涛骇浪中远航的水手，急需一个安宁的港湾，以便调整精神状态。而茶艺馆一般环境宜人，优雅宁静，在茶香相随、若隐若现的江南丝竹声中，人们放松心情，暂时避开凡尘的纷争和繁杂，静静地思忖，或总结，或反思，或者一任心绪沉淀。茶艺馆已成为人们理想的心灵港湾之一。

（2）符合现代人的消费观念

今天，仅仅讲究吃饱穿好已经不是现代人消费内容的全部，人们更加注重的是精神生活的富足。古人说：“仓廪实而知礼节，衣食足则知荣辱。”物质需求得到满足之后，追求高尚的精神生活和精神上的文明也就成了必然。茶艺馆恰恰满足了人们的这种需求，把高雅的文化、高尚的精神生活提供给人们，让人们接受文化的熏陶，进行实实在在的心之“浴”——心灵上的洗礼。人们在吃茶的同时，更重要的是把文化“吃”到心中，进行文化消费。从这种意义上来讲，消费价值更在茶外。

（3）抓住茶文化的双重属性

众所周知，茶文化具有双重属性：社会属性和商品属性，社会属性注重对人们的教化作用，注重的是文化价值，商品属性则注重经济价值。茶文化本身是这两种价值的统一体。以茶为载体，利用中华传统文化的魅力让人们接受教育，把茶文化、中华传统文化作为“卖点”，利用高雅文化和健康消费创造好的经济效益，使茶文化的社会属性、商品属性相得益彰、浑然一体。

（4）置身于优秀传统文化特别是先进文化的大旗之下

优秀的传统文化本身就是先进文化的一部分，茶艺馆要把自己牢牢地锁定在历史文化的链条上，置身于传统文化的大背景下，依托传统文化，吮吸传统文化的乳汁，借用这片沃土上的人们与生俱来的崇尚文明的特点来创业、立业。

（5）增加文化内涵，让茶客受到茶文化的影响与熏陶

茶艺馆应增加文化内涵，弘扬茶文化。如店面装潢具有文化韵味，包间、茶品、茶艺服务以具有文化内涵的名称命名。很多仿古茶艺更是具有其特有的文化内容，茶艺馆应善加利用。应使茶客除享受茶水服务外，还能感受茶文化的魅力，受到茶文化的熏陶。

品茗要有一个舒适与安静的环境，以符合茶客松弛休憩的心理，不宜过分富丽豪华，以免喧宾夺主。定位档次稍高的茶艺馆，适合较高消费层次的顾客，收费不宜太高，因为茶艺馆毕竟要面对市场，适宜的价格有利于拥有一批常客，经营才得以持续。定位档次稍低的茶艺馆，只要朴素舒适即可，以适应大众的消费要求。我国旅游前景越来越好，茶艺馆也是旅游内容之一，所以茶艺馆应适当聘请一些懂外语的茶艺师，以利于与游客交流。茶艺馆应发挥中国茶的优势，占据这个有利的市场。

3. 茶艺馆的经营

茶艺馆的经营手法并不是一成不变的，了解市场信息，适应市场变化，对茶艺馆的经营至关重要。坚持“以诚待客”的宗旨，茶艺馆定能站稳阵脚，稳步发展。

茶艺馆若想改善经营方式，提高经营水平，就必须懂得“古为今用，洋为中用”，以及其他经营之道。

（1）古为今用

古为今用是指茶艺馆要善于学习借鉴传统茶馆的经营方式，并将其灵活运用于茶艺馆经营之中，最终能够推陈出新。

1）学习借鉴传统茶馆的做法，积极引进曲艺、戏曲等传统艺术，增强茶馆的吸引力。在我国，茶馆与传统艺术“联姻”由来已久，并已经成为茶馆经营中最具中国特色的方式之一。

事实上，传统艺术有着亘古长青的魅力，在茶艺馆经营中有着广阔的市场前景。近年来，青睐传统艺术的年轻人日益增多，老年人对传统艺术则更是情有独钟。传统艺术爱好者是一个非常庞大的群体，同时，也是一个潜在的消费

群体。据了解，老年人普遍认为茶馆是他们休闲的好去处，茶馆最吸引人之处就在于能够品茗赏艺两不误。这样看来，如果想吸引并稳住这一庞大的茶馆消费群体，与传统艺术结合就尤为重要。

2）向传统茶馆学习，努力将茶艺馆经营与百姓生活联系起来，使茶艺馆服务功能向社会需求的方方面面辐射。茶艺馆经营者要积极汲取传统茶馆的经营思想，跟上社会发展步伐，与百姓生活联系起来，拓展茶馆的服务功能、服务项目。就茶馆文化特性而言，茶文化既非高不可攀的“雅文化”，也非鄙不可用的“俗文化”，而属于雅俗共赏、老少皆宜的大众文化范畴。正因为茶馆与生俱来的和群众日常生活在地域、文化、经济、心理上存在的千丝万缕的联系，才使得把茶馆的生意经融入百姓的日常生活之中去有了必要性和可能性。因此，茶艺馆完全可以围绕人们的衣食住行等诸多需求而派生出许多服务。

3）继承、发展传统饮茶文化习俗。茶艺馆经营者要注重饮茶文化与饮食文化的结合，在茶艺馆经营中，要重视茶点的制作与供应。这种饮茶与饮食相结合的经营方式，是我国茶馆经营者主动适应社会需求、积极探索创新的结果，深受历代茶客的喜爱，也大大增强了茶馆的市场竞争力。

每一位有志于发展中国茶文化的茶艺馆经营者都应该切实重视饮茶文化与饮食文化的结合，在中国丰厚的饮食文化基础上，根据各地的特产、加工技术等条件，不断开发研制出适应茶客饮食习惯、独具地方特色的茶食系列，为茶馆增添新的活力。

（2）洋为中用

洋为中用是指茶艺馆要善于将一些国外好的休闲娱乐方式及设备引入中国的茶艺馆经营，使茶艺馆在具有中国传统文化特色的同时，也具备现代文化色彩。

1）学习国外一些著名咖啡屋与酒吧的做法，增强茶艺馆的吸引力。“星巴克”咖啡店是世界最有名的咖啡连锁店之一，它所采取的一些做法就很值得国内茶艺馆业主学习，如定位顾客、营造氛围、创造文化而非传递文化等。当然，茶艺馆毕竟是中国的，它的立足点应该是传统的，是属于茶文化的。运用这些经验只是为了借鉴一些方法和理念，让它更好地服务于中国的传统、中国的茶文化，而不是喧宾夺主。

2）与现代手段“嫁接”，增强茶艺馆的生命力。茶馆历来可谓各种信息的集中、交流、传播之地。充当“信息传播中心”是茶馆重要生命力之所在。要想使茶艺馆的信息传递功能不萎缩，一种做法就是与现代传媒手段“嫁接”。这样，茶艺馆才能从更快捷、更准确、更广泛的信息传递中获得更大的经济和社会效益。

（3）其他经营之道

当然，茶艺馆要经营发展好，还应在宣传力度、营造茶馆消费的良好氛围、努力提高茶艺的服务水平上下工夫。质量是企业的生命，成功企业的产品质量必然是过硬的。茶馆业的质量主要包括茶水质量、服务质量、卫生质量。

茶艺馆的经营取向应以市场需求为准则，是多样性的。有人需要茶艺馆能有一个高雅、清爽、安静、和谐的环境；有人需要茶艺馆营造较浓厚的文化氛围，能有报纸、杂志和较多的书籍，供饮茶者阅读；有人要听古典音乐，希望提高艺术修养；有人要求茶艺馆配备笔、墨、纸、砚；有人喜欢精美大菜、高歌豪饮；有人要求灯光幽雅，清静安逸；有人却要求张灯结彩，一显豪华。各种要求，不一而足，如果不是具有相当规模的经营场所，不可能满足各个层面的要求。茶艺馆只能根据自己经营地的特点和基本消费群体的需要，确定自己的服务方向、服务项目和服务标准，以保证自己能持续经营与获取利润。

茶艺馆应当根据自己面对的消费群体进行必要的消费引导。从整体考察，一些消费者的饮茶还停留在解渴、消暑的阶段，也有消费者到"陶吧"玩泥、饮茶、娱乐、休闲和消遣，这些虽然都是茶艺馆的消费群体，但与茶文化的弘扬与追求还有相当长的距离。针对这些情况，茶艺馆应多组织一些茶事活动，加大茶艺的宣传力度，这样也能多结交一批乐于此道的"茶友"。

不断创新是茶艺馆经营的灵魂。许多茶艺馆在弘扬传统名茶、名品的基础上，推出了一些新颖别致的产品，如各类减肥茶、养颜茶，以及名目繁多的茶食、茶酒等，这类新的品类很受年轻人的欢迎。

注意普及与提高茶文化。茶艺馆是中华茶文化精神和内涵的汇聚之地。茶艺馆要用水、茶、器、艺俱佳的完美形式，来平和饮茶者的心境，培养饮茶者对茶的丰富想象力，留下饮茶者对茶艺、茶文化的思索空间，使心浮气躁者心静，使追求者凝神。茶艺馆必须具备这种精神，并用这种精神培养每名员工。茶艺馆的精神风貌是茶文化中平和、沉静、优雅、自省、思索等传统精神对个人行为规范的一种有益的手段，这与中华民族优秀的传统精神是一致的，是中华茶文化精神的体现。

茶艺馆必须不断提高茶艺，并在提高中使顾客得到享受，使茶人自己也不断得到陶冶和升华。所以，提高茶艺是茶艺馆永远的追求。茶艺表演是茶文化精神的形体表达。它像音乐语言、舞蹈语言一样，具有永恒的挖掘题材。同一套茶艺表演，两个水平不同的人演绎的结果也会大不相同。因此，茶艺表演者自身的修养和提高、敬业精神的培养与茶艺馆的前途息息相关。

中国茶文化有着悠久的历史渊源和传统，茶艺馆是在这个具有深厚文化传统的基础上产生和发展的。坚实的基础为茶艺馆的发展提供了后盾，所以茶艺馆从业者应当充满信心。但是同任何事物一样，茶艺也必须有一个不断补充、完善、提高直到日益成熟的过程，即使茶艺馆在这个过程中要有所付出，但也应该毫不动摇。加强对传统茶艺的学习、提高，并不断推陈出新，就一定会使茶艺馆事业蓬勃发展，在中国大地上结出累累硕果。

4. 合理定价

价格的制定在经营决策中也是一个重要的内容，对于同样的商品，消费者当然是选购价格低的。要想真正收到“物有所值”“质价相符”的效果，茶艺馆经营者在价格制定中应把握好以下几方面。

（1）按消费层次定价。

（2）按营业时间定价。

（3）按原料成本定价。

三、茶艺馆的类型

品茗喝茶，除了要有好的茶叶、好的茶具、好的水、好的泡茶技艺之外，提供品茗环境的茶艺馆也是重要的一环。

1. 茶艺馆的特点

茶艺馆与过去各种茶馆最大的差别，是把饮茶从日常生活的一部分开发成富有文化气息的品饮艺术，从饮茶艺术中体现中国人的传统精神和传统品德。在茶艺馆饮茶不仅有益于身心健康，更是一种艺术享受。

（1）茶艺馆的环境设计以清爽、柔和、宁静为特色。

（2）强调品茗时应有高雅的举止和规范。一般茶艺馆有这样的一些告示：“为了不影响别人，请您放低交谈的音量”“请勿躺卧”“服装不整请勿入内”等。

（3）除了提供各种茶叶任由顾客选择外，茶具设备也很多。如个人用盖碗，多人用小壶泡工夫茶等。茶艺馆配器齐全，从煮水器、水盂、茶巾、茶则、茶匙、杯托等全套提供。

（4）茶艺馆也有茶具、茶叶、茶书籍等供出售。

（5）茶艺馆有代客养壶、寄存茶叶等服务，还有举办茶艺讲座、教学，培训茶艺人员等茶文化活动。茶艺馆与过去的茶馆不同，是小型文化交流中心，是很好的精神文明建设场所，是展现民族文化特色的地方，是高雅的休闲生活馆。

2. 茶艺馆的分类

茶艺馆虽然是在茶馆的基础上发展起来的，但它毕竟是现代社会生活的产物，过去通行的以地域划分的方法，已经不太适用于茶艺馆。尽管各地茶艺馆仍然保留有当地的一些特色，而且也提倡茶艺馆尽量保持当地的特有风情，但随着信息社会的发展、现代气息的渗透，地方特色已非以往那么明显，但仍可按一定标准进行分类。

茶艺馆可以按照功能、经营内容、经营形态和装修风格进行分类。

（1）按照功能分类

随着时代的发展和人们生活水平的提高，茶艺馆的社会功能进一步完善和强化，呈现出多元化的特点。不论何种类型的茶艺馆，都具有交际功能、信息功能、审美功能、展示功能、教化功能这五大功能。但是，茶艺馆由于经营目标的差异，又有不同的功能倾向，按照其功能大体划分为三大类茶艺馆：休闲型、娱乐型、餐饮型。

1）休闲型茶艺馆。这类茶艺馆是最主要的，数量也是最多的。品茗是一种极好的休闲方式，可以达到保健和体能恢复的目的。每个人都可以到茶艺馆放松一下，同时找到各自的乐趣。休闲型茶艺馆的装修风格，或华美，或新潮，或古典，或高雅，或简朴，但都以表现茶艺、品味茶文化、洽谈业务、谈天说地为活动的主要内容。休闲型茶艺馆如图 1—1 所示。

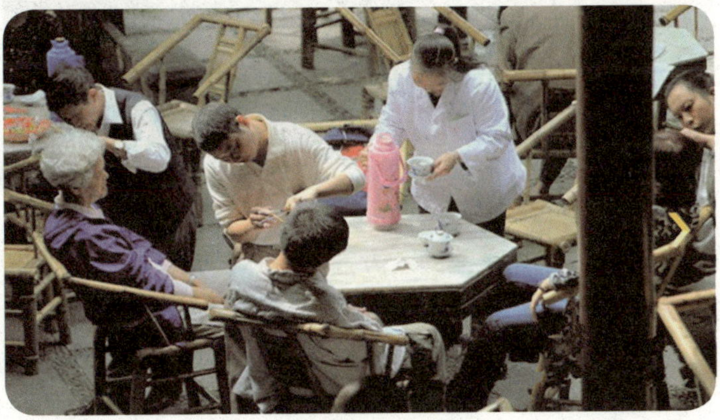

图 1—1　休闲型茶艺馆

2）娱乐型茶艺馆。这类茶艺馆是一种特色茶艺馆，与传统的“书茶馆”有血脉相承的关系。茶艺馆的活动包括听戏、听曲艺、下棋、打牌、猜谜等。北京老舍茶馆的京味戏曲和民间艺术，深受海内外消费者欢迎。近年来，陶吧式、网吧式、咖啡吧式、布吧式、玻璃吧式茶艺馆纷纷涌现，这是现代休闲娱乐方式与茶艺馆相结合的新模式。娱乐型茶艺馆如图 1—2 所示。

图 1—2　娱乐型茶艺馆

3）餐饮型茶艺馆。这类茶艺馆是明、清以来茶、酒兼营的茶馆“二荤铺”的延续，又是在新起点上的提升和发扬光大。这种类型的茶艺馆又可分为茶餐馆和茶宴馆两种。餐饮型茶艺馆如图1—3所示。

图1—3　餐饮型茶艺馆

茶餐馆是既可喝茶又能吃饭的地方，其特点是方便实用，谈事、聊天、喝茶、吃饭合为一体，符合快节奏、多元化的时代特点。

茶宴馆是把饮食文化与茶文化有机地结合在一起，既能为人们提供品茗的优雅文化氛围，又能提供各种精美的茶食、茶点、茶肴。上海秋萍茶宴馆堪为代表，其创造的精美绝伦的茶宴，符合现代人崇尚保健的要求，开辟了茶为食的新天地。

当然，上述三种类型的茶艺馆并不是截然分开的。休闲型的，也可能有娱乐，有快餐；娱乐型的，也有休闲功能，有简餐；而餐饮型的，也有休闲品茗，有文艺表演。这里，只就其主导方面进行划分。

（2）按经营内容分类

就经营内容来说，茶艺馆可分为单一型、综合型、混合型三种。

1）单一型茶艺馆。这类茶艺馆将茶与文学、艺术等功能相结合，经常举办各种讲座、座谈会，推广茶文化。馆内提供交谈、聚会、休闲品茗场所和服务，并兼营字画、书籍、艺术品等，富有浓厚的文化气息，类似某些文化交流中心，也有些类似18世纪法国沙龙，靠经营的收入来维持，但是有创造文化、发扬文化的理念和功能。单一型茶艺馆如图1—4所示。

2）综合型茶艺馆。这类茶艺馆不但以茶文化为名，而且以此为包装，配合季节、庆典举办各种促销活动，综合经营茶叶、茶具及品饮等，服务周到。综合型茶艺馆如图1—5所示。

3）混合型茶艺馆。这类茶艺馆以品茗为主，但也以商业经营来创造利润。因此，也经营冰茶、葡萄酒、餐点等项目，类似茶餐厅。

图 1—4 单一型茶艺馆

图 1—5 综合型茶艺馆

（3）按经营形态分类

茶艺馆从经营形态来看，可大致分为以下五种类型。

1）品茗型茶艺馆。这类茶艺馆崇尚中国传统的饮茶风尚，讲究茶的品饮艺术。品茗型茶艺馆如图 1—6 所示。

图 1—6 品茗型茶艺馆

2）文化型茶艺馆。这类茶艺馆兼具社交和文化性质，与文学、艺术、社交功能结合在一起，富有文化气息。文化型茶艺馆如图1—7所示。

图1—7 文化型茶艺馆

3）休闲型茶艺馆。这类茶艺馆纯为休闲、聚会、聊天的顾客提供一个场所，供顾客休憩、交谈之用。休闲型茶艺馆如图1—8所示。

图1—8 休闲型茶艺馆

4）茶庄型茶艺馆。这类茶艺馆原以卖茶叶或茶具为主，为便于顾客选茶，或为了吸引顾客买茶，附设茶座。茶庄型茶艺馆如图1—9所示。

5）艺术型茶艺馆。这类茶艺馆以卖书画或艺术品为主，设茶座作为拓展销售的手段。

为了适应茶艺馆市场的竞争，茶艺馆的经营方式多采取多元化，以茶艺业为主，兼营别样，以取得商业经营的效益和推广茶文化。许多茶艺馆经营者不

图1—9　茶庄型茶艺馆

时以新花样招徕顾客，以求出奇制胜。通常的经营方式有：兼售茶叶、茶具，兼售点心、冷饮，兼营古玩、工艺品，举办茶艺讲座，代养茗壶，开剧场茶馆（见图1—10），昼夜营业，音乐演奏，举办展览、文艺讲座，教打太极拳等。

图1—10　剧场茶馆

对于茶艺馆的多元化经营方式，也有少数经营者持不同观点，主张应发挥茶艺馆的特色，保持清静、单纯的品茗环境，为消费者提供富有文化气息的休闲场所。不过，以何种经营方式较为理想，则见仁见智，有赖于经营者各显神通。但是，茶艺馆是文化型的场所，商业行为应不忘推广文化，对于这一点，经营者较有共识。

任何一家茶艺馆如果想要获得成功，首先必须将自身的文化水准充分展示出来，因为在当今时代，竞争力的强弱主要体现在每家茶艺馆各自的文化氛围营造上。当然，茶艺馆是商业场所，应将经营与文化结合，要通过商业行为达到文化推广的目的。买卖的行为是手段，茶艺的传播才是精神所在。茶艺馆要生存，就必须非常在意群众的要求，而且要想尽办法，通过各种销售渠道，将这些文化商品推销给社会大众。为了效益，茶艺馆在培训第一线的服务人员时，要教会他们茶艺的相关知识，教他们如何把茶艺用到现代生活中。

（4）按装修风格分类

茶艺馆依据不同的风格、装潢布局、陈列摆设，以及所在地区的特性等，呈现出以下不同的类型。

1）庭院式茶艺馆。这类茶艺馆以中国江南园林建筑为蓝本，设有小桥流水、亭台楼阁、曲径花丛、拱门回廊。室内往往陈设民间工艺品、字画等，清净悠闲的氛围，让人有一种返璞归真、回归大自然的感觉，让人在现代都市里得到真正的心清神宁，令人进入“庭有山林趣，胸无尘俗思”的境界。庭院式茶艺馆的设计，令人有“庭院深深深几许”的感觉，犹如江南一带的庭院，清静悠闲，与喧嚣的闹市隔绝。来到这样的茶艺馆，犹如回归了大自然。庭院式茶艺馆如图 1—11 所示。

图 1—11　庭院式茶艺馆

2）厅堂式茶艺馆。中国厅堂式茶艺馆的设计以中国传统的家居厅堂为蓝本，古色古香、典雅清幽。摆设古色古香的家具，张挂名人字画，陈列古董、工艺品等。所用的茶桌、茶椅、茶几等，古朴、讲究，多采用红木材质，款式则以明式居多，多见八仙桌、太师椅等，反映中国文人家居厅堂陈设，让人仿佛置身书香门第。悬挂的字画一般都反映了馆主的爱好，表达了馆主的心声，宣传饮茶功效和情趣等。例如，台北陆羽茶艺中心挂着一副对联：

事能知足心常惬
人到无求品自高

厅堂式茶艺馆如图 1—12 所示。

3）乡土式茶艺馆。这类茶艺馆强调乡土特色，追求乡土气息，以乡村田园风格为主。大都以农业社会时代的背景作为布置的基调，竹木家具、马车、牛车、蓑衣、斗笠、石臼、花轿等，凡是能反映乡土气息的东西就是布置的材料。有的直接利用已经少人居住的古屋加以整修而成茶艺馆，有的特别设计成野趣十足的客栈门面，户外是花轿、牛车，屋内是古井、大灶，店里的工作人员穿中式服装，男服务员打扮成店小二来接待顾客，更有一番情趣。乡土式茶

图 1—12 厅堂式茶艺馆

艺馆的设计强调乡村田园风格，而且追求古老的乡土气息，乡土气息越浓、越古老则越吸引人。

4）仿古式茶艺馆。这类茶艺馆多以营造古代氛围来吸引消费者，包括仿唐、宋、明、清式的茶艺馆。如唐式茶艺馆的布置，内置拉门、矮桌、坐垫，以木板或软席为地，入内往往需脱鞋，席地而坐，以竹帘、屏风或矮墙等作象征性的间隔，顶上大都以圆形灯笼照明，有一种浓厚的古代风味。仿古式茶艺馆如图 1—13 所示。

图 1—13 仿古式茶艺馆

5）综合式茶艺馆。这类茶艺馆古今设备结合，东西形式合璧，室内室外相衬，是融多种形式为一炉的茶艺馆。它以现代的科技设备创造传统的情境，以西方的实用主义结合东方的情调，这样的茶艺馆受到较多年轻朋友的欢迎。

四、茶艺馆的装修风格

茶艺馆的装修是其外在形象的展示，是对茶艺馆整体风格的把握，而并非内部的装饰。茶艺馆不同于一般的餐饮店，它是小型的文化交流中心，是理想的精神文明展现场所，是体现民族文化特色的地方，是高雅的休闲生活舍馆。

1. 茶艺馆装修的原则

（1）赏心悦目的原则

茶艺馆装修的主要目的是以外观设计给人留下深刻的第一印象，使人产生休闲消费的愿望，因此，应该赏心悦目。

（2）正确定位的原则

茶艺馆在装修时，应该明确茶艺馆的定位和主要消费群体，了解他们的消费理念、需要倾向，使茶艺馆的艺术表现与其相呼应。

（3）与环境格调相一致的原则

茶艺馆装修时，应该先确定茶艺馆的环境格调，使其与经营内容相协调，达到形式与内容相符合，外观设计与内部风格相一致。

（4）确定总体装修风格的原则

茶艺馆装修时，应确定总体装修风格，如中国古典式、乡土式、现代风尚或外国风情风格，应根据不同地域茶客的爱好来设计，而不仅仅是依据投资者或经营者的审美取向来决定。

（5）量力而行的原则

在茶艺馆装修档次上，应该量力而行，一般根据投资多少、规模大小来确定，还要考虑投资的回报率和回收周期。

（6）避免雷同的原则

在茶艺馆普及的城乡，茶艺馆的装修还要尽可能形成特色和个性，以产生强烈的视觉冲击力，引人注目，而不应模仿照搬，努力避免雷同。

2. 茶艺馆装修的类型

茶艺馆的装修必须与茶相关，既要考虑到美观、大方、有舒适感，还要有自己的地方特色，如江浙一带的吴越文化特色、江西的赣鄱文化特色、山东的齐鲁文化特色、云南的民族文化特色、两广的岭南文化特色等，充分展示审美情趣和艺术氛围，满足品茗者的心理追求。从目前茶艺馆装修来说，主要有8种类型：传统型、仿古型、园林型、内庭型、民俗型、现代型、异域型、综合型。

（1）传统型茶艺馆

传统型茶艺馆又可称为“文物古董式”茶艺馆，是指充分利用原有的建筑，保持原有的文化意蕴，体现传统的茶文化精髓，在其间设置的茶馆、茶楼、茶艺馆等。这种类型主要有以下情况。

1）传统茶楼的现代转型是利用原有茶楼的建筑与品牌，继续进行符合现代生活需要的茶艺馆经营。如上海湖心亭茶楼，至今已有160多年历史，是上海现存历史最悠久的茶馆，其馆舍本身就是具有文物价值的古建筑。湖心亭茶楼保持明、清风貌，飞檐斗拱、青瓦红柱、砖瓦雕刻、一泓碧水、九曲长桥，旖旎风光引人入胜。优越的地理位置和悠久的历史蕴涵，使湖心亭茶楼成为上海茶馆的一大文化品牌。它立足海派都市茶文化，既继承历史文化传统，又具时代文化气息，将二楼辟为适合高消费的场所，装潢精美古朴，配以香红木的八仙桌、茶几、方凳，大理石圆台和雅致的宜兴茶具，与茶楼装修非常相宜。此外，江苏南京的魁星阁茶馆也是这种类型的典型。传统型茶艺馆如图1—14所示。

图1—14 传统型茶艺馆

2）宫廷王府、皇家园林建筑的利用。对这些原本并不具专门品茗功能的场所，利用其传统的布置和摆设，营造出具有茶艺文化的氛围，使其成为专门品茗休闲的场所。如北京恭王府、桂公府、颐和园、圆明园设的茶艺馆、茶室、茶坊，都是如此。这类茶艺馆利用原有的宫廷与王府的建筑，并且按照宫廷和王府的摆设营造环境，里面的家具大多是文物古董，沿袭了当年宫廷和王府茶饮的遗韵。此类茶艺馆如图1—15所示。

3）寺庙、道观内设置的茶馆和茶室大多不事装饰，只是利用原有的建筑，放置品茗的相关器物，透出道风禅意。如北京大觉寺内的明慧茶院，利用寺庙的独特建筑和环境，主要经营工夫茶、绿茶等，消费者可以自带茶叶而由茶院提供茶具、开水，也可在寺庙内自助式饮茶；四川成都的大慈寺茶馆，位于大慈寺大雄宝殿的西侧，紧邻玄奘法师生平浏览馆，露天茶区摆满竹椅、茶桌，桌子上摆放着巴蜀地区流行的盖碗茶；山东济南的关帝庙茶馆，设在纪念民间文化中备受崇敬的神化人物关羽的“济南关帝庙”，古朴庄重的关帝庙，绿柳荫下、蔷薇花旁、小院之中、静室之内，都是喝茶之所。寺院式茶艺馆如图1—16所示。

图 1—15　露雨轩茶楼

图 1—16　寺院式茶艺馆

4）传统民居的充分利用，大多是将能展现当地文化特色的民间建筑改造成专门的茶艺馆。如福建泉州的古厝茶馆，就设在一座很典型的三进式闽南庭院内。茶馆的红砖黑瓦和燕尾脊透出沧桑古朴，点缀各处的古玩字画透出浓浓文化韵味，雕梁镂窗似在讲述遥远的故事。此类传统型的茶艺馆多是利用原有传统建筑，并且大多是设在古都、古城和风景旅游区。民居型茶艺馆如图 1—17 所示。

（2）仿古型茶艺馆

传统型茶艺馆是利用原有的传统建筑，而仿古型茶艺馆则指仿照古代建筑的形式进行装修，并且室内布局、装饰都保持仿古的格局，甚至服务人员的服饰、使用的语言、形体动作和茶艺服务，都尽力以某个朝代传统为蓝本，对传统文化进行挖掘、整理，并结合茶艺的内在要求重新进行现代演绎，从总体上展示古代文化的面貌。但现在也有的仿古型茶艺馆，或是外部装修为仿古建筑，而内部装饰则是另一种风尚；或是外部装修并非仿古，而内部装饰则全部

图 1—17 民居型茶艺馆

或一部分为仿古，严格来说，这些只能称为“不完全仿古型”的茶艺馆。仿古型茶艺馆既然是仿照古代，传统茶楼式、宫廷式、道观禅院式、居民式都存在，也有的把多种风格综合在一起。如浙江杭州的和茶馆，外部是江南古城的仿古建筑，中堂陈设着长长的条案、清代的罗汉床、黄河流域的老门、广州的南方官帽椅、明代的禅椅，正面墙上有着乾隆时期以“八蛮进宝”为题材的浙江雕花门窗，还有一尊北宋护法天王雕像静坐在紫楠小案上，为进门的顾客祈福。厅内透出“小桥流水人家，竹帘清风闲挂”的风韵，使用清代马车轱辘配以玻璃制成的别致茶桌和年代久远的木制椅子，木制吊灯罩着蓝底白花的布衬，木制的屏风上贴着发黄斑驳的书页。馆内设有一道十余米长的玻璃墙，近百个小窗格放着从各地搜集的一件件精美的器具：战国时期的水晶饰品、两晋时期的连托盏、明代的艺术石片、明代的青花茶壶、清代的粉彩盖碗、藏传护身银牌等。馆里回响着江南丝竹乐曲，茶客可以喝到闻名于唐代的紫笋茶、阳羡茶，四川的蒙顶黄茶，云南的普洱茶，福建的乌龙茶等古今名茶。辽宁抚顺的鸿兴泰茶楼则是借用百年老店“鸿兴泰”的名称，建立起来的一座飞檐斗拱、精雕丽彩的宫廷式茶楼。茶楼仿清代老“鸿兴泰”茶楼的原貌，结合满族宫廷设计风格，包间以“正黄旗”“正蓝旗”等命名，颇具满族风味。茶楼还根据满族的民风民俗，挖掘整理“清宫茶礼”“三清茶道”“满族茶俗”等茶艺表演。仿古型茶艺馆如图 1—18 所示。

（3）园林型茶艺馆

园林是中国建筑艺术中的一朵奇葩，园林型茶艺馆是充分利用园林幽雅环境设置的。园林型茶艺馆大体有 3 种情况：一是设在传统的具有文物价值的园林内；二是设在新建的园林式建筑内；三是设在公园内某一园中园式的院落内。不论何种情况，园林式茶艺馆都突出清新、自然的风格，或依山傍水，或坐落于风景名胜区，或是独门大院，由室外园区和室内陈设共同组成。室外是

图 1—18 仿古型茶艺馆

小桥流水，绿树成荫，鸟语花香，突出的是一种纯自然的风格，让人直接与大自然接触，达到“天人合一”的品茗意境。而室内陈设则与室外景观融为一体，突出自然美之外的雅致、富丽、高贵、明净等气息。园林型茶艺馆是与现代人追求自然、返璞归真的心理需求相契合的，对地址的选择、环境的营造有较高的要求。例如，山东趵突泉茶艺馆设在被誉为“天下第一泉”的趵突泉公园内，占尽地利之便。园内柳枝长垂，泉水喷涌，坐公园顽石上，或亭台围廊上，取趵突之水，执一壶香茗，别有一番情趣。浙江杭州的湖畔居，更是把赛过西子的整个西湖作为自身的园林。湖畔居曾是杭州唯一主体建筑在西湖水面的三层建筑，自然地与山水相融。湖畔居与宝石山隔堤相望，凭栏远眺，西湖十景中的断桥残雪和宝石流霞触手可及。站在主楼露台，保俶塔、雷峰塔、城隍阁，以及湖与群山一览无余。主体建筑的翼角、红瓦与周围青山绿树交相辉映，勾勒出不一般的意境。在此可尽情享受西湖真山、真水带来的真趣，享受远近高低、春夏秋冬、风花雪月不同的美景，还能品尝到上乘西湖龙井茶和虎跑泉水两者相融的“西湖双绝”。园林型茶艺馆如图 1—19 所示。

图 1—19 园林型茶艺馆

（4）内庭型茶艺馆

园林型茶艺馆可以说是借景，而内庭型茶艺馆则是造景，在室内营造出园林式的风光。内庭型茶艺馆大多以江南园林建筑为蓝本，结合茶艺及品茗环境的要求，设有亭台楼阁、曲径花丛、拱门回廊、小桥流水等，给人一种“庭院深深深几许”的感受。室内多陈列字画、文玩、陶瓷器皿等各种艺术品，让现代都市人在繁忙的生活中寻找回归自然、心清神宁的感觉，进入“庭有山林趣，胸无尘俗思”的境界。如北京的碧水丹山茶艺馆以武夷山水和习俗为主题。进门抬头见“席”（喜），门厅地上用碎鹅卵石和瓷片铺就“岁岁平安”，两边是大盆的榕树，包房则是以“晴川”“岚古”“天心明月”等武夷山景点命名，品尝的是武夷名茶，观赏的是岩茶茶艺。而北京的怡青泉茶艺馆则把江南景致和京城气象融为一体，未进怡青泉，先见曲池石桥、芳草砖雕，平添几分清幽，四尊青石大麒麟护卫，不怒而威。一白玉石拱桥中分一池，池中碧莲游鱼，怡然自得。进得门来，左侧为中国传统建筑，右侧为江南水乡风韵，中间以风竹小桥连为一体。沿径依水前行至包间，一变而为皇家风范，风格以明、清为主，门框所镶全部是手工绘制的绢画，珍玩奇石，随处可见，江南的温婉柔美和京城的豁达刚毅汇聚在这小小的馆内。浙江杭州的青藤茶馆紧挨着西湖，入门处有小篆刻就的花体印章“青藤”两字，进门是青石板铺就的石道，所过之处伴有水声。馆内以竹作障，曲水流觞，竹林深处，茶香诱人。茶馆内，有云栖竹径、满陇桂花、虎跑梦泉、黄龙吐翠、玉泉飞云、宝石流霞等十处品茗胜境，与西湖风光相呼应。上海的青藤阁茶楼是江浙风格的茶馆，颇似一个小桥流水人家的室内庭院，是一个阔然中有曲折、敞豁里藏幽深的空间。一派榕树覆绿荫，雕栏画栋梁，青砖甬道门，小轩人语声的景象。内庭型茶艺馆如图1—20所示。

图1—20　内庭型茶艺馆

（5）民俗型茶艺馆

民俗型茶艺馆强调以民俗、民风、民情、民艺为特色，追求民俗和乡土气息，以具有民族特色的风俗习惯、茶叶、茶具、茶艺及地域、乡村风格为主线，并围绕其经营特色进行相应的茶艺馆装修。民俗型茶艺馆从装修风格和经营特色来考量，主要有以下两种情况。

一是民族风情式茶艺馆。它们往往以特定的少数民族风俗习惯、风土人情为背景，装饰上强调民族建筑风格，茶叶多为民族特产或当地民众喜爱的茶叶，茶具多为民族传统茶具，茶艺表演也具有浓郁的民族风情。如西藏拉萨体现藏族特色的甜茶馆、贵州贵阳体现苗族特色的盖碗茶苑、新疆乌鲁木齐体现维吾尔族特色的沙哈瓦茶吧，都是这类茶艺馆的代表。

二是乡土风情式茶艺馆。它们大都以传统农村的背景作为主基调，有的直接利用已经少有人居住的土屋加以装修，有的特别设计成乡土气十足的客栈门面，也有的采用仿民居式的装修，户外是花轿、牛车，室内是古井、大灶，装饰是竹木家具、蓑衣、斗笠、石臼等反映乡土气息的材料，服务人员穿着古朴的服饰来接待顾客，生动、形象地体现出乡土文化的特色。

民俗型茶艺馆如图1—21所示。

图1—21　民俗型茶艺馆

（6）现代型茶艺馆

现代型茶艺馆往往注重现代茶艺的开发研究，在经营理念上紧跟时代潮流，强调规范化管理和优质服务，通过营造温馨舒适、热情周到的服务氛围来吸引顾客。这种类型的茶艺馆装饰风格比较多样化，往往根据经营者的志趣、爱好，结合房屋的结构依势而建并各具特色，但整体审美取向是装潢华美、新潮、高雅。现代型茶艺馆一般以家居厅堂式的较为多见，既有开放的大厅，又有多种风格的层间，有的设拱门回廊，曲径通幽；有的清雅、古朴，讲究静雅；有的豪华、富丽，讲究高档气派。特别是适合年轻人口味和情调的红茶坊、自助式茶居，装修更是一改以往茶馆深幽、古雅的风格，以风格明快、色彩鲜艳为特征，顾客可以根据兴致进行选择。现代型茶艺馆如图1—22所示。

图 1—22　现代型茶艺馆

（7）异域型茶艺馆

这类形式的茶艺馆是指外国风情式的茶艺馆，主要表现的是异国情调的各种建筑风格和室内陈设，茶主要还是中国茶。这类茶艺馆主要有欧式、和式和韩式。

1）欧式茶艺馆。这类茶艺馆是指主要建筑或茶室布置为欧洲风情式的茶艺馆，它以舒适、典雅为主要特征。上海这个国际大都会开埠以来形成的独特风格，就是在本土文化中洋溢着浓厚的异国情调，这在茶艺馆方面也得到了佐证。上海多伦路文化名人街的恒丰茶庄就是一幢三层楼的欧式建筑，其建筑风格、内部装饰均保留欧洲建筑特色和风格。上海凌凌凌茶坊雕花的铁门和粗糙的原石墙面，以及暗色的藤木桌椅，显示出一种欧洲中世纪的味道。上海六月天茶坊则铺着舒适的地毯，内设具有现代感的高脚吧台凳，木质桌边有舒服的沙发。欧式茶艺馆如图 1—23 所示。

图 1—23　欧式茶艺馆

2）和式茶艺馆。和式茶艺馆即日本式的茶室。它以榻榻米铺地，以竹帘、屏风、矮墙作象征性的间隔。茶室的整体布置及其简洁明快，或悬一画，或插一花。进入这种茶室，先要脱鞋，茶室门口备有拖鞋，茶室内备有矮矮的茶桌和坐凳，客人可席地而坐。设在天津商学院内的日本茶道馆作为里千家茶道短期大学的教学基地，完全是日式风格，品尝的是日式茶。而大多数商业性的和式茶艺馆或茶室，则是仿其形而喝中国茶。和式茶艺馆如图 1—24 所示。

图 1—24　和式茶艺馆

3）韩式茶艺馆。这是仿照韩国茶礼的活动场所进行装修的一类茶艺馆。韩国茶礼以“和、敬、俭、真”为根本精神，茶室也力求体现出清静、休闲、高雅的文化气息。韩式茶室装修简朴，地上铺有席子，上置矮茶桌，茶桌上置放壶具、茶碗（盅）、茶罐、茶匙、茶筅等各种茶具。室内花几架上置放盆景，以及画轴箱、灯柱等物。此外，茶室内还会安放壁龛、香炉、花瓶等。韩式茶艺馆如图 1—25 所示。

图 1—25　韩式茶艺馆

（8）综合型茶艺馆

综合型茶艺馆指以茶艺为主、兼有多种服务项目并由此形成独特的装修风格的茶艺馆，也指把多种装修风格融为一体，特别是中西合璧风尚的茶艺馆。这种类型的茶艺馆主要有以下四种情况。

1）演艺型茶艺馆。演艺型茶艺馆在装饰上体现了一定特征的地域文化，在装饰上更强调表演的氛围和需求，都有便于进行表演的舞台，内容以表演戏曲和曲艺为主，品茗相对只是享受表演时的一种消费。北京的老舍茶馆名扬海内外，体现的是京味文化。南来北往的人们去老舍茶馆，为的是看戏、听曲，重温一下老北京那些在今天不可多得的民间“玩意儿”，游乐更胜于喝茶。跨进茶馆门口，就会听到字正腔圆的京韵吆喝作为独特迎客方式。三楼右侧的书茶馆，有宽大的表演舞台，传统的八仙桌放着各种茶和茶点，来宾就坐在扶手椅上，整个茶馆蕴含着老北京戏院的风情。这里演出的节目十分精彩，有中国民乐、京韵大鼓、北京琴书，还有双簧、口技、快板、相声，以及其他地方绝技，如川剧变脸等。北京的天桥乐茶园、湖北武汉的蛇山楚剧茶馆也都是演艺型茶艺馆的代表。演艺型茶艺馆如图1—26所示。

图1—26　演艺型茶艺馆

2）茶宴馆和茶餐厅。茶宴馆和茶餐厅是把饮食文化和茶文化融为一体的经营场所，上海秋萍茶宴馆是其代表。茶宴馆设在典雅的仿古建筑内，地面铺以梅、兰、竹、菊为题的彩绘茶壶形地砖，门前彩绘玻璃上的“飞天”造形，打破了饭店、酒家传统格局，凸显饮食文化与茶文化巧妙交融的主题思想。茶宴馆承古创新，推出了100多款自行研究开发的茶菜肴、茶食、茶点。茶宴馆如图1—27所示。

图 1—27 茶宴馆

3）休闲风格的陶吧式、网吧式、咖啡吧式茶艺馆。这类茶馆，品茗不是主要目的，制陶、上网、喝咖啡等占主导地位。如上海的华尔石陶吧，主体装修风格亦中亦西，其秋千椅、木板桌、人工树木绿叶营造出别致的异国情调和怀旧气氛。屋内摆满各式精巧陶器，还备有创作和烧制陶器的器具，可以在专业陶艺师的指导下尝试制作陶器。咖啡茶吧如图 1—28 所示。

图 1—28 咖啡茶吧

4）中西合璧的茶艺馆。它在装修风格上中西合璧，把各国文化的多样性、地域文化的独特性、古今文化的差异性都融为一体。如红茶坊的品牌名店“仙踪林”和“圆缘园”，在外观上是几乎满地的大玻璃和色彩鲜艳、对比鲜明的装饰，格调上亦中亦西，显得不像茶馆，更像西式咖啡馆。不过，装潢风格上更讲究异国情调和怀旧气氛，每个茶坊都凸显自己的个性，同中有异。湖北武汉的巴山夜雨茶馆，装饰风格的主调是日式文化和东方古典与现代艺术的糅合，经营时把中国古典茶艺、日本茶道、韩国茶礼、英式茶会尽收其中。上海花之林时尚茶馆，在一间茶室中装饰三千朵玫瑰花，于一家茶馆中同时拥有中、日、美、意各式风情。中西合璧茶艺馆如图 1—29 所示。

图 1—29 中西合璧茶艺馆

以上所述茶艺馆的各种装修类型，有的是一种风格，也有的是多种风格，但其基调都是可以纳入某种类型的。另外，外部装修只有与内部装饰相一致，才能特色更鲜明，形象更和谐。

第 2 节　茶艺馆布置

茶艺馆的装修风格是指对茶艺馆整体的把握和在外形上的体现。而茶艺馆的布置则指内部的布局和具体的安排，两者之间，既有联系，又有区别。最佳的方案应该是外形装修与内在布置的风格统一，但有时要故意营造一种差异性、多样性，只要得体，同样会产生雅致、和谐与舒适之感。

一、茶艺馆布置的总体要求

茶艺馆的主要功能是品茗，因此，茶艺馆的主体布局和附属设施都应围绕品茗这一中心进行设计。茶艺馆应按确保功能的原则划分出不同区间，一般需设置泡茶席、来宾席、工作间（包括茶水间、茶点制作间、职员更衣化妆间、储藏间等）、接待厅（接待贵宾、召开会议）及洗手间等。茶艺馆的布置要求美观、舒适、大方，同时要有自己的地方文化特色，如江、浙的吴越文化，广东的岭南文化，云贵的民族文化等。

1. 整体布局

整体布局主要指品茶室、茶点房和茶水房等各主要功能区域的划分，如图 1—30 所示。

品茶室根据房屋结构和大小，通常设有大堂内的散座、大间内的厅座，以及小间内的各种包厢。至于如何分隔，可与茶艺馆的整体风格，以及当地人们的风俗习惯结合起来，进行综合考虑而定。

图 1—30 整体布局

茶点房通常分为内外两间。内间为特色茶点制作间，尽量不与顾客照面；外间面向品茶室，用来供应茶点和水果以及相应的器具。但也有些茶艺馆将供应间设在大厅一侧，茶客可根据自己需要，自选自取。

茶水房一般隔成内外两间。内间为操作间，是烧水、储水的场所，面积视客流量大小而定。茶水操作间如图 1—31 所示。外间供应各种名茶，需面向品茶室，以柜台将两者隔开，应能让顾客看见各种茶的花色品种。柜台可作收银台，不过，也有将收银台设在茶艺馆进出口一侧的。

图 1—31 茶水操作间

2. 品茗区域

品茗区域主要指饮茶散座、厅座和包厢及相关区域的安排。对有一定规模的茶艺馆而言，品茶室除了设置散座外，还可设置厅座和包厢，有些甚至还可设置茶艺演示台和音乐伴奏台等。

（1）散座

散座俗称大堂，可根据面积的大小摆放数量不等的桌子，并视桌子的形状和大小，每桌备 4～6 把椅子。两桌间的距离为两张椅子侧面宽度，加上 60～80 cm 的通道，以便使茶客有自由进出的余地，没有拥挤的感觉。散座如图 1—32 所示。

图 1—32　散座

（2）厅座

厅座面积通常为 8～12 m^2，放上 2～3 张桌子，可以用栏隔开，栏高 1.2 m 左右，在视觉上有一种隔间的感觉。桌与桌间的距离，以及椅子的配备，与散座相同。厅座的四角可以放些鲜花，墙上饰以简洁明快的天然饰物，或配以书画。厅座与散座相比，布置应当更讲究一些。它适宜朋友聚会、小集体活动时的品茗叙谊。若一个茶艺馆有多个茶厅，则应题以与品茗有关，且文化个性较强的厅名。每个茶厅布置应具有独立的风格与特色，饮茶者可以根据自己的喜好选择不同的茶厅。厅座如图 1—33 所示。

图 1—33　厅座

（3）包厢

包厢又称房座，是各自独立的小间。每个包厢内，通常只放一张桌子，设2～6个座位，是专供几个人品茗、叙事之地。包厢设计不宜繁冗，应给人一种清净感。四周设置或精美或简朴，要有个性，这样才能使饮茶者有更多的挑选余地。为方便服务和提醒顾客，还应给每个包厢取上一个动听而又有文化内涵的厢名。包厢如图1—34所示。

图1—34　包厢

至于小型茶艺馆，一般散座和包厢混设，茶艺演示台、音乐演示台可酌情决定设置与否，不必勉强。

3. 附属设施

附属设施主要是指后勤服务设施，主要有洗手间、更衣室、储藏室等。

洗手间一般设在与品茶室保持一定距离，且容易向室外排气的房间内。由于茶艺馆的洗手间使用频繁，所以必须有醒目的标志，定位明确，经常打扫，注意保持清洁卫生。洗手间如图1—35所示。

图1—35　洗手间

更衣室是服务员更衣和化妆之地，设有衣鞋柜和大镜架，使服务员能经常注意自我形象，通常设在较隐蔽的房间内。

储藏室以储藏茶叶和茶具为主，兼放一些不会造成污染的其他物品。一般设在既隐蔽又干燥，且空气流通的房间内。

4. 茶艺馆布置的风格把握

茶艺馆整体布置宜遵循“风格统一、基调典雅、布局疏朗、点缀合度、功能全面、舒适实用”的原则。

统一才能突出风格。茶艺馆面向社会，来的都是客，欲争取最广泛的好评，常见的做法是“螺蛳壳里做道场”，小小空间恨不能集合古今中外之大成。事实上讨好所有人是不现实的，与其半古半今、非中非洋，不如选定一种基调，加以精心布置。强调了个性化的风格，自然会有赏识者青睐，赢得高朋满座。茶艺馆布置风格如图 1—36 所示。

图 1—36　布置风格

茶艺馆布置的风格，应把握以下要点。

（1）讲究情调

常言道，赏花须结韵友，登山须结逸友，泛舟须结旷友，踏雪须结刚友，饮酒须结豪友，品茗须结静友。茶室是为恬静的人而设的。茶能将人带到对人生沉思默想的境界，令人有飘飘欲仙之感。因此，品茗的厅堂陈设通常讲究古朴、雅致、简洁、悠闲，富于文化气息，芬芳满室，清雅宜人。来到茶室，即进入宁静而安逸的境地，超凡脱俗，高雅闲适。在竞争激烈的社会环境中，茶艺馆是难得的休闲场所。

茶艺馆外观装修追求典雅别致，内部装潢和桌椅陈设力求幽静、雅致，四壁或柱上可悬挂书画或雕刻，在适当的位置摆放盆景、插花，以及古玩和工艺品，还可以摆设书籍、文房四宝（见图 1—37），以及乐器和音响，有的还点香以增添优雅和平静的气氛。

图 1—37 书籍、文房四宝摆设

总结古今茶经，品茗环境追求一个“幽”字，幽静雅致的环境是品茗的最佳选择。品茗环境要求清洁、幽静、雅致。处身于杂乱、喧闹、不洁之地，则领略不到茶的纯真情趣。

关于品茗场所，明代罗廪《茶解》有一段妙言，他说：“山堂夜坐，手烹蚕茗，至水火相战，俨听松涛，倾泻入瓯，云光缥缈，一段幽趣，故，难与俗人言。”明代徐渭在《煎茶七类》中所记的品茶场所：“凉台静室，明窗曲儿，僧寮道院，松风竹月，晏坐行吟，清谭把卷。”明代许次纾《茶疏》中也提到许多幽雅的品茶环境，如小桥画舫，茂林修竹，荷亭避暑，小院焚香，清幽寺观，明窗净儿，听歌闻曲，鼓琴看画，酒阑人散，轻阴微雨，洞房阿阁，夜深共语等。清代王复礼在《茶说》中写道：“花晨月夕，贤主嘉宾，纵谈古今，品茶次第，天壤间更有何乐！”郑板桥在《寄弟家书》中也说：“坐小阁上，烹龙凤茶，烧夹剪香，令友人吹笛，作《梅花落》一弄，真是人间仙境也。”

主张返璞归真者，可将茶室布置得充满田园乡土气息，力求雅致简洁，体现宁静、安逸、和谐的气氛。至于空间的大小，可根据条件而定。“室雅何须大”，重要的是“雅”。

（2）疏朗

茶艺馆内部可根据经济承受能力、周围环境氛围、消费群体定位、功能需求与个人喜好进行设计，不拘泥于固定程式，但疏朗却是基本的要求。所谓“疏朗”，一是指桌椅设备安放宜疏不宜密，二是指整体空间的高度要求。现代建筑少有超过 3 m 的室内高度，故大规模的天花板吊顶装饰可免则免，免得令人有乌云压顶之感。

茶席设计仍应秉承简洁、实用的风格，可采用风格固定的泡茶席与非固定的泡茶小车。泡茶小车不占空间，而且流动性好，是经营面积较小的茶艺馆之首选。原则上泡茶席应尽量采用天然素材（如竹、木、藤等），大小为可以紧凑地摆放所有泡茶器具即可。

（3）点缀

茶性清洁，插花、盆景、书画、民俗风物、工艺饰品等装饰物的点缀要适度。以茶文化为主题的书画作品、体现民俗风情的手工艺品、带有异国情调的小饰物、各式茶具等是很好的点缀。摆设原则仍是贵精不贵多，以免喧宾夺主。书画点缀如图 1—38 所示。

图 1—38　书画点缀

插花的作用是暗喻自然季节的交替，即使在室内品茗，仍应强调人与自然的和谐，故选材方面宜用时令鲜花。为了突出茶的古朴特质，还可较多采用树枝（如柳枝）、树叶（如枫叶）、果实（如小南瓜）与野生植物（如芦苇）等表现山村野趣的主题。

茶室插花风格应以清丽为主，器具与花卉素材的选择宜简不宜繁。品茗的场合不同，对插花作品的风格也有不同要求。大型新春茶会宜用色彩鲜艳、形体丰满的插花作品，表现热烈喜庆的气氛；纯英式下午茶则用大红玫瑰来衬托其华丽感。茶室插花如图 1—39 所示。

（4）注意细节

品茗环境在追求“净”“雅”“洁”之外，要注意光线的柔和、空气的流通，摆设装潢以纸窗、竹床、石枕、名花、盆景等较为普遍，“不可居无竹，无竹使人俗”，竹器、竹木的装饰是茶艺馆应用最多的原材料，如图 1—40 所示。

茶艺馆在装潢、设计时除了将经营者的理念、审美观念贯彻其中外，还要注意讲究相关设备和物品的装饰。

1）茶台。茶台用于摆放所用的茶叶、茶具与收银，如图 1—41 所示。

图 1—39 茶室插花

图 1—40 竹木装饰

图 1—41 茶台

2）陈列柜。陈列柜也称“百宝格”，主要陈列一些与茶有关的物品，如书籍、茶具、茶叶样品及古董，如图 1—42 所示。

图 1—42 陈列柜

3）茶桌、茶椅（凳）。除了考虑质地样式外，选择茶桌、茶椅（凳）时还应考虑坐时的舒适性，如图 1—43 所示。

图 1—43 茶桌、茶椅

对于其他装饰物，可根据茶室的面积、位置及内格而定。

二、中式风格品茗室

品茗室风格一般来说应该是茶艺馆定位的形态反映，是茶艺馆装修的延续和发展。但也有的茶艺馆因走综合型的路线，所以品茗室并不具有整体的风格，而是另有特色，甚至每间品茗室风格都不一样。

中式风格品茗室是指以中国元素为构件，中国器物为载体，中国形式为表现，具有中国作风、中国气派、中国风格的品茗室，也包括并非单独的品茗室，只是相对应地进行区域的划分与阻隔的中式风格品茗空间，中式风格如图1—44所示。

图1—44 中式风格

由于“中式风格品茗室”是一个宽泛的概念，从时间来说，包括古今，也就有传统与新潮的区别；从空间来说，包括天南地北，如江南与塞北的分别；从民族来说，包括各有个性的文化，柔美与粗犷的并存。从目前各地中式风格的品茗室来看，主要有以下几种类型。

1. 古典式品茗室

从使用的器具来说，古典式品茗室可以细分为两种类型：一是古董式，即所用器具为真正的清代以前的原物，最迟也为民国时期的，均称得上是文物级的器物；二是仿古式，即所用器具只是仿照古代的形制，体现出一种古典式的氛围。如室内家具均选用明式桌椅，材料为红木、黄花梨等高档木料，镶嵌大理石（螺钿者更佳），有的也用仿红木；壁架采用空心雕刻或立体浮雕；以中国书画为壁饰，并辅以插花、盆景等各种摆设。从风格来说，有宫廷式（沿袭古代宫廷摆设）、厅堂式（模拟古代士大夫和贵族家的厅堂）、书斋式（以古代传统的家居书房为模式）、禅房式（模仿古代禅房的品茗制式）、床寐式（以传统的雕镂描金眠床为品茗处）等。如杭州中国茶叶博物馆的仿明茶室，就是传统居家的客堂形式。正对大门以板壁隔开内外两堂，壁正中悬挂画轴，两侧为一副对联。壁下摆长形茶几，上置大型花瓶等饰物。长茶几正中设八仙桌（或四仙桌），桌两侧各安太师椅一把。整个结构古朴严谨，充满大家气派。又如上海汪怡记茶艺馆的大厅茶室，雕花隔房内是茶艺表演台，大厅内设镶大理石桌面的红木桌椅。壁架上陈列了茶样罐和茶壶具，壁上悬挂各种字画。再如杭州墅园茶艺馆的大厅，正中用红木贝雕屏风装饰，一侧设古筝演奏台，大厅内散放桌椅，房厅正中放置红圆桌和八把红木靠背椅，壁龛上摆置各种饰物。古典式品茗室如图 1—45 所示。

图 1—45　古典式品茗室

2. 乡土式品茗室

乡土式品茗室具有鲜明的地域文化色彩，或着重渲染山野之趣。一般来说，乡土式品茗室与所处地域的文化色彩应保持同一性。但是，也有的大打差异牌，以当地罕见的乡土风情吸引消费。

从总体上看，乡土式品茗室内家具多用木、竹、藤制成，式样简朴而不粗俗，不施漆或只施以清漆。为衬托气氛，墙上可以挂一些蓑衣、箬帽、渔具，或玉米棒、红干辣椒串、葫芦等点缀，让人仿佛置身于山间野外、渔村水乡。如泉州古厝茶馆，设在一座很典型的三进式闽南院落内，茶艺馆的摆设朴实又别致，茶桌是在石臼或大水缸上面铺一块玻璃板，体现出乡土风格。又如四川成都的一些茶艺馆，馆内皆为竹制桌椅，梁上悬挂小钩，供茶客挂鸟笼，边逗鸟边喝茶。乡土式品茗室如图 1—46 所示。

图 1—46　乡土式品茗室

3. 民族风情式品茗室

中国是一个多民族的国家，各民族都有自己独特的民族文化与饮食习惯，饮茶也有自己的特色。民族风情式品茗室是把独具特色的民族饮茶文化运用到茶室布置中，让顾客在品茗之余，感受强烈的民族风情。

民族风情式品茗室的布置一般应注意三个方面：一是品茗室内的陈设，要采用最能体现这一民族文化的室内装饰；二是饮茶器具必须是该民族特有的，如西藏酥油茶制作时用的长圆形的打茶筒、新疆维吾尔族煮香茶时用的铜制长颈茶壶、土家族制作擂茶用的擂棍与擂盆；三是有与该民族相适应的茶饮，如回族的刮碗子茶、蒙古族的咸奶茶、白族的三道茶等。在这类茶室虽然也可以喝别的茶，但作为特色，应有民族茶饮，以备顾客选用。

民族风情式茶室如新疆乌鲁木齐市的沙哈瓦茶吧，这是一间非常富有维吾尔族特色的茶吧。其装修风格纯朴而不失考究，墙上有壁炉，壁炉里燃着炉火，壁炉两边各挂着一把弯刀，映射出古西域风情的雍容华美。地上铺着以红色为底色镶嵌着朵朵鲜花的漂亮地毯。室顶有吊灯，柔和的黄色灯光洒在茶吧的每一个角落。年轻美丽的维吾尔族姑娘穿着鲜艳的民族服饰，彬彬有礼地进行服务。茶的种类很多，最具民族特色的是玫瑰花茶，用特制调料熬制，飘香四溢的茶有牛奶的醇香、蜂蜜的润泽和玫瑰的清香。

另外，茶吧还配有很多茶点，用羊油精心制成的巴哈力，颜色为咖啡色，口味甜而不腻，有种淡淡的酥香，是一种别具风格的美味茶点。民族风情式品茗室如图1—47所示。

图1—47 民族风情式品茗室

4. 现代休闲式品茗室

现代休闲式品茗室的风格呈现多样化，以营造温馨、舒适的服务氛围为特色。大体来说，这类品茗室风格应与环境相协调，与茶楼格调相吻合；配备舒适的座椅，具有进出方便、活动自由的空间；有适应各种人群对清雅、热闹等不同需求的相应景观布置；光线的明暗处理得当，色彩和谐。这类品茗室较为普遍，物品也以现代、新潮为特色。现代休闲式品茗室如图1—48所示。

图1—48 现代休闲式品茗室

三、日式风格品茗室

日式风格品茗室大体有三种：一是日本茶道室的复原，如天津商学院的日式茶室即为日本茶道“里千家”赠送；二是利用原有日式风格建筑改造，如河北石家庄扶桑茶庭原为公园内的一个日式庭院，现改为茶艺馆；三是仿日式风格品茗室，多设置推门和榻榻米，也有的为让顾客坐时舒适，设有座位和地沟。但不论何种情况，都要大体透出日式品茗室的风尚。日本茶道室复原如图1—49所示。

图1—49 日本茶道室复原

日本茶道由四个要素组成，即宾主、茶室、茶具和茶。茶室的大小不一，形状多样，但以四个半榻榻米大为正宗（见图1—50），尤以千利休提倡的两张半榻榻米的草庵小茶室最理想。茶室要有幽雅自然的环境，布置得简朴而优雅，墙壁上挂着与茶主题有关的禅语挂轴和名贵字画，室内有插花装饰。茶具多为“乐烧茶碗”和茶盘、茶盖、茶勺、茶桶等。茶是精致的绿茶末，用石臼研制而成，被称为“抹茶”。

图 1—50　茶室大小

举行日本茶道的场所一般由茶的庭园和茶的建筑组成。茶的庭园指露地，茶的建筑指茶室。进入茶室前，客人先进入露地，如图 1—51 所示。客人刚进入露地就要自己先利用水钵清洗手和口。主人迎接客人时还要在庭院中打水再清洗一次，这种反复清洗的礼仪，象征茶道的场所为圣洁之境。茶室的入口处设有一个高 60 cm、可让人侧身而入的四方小门，这种隐秘的入口代表内部的茶室是非现实的、虚拟的空间。茶室内的装饰壁橱里挂着被称为茶挂的挂轴。欣赏茶挂要求同时具有宗教和文学的修养，因为茶挂以禅语的墨迹最为珍贵。此外，与茶事有关的优秀中国画、书法和古字等也多被采用。茶室内摆着鲜花，并配以与之相适应的花瓶，还有金属工艺品、陶瓷、竹筒、竹笼等。釜、茶碗、茶盒、水罐等用具，都是漆、金属、木、染织等工艺品。这些装饰与用具使茶室显得既雅静又富有生机，客人一进门就被既朴素又新鲜的装饰所吸引。

图 1—51　茶室与露地

茶道表演地点宜清雅，多设在点缀着奇山异石、花卉林木的水榭亭阁和小花园内。与茶室相邻，设有一间洗濯茶具的“水屋”，另有一间曲径相通、专供宾客休息的“待舍”，客人便坐于此室，等待主人邀请。

另外，日本茶道非常讲究茶具的选配。一般选用的多是历代珍品，或比较贵重的瓷器。表演台上放着日本茶道特有的茶道小方矮桌及古朴的茶炉、茶具、茶杯、茶刷等（见图1—52）。锦缎的屏风上挂着一幅字体遒劲的书法，一束朴素而典雅的插花放在矮桌的正中，旁边置着一尊笑佛焚香炉，袅袅的细烟散发着沁人的清香，形成了独特的茶道文化氛围。随着悠扬的乐曲，茶道表演者穿着清丽的和服款款走上台来，然后在茶桌边席地而坐，先是温茶碗，用布仔细擦干净，投放茶叶末，后是用茶刷慢慢地刷，倒入各种不同花式的茶碗，动作规范流畅而颇有情韵诗意。泡茶完毕后，即由助泡者捧着点心盘送到每位宾客面前，按茶道的规矩，先用点心再喝茶。由于日本茶是将茶叶磨成的茶末冲泡而成的，因此茶汤色泽清绿，如芹菜汁，喝在口里苦涩中带有清香，别有风味。品饮时，宾客还必须结合对茶碗的欣赏，然后连声赞美，以示敬意。此时，主人宽慰点头，把茶碗端走。茶道完毕时，女主人还会跪在茶室门侧送客。

图1—52　日本茶道的茶具

现代仿日本“茶道”品茗室虽然不必同样繁杂，但茶室要铺设榻榻米，布置清雅别致，室内摆设珍贵古玩、名人书法。茶室中间放着供烧水的陶炭炉（风炉）、茶锅（茶釜）。炉前排列着茶碗和各种饮茶用具。同时，要采用“抹茶”的基本冲泡程序与手法。这样，才能有日式品茗室的韵味。

四、韩式风格品茗室

韩式风格品茗室是仿照韩国品茗习俗布置的茶室。现在中国虽然韩国料理较为常见，但对韩式茶礼了解者甚少。

韩国茶礼又称“茶仪”，是大众共同遵守的传统美风良俗。韩国提倡的茶礼以“和、静”为根本精神，其含义泛指“和、敬、俭、真”。“和”是要求人们心地善良，和平共处，互相尊敬，帮助别人。“敬”是要有正确礼仪，尊重别人，以礼待人。“俭”是俭朴廉正，提倡朴素的生活。“真”是要有真诚的心意，以诚相待，为人正派。此外，传统的茶礼精神还包括“清、虚”。韩国茶礼侧重于礼仪，强调茶的亲和、礼敬、欢快，把茶礼贯彻于各个阶层之中，以茶作为团结全民族的力量。所以，茶礼的整体过程，从迎客、环境、茶室陈设、书画、茶具造型与排列，到投茶、注茶、点茶、吃茶等，均有严格的规范与程序，力求给人以清静、悠闲、高雅、文明之感。

韩式风格品茗室风格简朴，但却充满了文化气息。地上铺有席子，上置矮茶桌，茶桌上置放壶具、茶碗（盅）、茶罐、茶匙、茶筅等各种茶具。室内花几架上可置放盆景以及画轴箱、灯柱等物。此外，还可安放室内壁龛、香炉、花瓶等。韩式风格品茗室如图 1—53 所示。

图 1—53　韩式风格品茗室

五、欧美风格品茗室

欧美风格品茗室是指具有欧美国家建筑与装饰风格的品茗室，透出一种异国情调，并以舒适、典雅为主要特征。

当东方传统的饮茶习俗漂洋过海之后，由于历史文化、民族习惯、地理环境不同，发生了许多变异，形成了独特的欧美风格。欧美风格品茗室如图 1—54 所示。

英国伦敦的茶室与中国的大相径庭，如图 1—55 所示。当地原来没有茶室，17 世纪中叶人们开始到咖啡店饮茶。直到 18 世纪以后，茶室才开始盛行。但是，伦敦的茶室准确地说应该是多功能游艺室、多功能餐馆和多功能商场；茶室中有音乐和其他游艺供玩耍，可以吃到牛排、鸡肉、薄切火腿等食品，还可以买到中国的瓷器、漆器。在茶室里，茶似乎只是其间的点缀，而并不居于主导地位。所以，进茶室的人不一定都喝茶，茶室只是他们观看游艺、玩纸牌、听新闻、与朋友谈心、与恋人会面的场所。

图 1—54　欧美风格品茗室

图 1—55　英国伦敦茶室

现在，各地欧美风格的品茗室大体以国家或著名大都市命名，如南昌市的一家茶艺馆中就有伦敦、巴黎、新加坡等茶室。这些茶室的风格，都是以命名地的风情为基调，采用相应的器物为点缀，座位大多为沙发，突出其休闲、舒服、雅致的情趣。

第 2 章　茶艺表演与茶会组织

第 1 节　茶艺表演

茶艺表演与茶会组织既有区别又有关联，茶艺表演是以表演的方式向人们展示茶艺的魅力，而茶会组织则是组织人们参与茶会活动。茶艺表演既可以是茶会活动的一部分，也可以是其他活动的组成（如展销会时的表演）；而茶会则是以茶事为中心的活动，也可以是其他活动的辅助方式之一（如茶话会以座谈为主）。

一、各类茶艺表演的要求与内涵

1. 茶艺表演的类型

（1）从功能来看，茶艺表演有三种不同的类型。

1）日常品茗的再现。这种类型的表演就是把日常饮茶的过程完整地展示出来，以喝好一杯茶为原则，如图 2—1 所示。

2）经营场所的茶艺表演。这种类型的表演大体有两种情况，一种是茶艺馆内的茶艺表演，以香茗佳艺为特色，突出其对宾客的吸引力；另一种是茶叶店内的茶艺表演，以宣传茶叶的品牌为目的，突出对消费者的亲和力。如图 2—2 所示为经营场所茶艺表演——《百丈禅莲》。

3）以艺术展示为目的的茶艺表演。这种类型的表演一般是在特定的舞台上进行，以艺术性来吸引眼球，因此，大多有明确的创意，有艺术加工的成分。如图 2—3 所示为以艺术展示为目的的茶艺表演——《夏荷》。

图 2—1 日常品茗

图 2—2 茶艺表演——《百丈禅莲》

图 2—3 茶艺表演——《夏荷》

（2）从内容来看，茶艺表演大体可以归纳为以下六类。

1）仿古式茶艺表演。此类表演仿照不同历史时期的茶艺，进行复原、再现或演绎，如仿古唐代茶艺（见图 2—4）、仿古宋代茶艺（见图 2—5）、仿古清代茶艺（见图 2—6）。

图 2—4 仿古唐代茶艺

图 2—5　仿古宋代茶艺

图 2—6　仿古清代茶艺

2）民族式茶艺表演。此类表演按照各个不同民族的特殊茶饮习俗进行表现和展示，如白族三道茶（见图 2—7）、纳西族龙虎斗（见图 2—8）、藏族酥油茶（见图 2—9）。

图 2—7　白族三道茶

图 2—8　纳西族龙虎斗

图 2—9 藏族酥油茶

3）地域风情式茶艺表演。此类表演对各个不同地域的最具独特性茶饮进行展示，如赣南擂茶（见图 2—10）、惠安女茶俗（见图 2—11）、婺源农家茶（见图 2—12）。

图 2—10 赣南擂茶

图 2—11 惠安女茶俗

图 2—12 婺源农家茶

4）宗教式茶艺表演。此类表演是对各种宗教饮茶习俗进行搜集、整理后的演示，如禅茶（见图 2—13）、道茶（见图 2—14）、太极茶道（见图 2—15）等。

图 2—13 禅茶

图 2—14 道茶

图 2—15 太极茶道

5）现代式茶艺表演。此类表演为出于现代生活需要而根据一定理念创作的茶艺表演，如红茶茶艺（见图 2—16）、龙井茶艺（见图 2—17）、菊花茶艺（见图 2—18）。

6）外国式茶艺表演。此类表演仿照外国的饮茶风情与情调进行演示，如日本茶道（见图 2—19）、韩国茶礼（见图 2—20）、英式下午茶（见图 2—21）等。

图 2—16　红茶茶艺

图 2—17　龙井茶艺

图 2—18　菊花茶艺

图 2—19　日本茶道

图 2—20　韩国茶礼

图 2—21　英式下午茶

2. 茶艺表演的要求

任何一种茶艺表演，创作和表演过程中都有一些特定的要求。这方面的要点如下。

（1）准确定位

定位是茶艺表演的出发点和立足点，要明确该茶艺表演的目的、意义、作用、价值。如果定位是表演日常生活的茶艺，采用经营场所进行的方式或太过艺术性，就会使人觉得并非生活的原型，而有做作之感。如果定位是在经营场所进行服务式的表演，采用其他类型的茶艺表演，就会使人觉得平淡乏味或头晕目眩。如果定位为艺术展示，使用其他类型的茶艺表演，就会缺少美感和艺术的吸引力。只有对茶艺表演进行准确定位，才能达到预期的目标。

（2）抓住特色

每种茶艺表演都应该是特定的"这一个"，不应该是简单地对别人的重复和照搬。有的茶艺表演之所以引不起关注，就是由于没有特色。特色应该是通过具体的方式（如茶艺的名称、表演的内容、阐释的内涵、场景的特色、表演的流程等）表现出来的。

（3）风格统一

任何茶艺都应该是一个统一、协调的整体，应该围绕着茶艺表演的定位和中心内容，形成各个要素之间的统一与和谐。有的茶艺表演有拼凑之感，就是对相关的要素没有了解或没有深入理解，只是肤浅地模仿别人表演时的一招一式，然后把几种茶艺表演的某一部分简单地"嫁接"。这样看似热闹，却没有统一的风格，甚至穿错服饰，用错器具，讲错解说。

在茶艺创作和表演时，上述三个要点虽然道理普通，但在实践中却往往不能被把握和坚持。特别是在历史茶艺表演中，常常出现与史实相悖或张冠李戴的情况。

二、中国仿古茶艺表演

1. 仿古茶艺表演的基本要求

仿古茶艺表演是根据文献和考古资料复原古人品茗活动的茶艺表演，如宫廷茶艺表演、文士茶艺表演等。在进行仿古茶艺表演时，有以下一些基本要求。

（1）具有古朴、典雅的风格

仿古茶艺表演由于其仿古的性质，必然要求在表演中尽可能地体现出古朴、典雅的特色。而且，不同的朝代风格不同，仿唐茶艺表演与仿宋、仿清等茶艺表演都要有所区别。

（2）具有历史真实性

仿古茶艺表演的服饰、音乐、茶具、冲泡茶的技艺都要符合表演主题的历史特点。如表演唐代宫廷茶艺，表演者就应身着唐代服饰，表演所配音乐也应为唐代风格乐曲，并且所用的茶具与茶的冲泡方式都应是唐代可能具备的，这样才符合历史实际。

（3）在不违背历史的前提下体现现代意识

在讲究符合历史真实性的同时，仿古茶艺表演要求能被现代观众所接受，所以表演的动作应既不失古朴、典雅的风范，又优美、流畅，这样才能收到好的效果。

2. 唐式茶艺表演及其文化内涵

唐代陆羽所著《茶经》中详细记载了其所提倡的饮茶法，再现了唐代民间饮茶习俗。而1987年陕西法门寺地宫出土的金银茶具为复原华美富丽的唐代宫廷茶艺提供了实物参考。现代唐式茶艺表演的主要参考依据为《茶经》和法门寺出土的唐代宫廷茶具。

（1）唐式茶艺的特点

古人对选茶十分讲究，名茶不仅论其质量，而且结合产地、形状，创造了很多美妙的名称。“水是茶之媒”，古代人对烹茶用水更是要求严格。陆羽强调水质的清洁，强调以活水煮茶。另外，唐人茶艺还强调思想感情与自然的和谐一致。

陆羽对茶艺要求有严格规定的茶器、优良的茶叶、熟练优美的动作和宜于衬托茶汤色泽的茶碗。陆羽曾列煮茶、饮茶二十四具，其器具并不奢华，但强调什么样的环境应有什么样的器具。如在松林山石之间，诸器可置石上，“列具”便可省去。“但城邑之中，王公之门，二十四器缺一则茶废矣。”

煮好茶，要先炙好茶饼，炙好后要很快用纸囊包裹，保全茶的精华之气。取火用炭要格外慎重，优先考虑用木炭，其次才考虑用火力猛的木柴。烤过肉、染有膻味和油腻的木炭，或是含有油脂的木材和朽坏了的木器，都不可用来烤茶。

烹茶煮水的关键是对汤沸火候的把握。把握水的温度与火候为茶道过程的戏眼。在这一细节上，陆羽提出了“三沸”判断火候的方法如下。

一沸：当水烧到一定程度，出现鱼眼大小的气泡，并微微有声，这时的水为“一沸水”。

二沸：一沸后，水温继续升高出现涌泉般的气泡，则为“二沸水”。

三沸：水烧不止出现上下翻腾的滚浪，此为“三沸水”。“三沸水”太老，不能用来煮茶。

具体规范的方法是，一沸水时，加入适量的盐花。二沸水时，出水一瓢，然后用竹筴环激汤心。拍打水使其旋转，用茶则（匙勺）取出适量茶末从旋涡中心投下。当茶汤翻涌、茶末上涌时，用刚舀出的水压一压，使汤花尽量发挥出茶性、茶力。

煮水如图2—22所示。

烹茶的目的在于饮用，这就涉及酌分茶汤。一个很重要的原则是，要让大家都喝到最好的茶汤，当投茶不久即泛上的沫是最好的，一般舀出储于熟盂中，随时添加，以培育均匀、厚重的汤花。分汤如图2—23所示。

图2—22 煮水

图2—23 分汤

一般情况下，一釜之茶最多分五碗，最好酌分三碗。最先舀出的茶汤品味最好，最后舀出的茶汤品味最差。要使客人都能喝到最早舀的被称为“隽永”的第一道茶汤有两种办法：一种是将“隽永”添加到后舀出的茶汤中，使茶汤调和；另一种是大家围坐一起，一碗好茶，大家轮流喝一口。

陆羽茶艺程序的具体过程依次为炙茶、碾茶、罗茶、储茶、取水、生火、煎水、投盐、投茶、育花压汤、酌茶、饮茶。在整个过程中，要贯穿精致、细柔、典雅、平静、淡泊的思想理念。

陆羽茶艺大体包括鉴水择茶、优雅的环境气氛、规范的茶叶茶器、特定的动作程序、既定的审美标准、广博的思想内涵等内容，并主张以茶画来增强意境、情趣。总之，唐人茶艺总的倾向是注重质朴、自然。

（2）唐式茶艺的思想内涵

唐代茶道思想集儒、道、佛诸家精神于一体，而以儒家思想为核心。

首先，唐代茶人主张以茶修德。《茶经》开篇即云：饮茶者，应是“精行俭德之人”。这在唐人著作中得到普遍肯定。

其次，唐代茶艺贯彻和谐、中庸的思想。

再次，唐代茶艺把佛教、道家的“内省”思想引入茶道。这一点在卢仝的《七碗茶》中得到体现，该诗强调通过饮茶消解胸中郁结块垒，激发自己的抱负，净化自己的灵魂，乃至羽化登仙。

最后，修身、雅志还为用世。儒家所讲的“用世”，指“修齐治平”，对社会有所担当，这一点从陆羽所制茶釜、茶鼎中得到体现。一只茶釜，要“广其缘以务远”“长其齐以守中”“方其耳以气正”。

（3）唐式茶艺的要求

陆羽在吸纳汉唐文化有机营养的基础上，指出万事万物皆有其妙。他不仅强调自然天成的旋律之美，还强调了天、地、人协调运行的和谐之美，其《茶经》茶道不仅启示形上之道，还展示了人对“道”的把握与展示，这种展示由道具、人、艺有节奏、有程序地协调运作来实现。唐式茶艺既体现出天、地、人的和谐精神，也揭示了中国文化发展到开元盛世时的新特点，以及思维方式的新风格——直观、简洁、圆融、多维；不仅深刻地把握了秩序与旋律的深刻含义，而且以此为背景来映衬世界，凸现人生，昭示了和谐、平等的价值观。这种和谐被视为一种审美标准，并被贯穿到茶道的各个层次：道具制作的清雅、随手、美观，以及和谐搭配；茶艺过程的连贯、优美、节奏性；人与自然的对话，对应于“天人合一”的思想，讲求安谧、清凉的环境之美；生命体之间对和谐相处的追求；与各种艺术形式，如音乐、绘画、书法、诗词、舞蹈、造型、建筑，以及宗教、哲学、美学的有机结合与和谐相处，并表现出开放、圆融、创造性的时代特征；标新了价值判断，将儒、释、道三元思想有机结合，兼具礼法、禅意、自然的精神。

唐代的文人茶道也与陆羽有着千丝万缕的联系。陆羽《茶经》茶艺本身是通过对以江南文人士大夫为主的饮茶方法进行创造性的总结加工而设计出来的程序，因而明显地洋溢着文人气息。文人茶道和陆羽茶道的形式基本是相近的，其间的差异仅在于，文人茶道更注重情趣和气氛的营造，陆羽对茶质、水质、茶具、茶器、动作、酌茶要求得更为严格、规范而已。

（4）唐式茶艺的基本过程

1）炙茶。炙茶即炙烤茶饼。做茶时，用火烘干的要烤到有了茶香气为止，靠太阳晒干的要晒到茶饼柔软为止。炙茶如图2—24所示。

图2—24　炙茶

2）碾茶。要求所碾的茶末不粗不细，以缃色（浅黄色）为上，动作要干净利落，碾好后迅速筛罗。碾茶如图 2—25 所示。

图 2—25　碾茶

3）取火。取火用薪是陆羽茶道的重要环节，对柴料也特别讲究。但文人茶道就显得很随意，“烧竹”“折枝”也可以用来煎茶，反而觉得情趣盎然。

4）选水。《茶经》认为山水为上，江水为中，井水为下，提倡用水时要谨慎小心。但文人茶道在这方面显示出极大的灵活性，特别是在郊外野径，更讲究因地制宜。

5）育汤花。陆羽茶道的关键环节之一是培育汤花，培育汤花也是茶道过程中出现的第一个高潮，因而文人煮茶对此也很讲究。

6）观色、闻香、品味。这是唐代茶道最具特色的一点。这时茶道随之进入第二个高潮。

7）心境。追求饮茶过程和饮茶后心境的悦意清爽。

8）精神升华。茶道过程除了给人以视觉、味觉的满足外，还是一个美的创造过程和审美过程。例如，有茶具、茶汤色彩反差的美，有白沫细浪涌动的韵律美，从而给人以愉悦，并使茶人的精神也得以升华。

（5）唐式茶艺与其他艺术活动的结合

唐代茶道是中国茶道的初兴之时，最先受到文人士大夫的推崇，在饮茶过程中他们注重对茶理、艺术的探求。在陆羽《茶经》的基础上，他们更注重茶道思想的发掘与发挥，各具特色的茶诗一方面反映了文人茶道的情趣和特殊感受，另一方面也反映了文人士大夫对茶道文化内涵的深刻理解。

文人的茶道思想代表了唐代茶文化的主要特征。他们倡导茶道文化，致力于普及茶道，一方面对茶怡情悦性的功能理解甚深，他们借茶以唤回本初的纯净和安宁；另一方面他们希望通过茶道来增强社会各阶层的善心与美德，以期社会和谐，减轻人民疾苦。茶道可以被视为以封建士大夫为主体的唐代文人热爱自然、倡导和谐的思想倾向。这主要表现在他们对茶道所需环境的选择，表现出随遇而安、反对奢华、接近自然的特点。茂林修竹，潺潺流水，池旁林下，野寺山观，都可以进行茶道自悦。他们重在通过茶道表达淡泊的人生哲学，崇尚自然美，向往人际和谐。

文人茶艺注重气氛的营造，不同的场合决定茶道的不同主题。他们以充分反映茶的本色为原则，以烹出真香真味为法度；注重自然的和谐，重在“悟”，以及培养心性的和美与安寂。

贞观之治、开元盛世带来的大唐气象，使得唐代文人充满强烈的使命感和社会责任感，洋溢着对个体生命价值的肯定和赞美，彰显盛唐恢弘的气度，表现出海纳百川的胸襟，将儒、佛、道融为一体，以朴素而又不失大气的方式展示他们的精神境界。茶道以出世的精神表达入世的热忱，深切契合唐代文人的心性，文人也将自己的精神气度融入其中，创造了唐代的文人茶艺。

环境的选择和意境的追求虽不属于茶道过程，但却是茶道的重要因素。茶道被文人视为一种陶冶心性、体悟人生、抒发情感的风雅之事，有独酌自饮的情韵，也有集会联谊的雅趣。

唐代文人茶道是一种综合的文化活动方式。除生火煎茶酌分之外，往往在茶道过程中融入其他艺术。这些艺术形式包括以下内容。

1）歌舞。茶会之时，歌舞助兴。白居易描写湖州、常州两州刺史在境会亭的茶会，青娥递舞，余音绕梁，丝竹和鸣，尝茶斗新，和悦神爽，正表现了歌舞在茶会时的作用。

2）调琴。饮茶使人清雅，茶道教人清静，品茗时抚琴者更能获得悠闲心境，而听琴者也能随着琴声的节奏进入清幽的艺术意境。

3）棋弈。棋也是文人雅士的喜好之一，故古人有“读易三时罢，围碁百事忘”的诗句。饮茶时弈棋，一张一弛，一紧一松，更能调剂人的精神。

4）观画。琴棋书画诗酒花茶，人生八雅，诸艺相通，大道圆融，这是文化体验的必然。品茗观画，佳茗和佳作正好相得益彰。

5）赏月听钟。静夜正是享受清茶的极好时光，如能观赏明月，夜听钟声，更会使人心静神安，和悦幽妙。

6）书法。茶会过程中融入书法更为妙趣横生，茶室张挂书法条幅能提高茶道环境的文化品位，并为茶道聚会创造良好、高雅的气氛，而且书法能从侧面衬托茶道的特点和情趣。

7）绘画。绘画为文人的四艺之一，在茶会上历来就有绘画的风尚。而且自唐以来，历朝历代都有茶画问世，成为中国画最具文人情调的组成部分之一。

8）鉴水。鉴水原属于茶艺活动的必要环节。俗话说：“水为茶之母，器为茶之父。”只有先选好优质水，才能保证茶艺达到最佳效果。后来，鉴水成为一门学问，是从茶艺中分离出来又服务于茶艺的独立艺术。

9）茶器。茶器的意义不仅在于其为茶道所必需，还在于茶器是茶艺过程中最吸引茶艺师和饮茶者视线的元素之一，因而茶器不仅构成茶艺气氛的一部分，还表现了茶道精神。

（6）唐代宫廷茶艺

法门寺博物馆曾策划并请专业歌舞演员表演唐代宫廷茶艺，力图再现历史的风貌。策划者认为，唐宫廷茶艺是在文人茶艺和寺院茶礼的基础上加以宫廷化改造后形成的。由于皇帝重视茶道，因而赐茶成为宫廷礼仪的重要组成部分。唐宫廷茶艺是《茶经》茶道再加工、再创造后形成的一种反映宫廷礼仪、宫廷生活风尚的高层次茶文化形式。

1）唐代宫廷茶艺按规模和茶艺聚会的主体大致可分为如下三个规模、等级不同的茶道形式。

①宫女自娱式茶艺。唐代仕女格外雍容柔雅，茶艺场地选在宫中花园，给人以恬静和畅的美感。

②内廷赐茶。皇帝在上，文臣在下，同座于内廷，旁有宦官、宫女，皇帝令赐茶，君臣同品茶味。

③清明宴。清明节起源于汉代，在节前，人们准备茶果、佳肴，用以祭祀天地、祖先。清明宴是唐代宫廷礼官根据都城节日习俗和贡茶区茶宴而制定的宫廷大型朝仪，是茶道宫廷化的最重要标志。"清明宴"一词也见于李郢的《茶山贡焙歌》。虽然现在尚未发现清明茶宴具体过程的任何资料，但可以明确的是：清明宴符合自唐以来形成定制的宫廷礼仪，有规模较大的仪卫和侍从，有音乐、歌舞，由朝中礼官主持这一盛典。茶点在宫廷茶艺中不可缺少。茶点是在茶艺过程中食用的分量较小的精雅食物，包括点心、干果、水果等。唐代绘画中有对茶食的描绘，如《唐人宫乐图》中的核桃仁和《宴饮图》中的梨子。

2）唐代宫廷茶艺的运用。唐代宫中饮茶运用于如下场合之中。

①娱乐。

②王子、公主婚嫁。

③殿试、内廷赏赐。

④清明宴（安抚大臣的定制）。

⑤帝王清饮。

⑥供养三宝（佛宝、法宝、僧宝）。

⑦赐茶。

⑧接待外国来使。

⑨祭天祭祖。

3）唐代宫廷茶艺展示出"和"的政治气度。虽然唐代宫廷茶艺有别于民间茶艺和寺院茶礼，出现了尚繁缛、重等级、尚奢华、重礼仪、气氛和谐愉悦的特点，但就整体而言，这些形式是与唐代茶艺的主题相吻合的。宫女自娱的茶艺可以调节自身情绪，陶冶性情，与生活相协调、相适应；礼藩使、宴朝臣的茶艺可以协调中外之间、君臣之间的友好关系。对内可借茶艺以淡化社会对立，增强和谐气氛，国泰民安；对外可借茶艺以宣示中国文化的悠久和博大。仿唐代宫廷茶艺如图2—26所示。

图 2—26 仿唐代宫廷茶艺

当然，由于宫廷礼仪长幼有序、等级有别，宫廷茶艺成为宫廷生活和宫廷礼仪的重要组成部分，因而必然带有等级性、糟粕性，在实际借鉴过程中应加以鉴别。

法门寺出土的茶器，是唐僖宗（茶器上刻有僖宗小名“五哥”字样）供奉给佛祖的茶器，它华贵精巧，独尊于世，复原后的皇宫茶艺表演豪华、逼真地展示了唐代皇宫茶宴情景。设想在清明宴上，金碧辉煌的皇宫内，仿唐壁画悬挂有序，井井有条，在唐代宫廷音乐声中，通报急呈明前贡茶到，盛大的清明宴开始。太监、宫女将茶器一一陈列好后，文武大臣上前恭请皇上品饮明前茶，宫女在乐曲声中炙茶、碾茶、罗茶、煮水、沸后舀水、一瓢出锅、投茶、煮茶、二沸加水、击沸分茶、奉茶，先请皇上品尝，皇上降旨，赐给文武大臣品尝。饮茶时，先观其色、闻其香，再品味，然后连声叫好：“好茶，好茶！”一口饮下。

3. 宋式茶艺表演及其文化内涵

宋代的茶艺是在唐代茶文化普及的基础上发展起来的，以文士茶艺和宫廷茶艺为其主要内容。

（1）宋代点茶

北宋蔡襄在御用龙凤茶的制作上进行了两个步骤的改革：在品质上，采用鲜嫩的茶芽作原料；在形式上，使茶饼更趋小型，由 8 饼 500 g 改为 20 饼 500 g，大团改小团，其上有龙凤瑞草的图案，使茶饼在外形上更显精雅，更适合在宫廷生活的重要场合使用。由于蔡襄的一再捧誉，北苑点茶也成为宋代皇宫的茶艺形式，而且更为严格、细致、繁缛、侈丽。

不论是在皇宫还是民间，点茶饮用成为宋代社会的一大风尚。宋代城市经济繁荣，茶道向民间性、娱乐性发展。点茶是民间茶俗，分茶、斗茶是茶艺游戏。较之唐代，宋代茶事具有更多文化内涵。

作为宋代茶道主流形式的点茶，从炙茶到点茶的具体方式，全社会是一致的，但因饮茶者的社会地位、经济条件、饮茶场合、环境的不同而有繁简之别。

1）宋代点茶。点茶在晚唐时已成为茶艺的主流，至宋代更是形成多种不同的称谓。

①斗茶。以点茶方法进行品评茶艺技能的竞赛活动称为斗茶。

②试茶。点茶烹试又称试茶。

③斗试。斗茶和试茶并称斗试，亦指点茶。如《茶录》载："茶盏……其青白盏，斗试家自不用。"

④烹点。烹为煮茶，点为泡茶，两者连用也指点茶。如彭乘《墨客挥犀》卷四载："蔡君谟善别茶……亲涤器烹点以待公。"

⑤瀹茶。与烹茶相同，即煮茶，也指点茶。如罗大经《鹤林玉露》载："然瀹茶之法，汤欲嫩而不欲老。"

另外，宋代又有煎茶之说，但大多指点茶，将饮茶称为"尝茶""啜茶""品茶"。

2）宋代蔡襄《茶录》和赵佶《大观茶论》对点茶叙述比较准确，所载点茶道的基本过程如下。

①炙茶。宋人点茶所用的茶为固体饼茶，如蜡面茶京挺、小龙凤等。点茶时先将饼茶从笼或盒中轻轻取出，在干净光洁的容器中以滚沸的开水将茶饼浸泡一会儿，待其油膏变软后，用竹夹小心翼翼地刮去两层油膏，用钤（金属夹子）钳着，在炭火上烤干水气，然后用洁净的纸裹住茶饼，用木槌将其敲碎。如果是当年新茶，则不需此程序。

②碾茶。将敲碎的茶块放入茶碾槽中，很快碾成粉末，不宜久放，如果过了夜，茶色就会由白变昏沉。在碾茶过程中，要轻拿慢推，充满诗情画意。文同《谢人寄蒙顶茶》有"漫烘防炽炭，重碾敌轻尘"的说法，苏轼和林逋有"石碾破新绿""石碾轻飞瑟瑟尘"的佳句。仿宋碾茶如图2—27所示。

图2—27　仿宋碾茶

碾茶过程要轻拉重碾，要迅速，否则会散失茶之真香。陆游的诗句"玉川七碗何须尔，铜碾声中睡已无”是说，碾茶过程中芬芳四溢，茶未点已沁人心脾了，何须还要喝七碗啊。

③罗茶。宋人点茶要求茶汤出现雪白的泡沫，追求真香真味，冲注点调如乳胶，因而对茶面要求很细。但并非越细越好，因为如《茶录》所说，“罗细则茶浮，粗则水浮”。

④候汤。候汤即烧水，是点茶道的重要技能之一，涉及选水和把握烧水的火候两方面。前者注重点茶用水的质量，后者则是掌握点茶用水的温度。唐宋文人都讲求三沸水，而不是完全滚开的老水。由于条件限制，当时主要依靠听觉来把握判断煮水火候，到火候时就将茶瓶提离炭火，用来冲点。蔡襄认为“候汤最难”。苏轼则有《汲江煎茶》诗曰：“活水还须活火烹，自临钓石取深清。大瓢贮月归春瓮，小杓分江入夜瓶。雪乳已翻煎处脚，松风忽作泻时声。枯肠未易禁三碗，坐听荒城长短更。”这首诗概括地描述了宋代文人的茶道思想和情趣：要求活水点茶，即流动着的江水，且不是一般的江水，而是深处的清水。点茶烧水的火要火焰跳动、炽红高温的木炭火。当水烧到白泡沫翻滚时，立即从火上取下茶壶。清澈醇美使枯肠难以三碗为限，坐着倾听荒城里长更与短更相连。

到了南宋时，罗大经的好友李南金将候汤的功夫概括为四字，即“背二涉三”，也就是当水烧过二沸，刚到三沸之际，就迅速停火冲注，认为这样冲出来的茶才是真香真味真色。

⑤熁盏。熁盏就是用开水将茶盏冲洗一遍，这是一个预热过程，便于茶及时开化。仿宋熁盏如图2—28所示。

图2—28　仿宋熁盏

⑥点茶。点茶是整个茶道的戏眼，如图2—29所示。其要点有以下五个方面。

一是量茶受汤。一般情况下，一匙茶末用一盏容量的十分之六，“汤上盏可四分则止”。苏廙《十六汤品》认为：“下汤不过六分”“一瓯之茗，多不二钱”。如果按照晚唐一钱重约 4 g 来换算，二钱大约就是 8 g。而据有关学者推算，晚唐以来茶碗直径不超 15 cm（廖宝秀《从考古出土饮器论唐代的饮茶文化》）。这表明宋代点茶是很浓的。

图 2—29 仿宋点茶

二是茶汤要“调和融胶”。茶汤要茶沫均匀，茶水比例要适中，要有胶质感，茶水汤多、太淡则无法形成泡沫；茶多水少，茶汤表面凝聚，也会失去胶质感。由于手重筅轻，用水点茶，茶汤表面没有泡沫反应被赵佶称为“静面点”；有泡沫泛起，但星星点点，很快消失，被他称为“一发点”，并且认为这是手筅俱重的结果。赵佶认为正确的点茶方法是：第一次冲注沸水时，就出现泡沫，好像表面发酵起泡一样，有泡沫，很明亮，将茶的本性激发出来；第二次注水，从茶面上向下急注，绕盏一周，这时汤花呈现出来，泡沫好像珠子一样硕大明亮，泡沫由小变大；第三次注水，绕盏几周，这时茶力呈现，粟文蟹眼；第四汤时，泡沫已泛起，筅不离茶地旋转，以便扩大泡沫的膨胀。为使下面茶力进一步发挥，还可注第五水、第六水、第七水，目的在于使轻、清、重、浊适当，稀、稠得中，可欲则止。这时，乳雾汹涌，溢盏而起，赵佶谓之“咬盏”，这是最好的境界。

三是点茶之色以纯白为上。一方面，使泡沫如乳雾汹涌，冲注激发出茶的本质；另一方面，上等好茶本身叶子泛白，此所谓“茶必纯白”。

四是追求茶的真香、真味，不掺任何杂质。《茶录》曰：“茶有真香，而入贡者微以龙脑和膏，欲助其香。建安民间试茶，皆不入香，恐夺其真，若烹点之际，又杂珍果香草，其夺益甚，正当不用。”赵佶《大观茶论》也认为：“茶有真香，非龙麝可拟。要须蒸及熟而压之，及干而研，研细而造，则和美具足，入盏则馨香四达，秋爽洒然。”

五是注重点茶过程中动作的优美协调。苏廙在《十六汤品》中最早提出这一观点，认为茶已形成膏状，就要迅速地冲注出泡沫、汤花。手臂颤抖，只将注意力放到瓶嘴上，若注若停，汤不顺通，茶也不均粹，像人的脉搏，时条时断，气血断续，身体怎么能好，点茶也一样。

（2）宋代茶艺的精神内涵

宋人盛行焚香、点茶、挂画、插花。宋代文人热衷茶艺，并使之成为兼融诸般艺术的综合文化活动形式。

宋代文人热衷茶艺，但并不是沉醉于茶艺，使茶艺流于粗俗，偏于赏玩，而是赋予茶艺以较高的思想境界，借茶艺过程达到涤烦疗渴、陶冶心性、感受人际关系的和谐之美；分享大自然的古野之美，赋茶艺以很高的精神追求。苏轼《叶嘉传》明写茶、实写人，赞美茶“资质刚劲”“风味淡泊”“清白可爱”“有济世之才”的优秀品质，实际是张扬自己济世安民的宏愿大志和刚劲豪迈的精神追求。

宋代茶艺精神深远厚重，主要体现在以下三个方面。

一是“和”的精神。作为中国茶文化重要概念，朱熹解释“和”为“理而后和”。《东溪试茶录》中说“天地始和之气，尽此茶矣”。《大观茶论》中茶可“致清导和”。

二是与“和”相随而来的淡泊、清尚的风尚。“励志清白”“盛世之清尚”，也是文人士大夫修身养性、以茶励志、以茶养廉的标准，这种思想与陆羽《茶经》中的“俭”是一致的。

三是礼与理的范式。宋代宫廷茶道突出了尚礼仪、尚繁缛的特点，茶艺精益求精、规模宏大、等级鲜明，虽有娱乐性倾向，但仍具有政治引导、民风引导的目的，以提倡励志清白、致清导和为宗旨。

此外，在点茶、斗茶、品茶过程中，宋人融入琴棋书画，更显出茶道的静雅和美、其乐融融之特征。

4.元、明、清茶艺表演及其文化内涵

元朝的茶以散茶、末茶为主，明朝叶茶（散茶）独盛。明朝有绿茶、黑茶、花茶、乌龙茶和红茶，清朝的茶品种繁多，门类齐全。元、明、清时期饮茶除继承唐宋时期的煮茶、点茶法外，泡茶法终于成熟。

元代茶饮有四类：茗茶、末子茶、毛茶和腊茶。茗茶品饮方法已与近代泡茶相近，先采嫩芽，去青气，然后煮饮。末子茶是先焙干，再磨细，作为点茶之用。毛茶是在茶中加入胡桃、芝麻、杏、栗等物，与茶一起连饮带嚼。腊茶即为团茶。

（1）泡茶法

泡茶法起始于隋、唐，但由于煎茶法的兴起和煮茶法的存在，泡茶法在唐代并不流行。五代和宋朝又兴点茶法，点茶法本质上属泡茶法，是一种特殊的泡茶法。点茶法与泡茶法的最大区别在于点茶须调膏、击沸，而泡茶则不用，当时盛行点茶法，故泡茶法无闻。元代泡茶多用末茶，且杂以米面、麦面、酥油。

明朝细茗不加佐料，直接投茶入瓯，用沸水冲点，杭州一带俗称“撮泡”。撮泡开后世用杯、盏冲泡茶的先河。

明代张源《茶录》、许次纾《茶疏》对用壶泡茶法论说较详细，其泡茶法归纳起来大致有以下程序。

1）备器。泡茶法的主要器具有茶炉、茶铫、茶壶、茶盏等。备器如图2—30所示。

图2—30 备器

2）择水。主张用泉水，并以山顶、石中、沙中泉为好。

3）候汤。待炉火通红，茶铫始上。扇起要轻疾，待水有声稍稍重疾，不能停手。水一入铫，便须急煮。汤有三大辨十五小辨。三大辨为形辨、声辨、气辨。形为内辨，如虾眼、蟹眼、鱼眼、连珠，直至不涌沸如腾波鼓浪方是纯熟；声为外辨，如初声、始声、振声、骤声，直至无声方是纯熟；气为捷辨，如气浮一缕、二缕、三四缕、缕乱不分，氤氲乱绕，直至气直冲贯方是纯熟。候汤如图2—31所示。

图2—31 候汤

4）泡茶。控汤纯熟便取起，先注少许入壶中袪荡冷气，然后倾出。量壶投茶，有上、中、下三种投法。先汤后茶谓上投；先茶后汤谓下投；汤半下茶，复以汤满谓中投。茶壶以小为贵，小则香气氤氲，大则易于散漫。若独自斟酌，壶越小越佳。泡茶如图 2—32 所示。

图 2—32　泡茶

5）酌茶。一壶常配四只左右的茶杯，一壶之茶，一般只能分酌二三次。杯、盏以雪白为上，蓝白次之。

6）啜饮。酾不宜早，饮不宜迟，旋注旋饮。啜饮如图 2—33 所示。

图 2—33　啜饮

清朝时期，在闽、粤的一些地区流行一种青茶（乌龙茶）的“工夫茶”泡法。工夫茶具有“四宝”，即潮汕炉、玉书碨、孟臣罐、若琛瓯，均小巧玲珑。

工夫茶的一般程序是：焚香静气、嘉叶酬宾、岩泉初沸、孟臣沐霖、乌龙入宫、悬壶高冲、春风拂面、熏洗仙客、若琛出浴、玉壶初倾、关公巡城、韩信点兵、鉴赏三色、三龙护鼎、喜闻幽香、初品奇茗、再斟流霞、细啜甘莹、三斟石乳、领悟神韵。

明、清的泡茶法继承了宋代点茶法的清饮，不加佐料，包括撮泡（杯、盏泡）、壶泡、工夫茶（小壶泡）三种形式。

（2）煮茶法

明代苏、吴一带以上好的茶入瓷壶置火上煮沸而饮。擂茶是将芽茶汤浸软，同炒熟的芝麻一起擂细，加入川椒末、盐、酥油饼再擂匀。然后立即添茶汤，放入锅中煎熟，按喜好加栗子片、松子仁、胡桃仁即成。枸杞茶则取茶50 g、枸杞末100 g和匀，入炼化酥油或香油150 g，添汤搅成稠膏子，用盐少许，再放入锅中煎熟即可饮用。熬制酥油茶用大叶茶，连同牛乳煮沸，用勺搅拌，加入盐即可。

煮茶法主要在少数民族地区流行，所用茶多是粗茶、紧压茶，通常加酥、奶、椒、盐等佐料同煮。

（3）点茶法

朱元璋十七子宁王朱权自撰《茶谱》，其精于茶道堪与宋徽宗相提并论。文中指出："命一童子设香案携茶炉于前，一童子出茶具，以瓢汲清泉注于瓶而炊之。然后碾茶为末，置于磨令细，以罗罗之。候汤将如蟹眼，量客众寡，投数匕入于巨瓯。候茶出相宜，以茶筅摔令沫不浮，乃成云头雨脚，分于啜瓯，置之竹架。童子捧献于前。"

朱权《茶谱》所记的饮茶法仍是点茶法。宋代点茶往往在茶盏内点，朱权却在大茶瓯中点茶，然后再分斟到小茶瓯中，有时还在小茶瓯中加入花苞。朱权用的茶末以叶茶碾磨而成，弃团茶不用。朱权还创制了一种适于野外烧水用的茶灶。

尽管有朱权等人的倡导，但由于叶茶独盛，加上不用碾磨且简单方便的泡茶法的蓬勃兴起，点茶法于明朝后期终归沉寂。

总之，元、明、清时期泡茶法是最主要的饮茶法，煮茶法则在少数民族地区流行，点茶法亡于明朝后期。

中国的饮茶法分为两大类或四小类，两大类是煮茶法和泡茶法。自汉至唐饮茶以煮茶法为主，自五代至清饮茶以泡茶法为主。四小类是在两大类的基础上，加上从煮茶法中分解出煎茶法，以及从泡茶法中分解出点茶法。煮、煎、点、泡四类饮茶法各领风骚，汉、魏六朝尚煮茶法，隋、唐尚煎茶法，五代、宋尚点茶法，元、明、清尚泡茶法。如从茶的用料来看，则有纯用茶叶的清饮，又有加以其他原料的调饮。

源于明、清的工夫茶，操作程序比较复杂，一般以三四人为宜。其过程主要为：赏茶、温壶、装茶。

赏茶：主人取出上好的茶叶，主动介绍该品种的特点、风味，依次传递给客人欣赏嗅品一番。赏茶如图 2—34 所示。

图 2—34　赏茶

温壶：放置茶叶之前，先将开水冲入空壶，谓之“温壶”。温壶的水倒入茶杯、茶船、公道杯，同时温杯。温壶如图 2—35 所示。

图 2—35　温壶

装茶：应使用茶匙、漏斗（或茶则）装茶，不宜用手抓放，以免手气、杂味混入，通常将茶叶装至茶壶的 2/3。装茶如图 2—36 所示。

由元到明中期，茶艺趋向简约化，茶文化精神与自然相契合。晚明到清初，精细的茶文化再次出现，茶风又趋向纤弱。由于元朝对茶的精细不甚讲究，导致元代饮茶趋向简约，与人民生活、家礼相结合。明初在文字狱的重压下，文人以茶雅志，寄情于茶，对传统饮茶方法进行了改造，较之宋代更为简

图 2—36　装茶

易。朱权等人将点茶法与煮茶法结合，饮茶同时又设果品。茶人每于山间林泉之下，煮水烹茶，品茶食果，以徜徉心怀。所用竹茶炉叫"苦节君"，盛茶具的竹篮叫"苦节君行省"，表达了此时文人清节、励志的积极向上精神。

晚明之时，文化界流派纷呈，出现了复古主义思潮，但大多流于形式，而失其精髓。这些文人爱好饮茶，追求形式上的风流雅致，缺乏明初的宏阔抱负与宽广胸怀。对于茶，他们讲究极精，茶要名贵，水要清泉，器要精美，境要宜人，人要逸客，且主张呼朋引伴，不再认同"独啜曰神，二客曰胜，三四曰趣，五六曰泛，七八曰施"了。清初的文人，对时局无可奈何，又无法施展心胸抱负，就将之托付于茶，延续了晚明茶人的纤弱之风。

清朝两百多年的统治，国家统一、安定，茶逐渐深入人民大众的生活中。清末民初，中国受到帝国主义列强的侵略，知识分子大多致力于奔走呼吁，探索救国救民的道路，无心于茶艺茶道，使得文人茶道暂时沉寂。而此时的民间饮茶却日渐兴盛，开始讲求兴味和技艺，京师盖碗茶、福建工夫茶甚得民心。此时的文人饮茶也并非销声匿迹，而是不再以茶为艺，将之与自己的日常活动结合在一起，或与友谈心，或野游助兴，或消情遣性。

三、外国茶艺

1. 日本茶道

日本茶道是以饮茶为契机，高度艺术化的综合性文化活动方式，内含宗教、哲学、艺术、道德等各方面的要素，是日本独特的综合性传统文化之一。日本茶道的源头在中国，8 世纪，遣唐使将茶从中国带到日本。9 世纪，来往于日本与中国的僧侣们继而普及了茶在日本的栽培和饮用，并将其推广到上流阶层。1168 年和 1187 年，日本禅师荣西两次来到中国，把茶籽与泡茶技艺带回日本，茶道也在模仿中国茶会的基础上发展了起来。15 世纪，村田珠光正式首创日本茶道，发展了源自于禅宗的茶法。其后千利休推广幽静茶而集茶道之大成，提出“吃一碗茶”的学说，从此确定了日本茶道。之后，茶道由诸侯以及千利休的子孙们普及全国。“一碗茶中的和平”“一碗茶的友爱”，乃是千利休茶道的内涵所在。

日本茶道经过江户时代，进一步发展成师徒秘传、嫡系相承的形式。到了18世纪，日本茶道的限制就更严格了，继承人只能是长子，代代相传，即“家元制度”。家元制度的建立是日本茶道长盛不衰的重要原因之一。由于茶道文化十分复杂，点茶技法不易掌握，因而学习茶道非短时间所能完成，需要长年修行。而点茶技法是由各流派的家元来传授，并且除了家元，他人不得做任何改动。有的技法家元只传给自己的儿子或亲近的人，有的技法只有家元才有资格进行表演。

现代日本茶道的流派是由数十个流派组成的，每个流派都推举了自己的家元。最大的流派是以千利休为祖先，其子孙继承发展的“表千家流”“里千家流”“武者小路千家流”，统称“三千家”。其中又以“里千家”影响最大。除“三千家”外，日本茶道流派还有“薮内流”“乐流”“久田流”“织部流”“南坊流”“宗偏流”“松尾流”“石州流”等。

日本南北朝时期流行的“唐式茶会”（简称“茶会”），内容富有中国情趣和禅宗风趣，最初流行于禅林，不久便在武士阶层中流行起来。

茶会大致按照以下顺序进行。

第一，点心。当会众聚集后，请入客殿，飨以点心。点心原是古代一日两餐之间为了安定心神所安排的食品。当时点心中各式各样羹类、饼类、面类都是由来华的僧人带回日本的。客人们互相推让，一切和中国的会餐无异。点心用毕，会众起座，或在窗边休息，或于庭院闲步。点心如图2—37所示。

图2—37 点心

第二，点茶。会众吃完点心稍息后，进入茶亭入座，便举行点茶仪式。正如日本古书记载的“亭主之息另献茶果，梅桃之若冠通建盏，左提汤瓶，右曳茶筅，从上位至末座，献茶次第不杂乱”。点茶如图2—38所示。

图2—38 点茶

第三，斗茶。点茶以后，为了助兴，玩名为“四种十服茶”的斗茶游戏。玩法是沏好各种各样的茶，大家喝后猜测是否是日本首位产茶地栂尾所产的茶，以定胜负。斗茶之法在中国宋朝就已盛行，日本的斗茶之法源于中国，方法上略有区别。

第四，宴会。在点茶和斗茶之后，撤去茶具，另陈佳肴美酒，重开宴会，伴以歌舞管弦，兴味盎然。

在整个茶会的进行过程中，点茶、斗茶是在茶亭中进行的。茶亭按照中国风格设在风景优美的庭园内，置身于茶亭中可以眺望远方的景色。茶亭的正面装饰着释迦牟尼、观音、文殊、普贤等佛画，在隔扇和墙壁上张挂着名家所绘的人物、花鸟、山水画轴。茶亭的一角围以屏风，设置茶炉煮茶，配以精致的茶具装点其间，在客位、主位的席上陈设胡床、竹椅等，完全是中国式样，这和以后形成的茶道中的“数寄屋”类似。

虽然茶会所用的点心、点茶方法、器具、字画等都是典型的中国式，每一内容陈设都是模仿了中国式样，但古代中国并没有这种形式的茶会。日本是把中国饮茶的习惯、风味食品、禅宗趣味、园林亭阁融于唐式茶会之中，这是中国文化在日本的重新分解和组合。到了日本室町幕府中期，这类茶会有了新的发展，进行茶会时，改茶亭为“座敷”（铺席客厅），茶会分为贵族型的“殿中茶”与平民型的“地下茶”。前者有品玩名贵茶器、名贵茶叶等形式，后者是无拘束地聚集饮茶，类似于中国的茶馆。不难看出，唐式茶会是日本茶道的雏形。

日本茶道主要由四个要素组成，即宾主、茶室、茶具和茶。进行茶道的人员一定要有经验并经过训练。茶室大小不一，形状多样，但环境应幽雅、自然，布置简朴、优雅，且往往挂着与茶有关的禅语挂轴和名贵字画，室内有插花装饰。茶具多为“乐烧茶碗”和茶盘、茶盖、茶勺、茶桶等。茶是日本国产优质绿“末茶”，就是将原茶用“茶石臼”碾成粉末状的茶。

（1）日本茶道礼仪

日本茶道有讲究的礼仪规范，以下以日本“里千家”为例，介绍禅宗茶道的表演程序。

1）布景。演示台中有一个四扇屏风，罩以洁白的细布，上面挂一条幅，上书“无事是好年”五字。地上铺绿色地毯。演示台下右前方竖一把大红遮阳伞，别具一格，增添了田野情趣。条幅前的地面上摆一竹篮插花，精美奇巧，使人产生雅洁之感。在台右前方置有风炉、茶釜、小水坛、木炭、火箸等茶具。除此而外，另无他物，犹如日本国内的“待合”（客厅）“茶庭”“水屋”三者合一。区区十几平方米的演示台上简洁、幽雅、清静，正如古人所云：“室雅何须大，花香不在多！”日本茶道布景如图2—39所示。

图2—39 日本茶道布景

2）演示。演示程序如下。

①备具迎客。演示者共有5人，均系女性，而且年龄在六旬左右。其中角色为二主（茶道主持人、茶师）三客。演示开始，台上寂然。先是主人登台备具。接着宾客脱鞋躬身入内，表示谦逊，主人则跪在门前迎接，以示尊敬。客人依次行礼，首先拜见主人，继而跪拜条幅，然后跪坐于演示台左侧，面向主人。就座后，宾主致辞，观赏茶具。女客们每人手持一把折扇，态度平和，静思默想，好像佛家僧侣禅功打坐，静虑修心，回归净土，进入真我境界的“禅定”情景。备具如图2—40所示。

图 2—40 备具

②生火烧水。二位主人跪坐在竹制茶架前的地上生火，用火箸将木炭夹于风炉内，摆成格子形。一会儿，釜底火焰腾起，泉水冒出小气泡。此时，主人神情专注地从绢袋里取出储茶罐、小茶匙、小竹帚，并将几只式样古典的琉璃色茶碗用一方红巾擦拭，一字摆开，显示日本茶事中一切讲求清洁，一尘不染。待水煮沸，水蒸气袅袅升起，如佛堂轻烟，烘托出一种超凡脱俗的气氛。生火烧水如图 2—41 所示。

图 2—41 生火烧水

③静心点茶。水烧开后，主人抬头冲客人嫣然一笑，然后从容不迫地揭开储茶罐的盖子，用茶匙舀两勺半茶。茶师用勺舀沸水，轻轻地依次注入茶碗，只冲茶半碗。然后用茶帚依次搅动，动作熟练迅疾，搅得茶末上下翻滚，沉沉浮浮。稍停片刻，茶末沉底，沫饽浮起，茶汤浓绿。静心点茶如图 2—42 所示。

图 2—42 静心点茶

④敬奉茶点。敬茶前，主人按照客人的辈分大小为客人敬上小巧玲珑、色艳味美的日本茶点。敬奉茶点如图 2—43 所示。

图 2—43 敬奉茶点

⑤谦恭敬茶。主人谦恭地先向首席客人敬茶，然后将第二、第三碗茶依次敬献给第二、第三位客人。敬茶时左手托碗，右手扶碗，恭恭敬敬走到宾客面前，跪坐献茶，茶碗举起，与额角齐平。客人接茶用左手托碗，右手扶碗，从左向右转一圈，以示拜观茶碗，然后举碗齐额，再放下。谦恭敬茶如图 2—44 所示。

⑥细口慢酌。敬茶毕，客人端起茶碗，轻轻转动茶碗，以示领受主人情意及其点茶的匠心。客人饮茶可分为“轮饮”和“单饮”。若是深绿色的浓茶，要轮流饮；若是淡茶，则每人一碗单饮。单饮定要三口喝尽。客人咽下茶时，口中发出轻轻响声，表示对茶的赞美。然后是主人殷勤续茶 1～2 次。细口慢酌如图 2—45 所示。

图 2—44　谦恭敬茶

图 2—45　细口慢酌

⑦茶毕送客。茶毕，宾主对话，话题一般为对优质名贵的末茶及茶碗的欣赏、品评，气氛和谐融洽。茶道仪式结束，客人道谢，主人跪送。客人辞前先拜茶具，再拜条幅。客人走后，主人缓缓收拾茶具，神情寂然。

（2）日本茶道正式茶会的顺序

1）穿越露地。日本茶道的举行场所一般由茶的庭园和茶的建筑组成。茶的庭园指露地，茶的建筑指茶室。进入茶室前，客人先进入露地。露地从其实用价值来讲，只是一条通向茶室的道路而已，但它在日本茶会中的含义却极为丰富。露地的内质与佛教有关，希望人们在通过露地时净化心境，摒除一切尘世杂念，归于平和，所以布置露地的出发点不是为了欣赏。露地中一般铺有各种各样的石头，这些石头在茶道中被称为“飞石”。飞石的种类、铺法和用途颇有讲究，但其主要用途还是指示客人行进的方向。露地如图 2—46 所示。

图 2—46　露地

在客人到达之前，主人会预先在露地之中洒水，迎接客人时还要在庭院中打水再清洗一次。这种反复清洗的礼仪象征茶道的场所为圣洁之境。露地是茶道力图营造的参禅意境的起点，因此不能穿着日常生活中的鞋子进入，需要换上草履——有带儿的日式草鞋。

进入露地后，客人在被称为“腰挂待合”的地方稍事停留，以待主人的迎接。待合是专门设置用来让几位客人碰头的场所，内设椅垫和吸烟用具。日本正式的茶会一般分两个段落进行，一个段落结束后，客人们会暂时离开茶室，来到露地，而主人则在茶室中为后一段落的茶会做准备，茶道中称为“中立”。在这段时间里，客人们也是来到“腰挂待合”中小坐，直到听到主人的召唤后才再次进入茶室。有时候，露地被分为两个部分，即外露地和内露地。在这种情形下，会在两重露地的交接处设一个中门。而在“中立”期间，客人们则在内露地的待合中小憩。

图 2—47　蹲踞

2）蹲踞净漱。进入露地后，客人们踏着飞石行进，来到茶室前面的“蹲踞”（见图 2—47）。所谓蹲踞就是一种盛满清水的钵盂状的设施。蹲踞一般是石制的，上面放有舀水用的柄勺。首先用右手拿起柄勺舀一勺水，用这勺水的一部分清洗左手。然后将柄勺换到左手，用勺中剩下的水清洗右手。再舀一勺水，将水倒在右手掌心，用掌心中的水漱两次口，之后两手握住勺柄，勺口对着自己慢慢竖起柄勺，让柄勺中剩下的水沿着勺柄慢慢流下，以清洗勺柄。清洗完后将柄勺放回原来的位置，继续向茶室行进。此处洗漱的目的是净洁身心。

3）进入茶室。洗漱之后，客人们整理好与茶会相一致的心情，准备进入茶室。主人应先在茶室的活动格子门外跪迎宾客，第一位进茶室的必须是来宾中的首席宾客（称为正客），其他客人则随后依次进入茶室。进入时，要膝盖先着地，环顾茶席并行礼，之后两膝交替向前蹭着进入茶室。进入茶室后，保持身体基本姿势不变，转过身来，面向外，宾主相互鞠躬致礼，主客面对面坐，而正客须坐于主人上手（即左边）。这时主人即去“水屋”取风炉、茶釜、水注、白炭等器物，而客人可观赏室中的挂轴、字画、插花等摆设。

主人取器物回茶室后，跪于榻榻米上生火煮水，并从香盒中取出少许香点燃。在风炉上煮水期间，主人要再次至水屋忙碌，这时众宾客可自由在茶室前的花园中闲步。待主人备齐所有茶道器具时，这时水也将煮沸了，宾客们再重新进入茶室，在自己的位置上坐下（按规矩需要“正坐”，即双腿并拢，小腿着地，臀部坐在双脚上），将扇子放在身后，正客的扇子尾部向右，其他客人的扇子尾部向左。

4）炭点前。在茶道中，“点前”是指具体的操作及其过程。众所周知，点茶用水对温度有着相当严格的要求，这在中国古代被称为“汤候”，温度不足（一般称为汤过嫩）或让水沸腾得太过（称为过老）都不宜点茶。因此，为了烧出温度适宜的水，就要对作为燃料的炭及火候进行调节，这就是炭点前。一般来说，主人等到客人们围绕炉边坐定时，就会开始进行炭点前。

5）品尝怀石料理。客人坐定后，主人要招待客人吃饭，一般是三菜一汤，这种饭食称为“怀石”。据《南方录》记载，和尚为了修行不食，便在怀中放一石来抵抗饥饿。因此“怀石”就是粗茶淡饭的意思。主人的茶道观一般通过其烹饪的饭菜表现出来。怀石料理如图2—48所示。

图2—48　怀石料理

怀石料理的菜肴虽不丰盛，但很注意季节感和菜肴的搭配，所用原料都是新鲜的水产和蔬菜。在五月到十月之间，因为茶会中使用风炉，因此又称为风炉的季节。这期间，客人一入席，主人便会摆出怀石料理。而十一月至次年四月，茶会中使用炉（地炉）来生火，因此又被称为炉的季节。这期间，要在炭点前之后才会布置怀石料理。吃饭时，主人必备有一杯清酒，饮酒要用小盏分三口慢慢品，吃饭菜时也要缓嚼细咽地慢慢吃。当然，也有不设怀石料理的茶会。

6）品尝点心。吃过怀石料理之后，客人要暂时回避片刻，待主人做点茶前的准备。客人再次进茶室入座，主人便会从正客开始，依次向每一位客人边寒暄边进献精美的点心。如果是“浓茶”茶会，就使用生鲜点心；如果是“薄茶”茶会，则使用干点心。将两种点心一同进献的也很常见。

7）茶点前。这是茶会最关键的一个程序。主人坐在风炉旁，开始生火、加水。然后用一块手帕大小的红色绸缎把事先已经擦洗干净的茶具当着客人面再擦洗一次。最后用烧开的开水再消毒一次。这才开始正式的点茶：主人用精致的小茶勺往茶碗中放入适量浅绿色茶末，再用竹制的水舀将沸水注入茶碗内，水不能外溢，而且倒水时要尽量发出潺潺的水声。

点茶完毕后，主人用左手掌托碗，右手五指持碗边，跪地后举至与自己额头平齐，献给客人。客人接过茶碗也须举碗齐眉以示感谢，放下碗后重新举起才能饮茶。品茶时要吸气，并发出“吱吱”声音，以示对茶的赞美。待正客饮茶后，其他客人才能饮茶。饮时可每人一口轮流品饮，也可各人饮一碗，饮毕用拇指和纸擦干净茶碗，仔细欣赏茶碗，再把茶碗递回给主人。

在这里，之所以使用“点茶”这个词汇，是因为在茶道中使用的是末茶。首先将茶末放入茶碗，然后沏水，之后还要用一种被称为“茶筅”的工具搅拌。整个操作形式有些类似中国宋代的斗茶。“点茶”一词沿用传统说法，以区别于叶茶的“沏茶”。

8）欣赏道具。在茶会之中，当主人点完茶后并准备拿着道具离开茶室之前，作为规矩，正客一定要提出欣赏、拜见道具的请求。在客人们品茶及欣赏道具的过程中，正客会与主人进行交谈，谈话的内容一般限于与茶有关的话题。客人们借此来了解此次主题并力求实现主客间心灵的沟通。

9）茶室送客。礼仪完毕，主人在茶室的门侧跪送客人，接受客人临别的赞颂和致谢。

一次茶道仪式的时间一般在 2 h 之内。一套最简单的点茶仪式，一般也需要 20 min。

（3）日本茶道的思想文化内涵

日本茶道注重的并不是具体茶的好坏，而是主客间的和谐和对平和境界的体悟。它主要反映中国禅茶思想，吸收了中国茶文化思想的部分内容，将之融进日本文化，进而渗透入国民的思想意识，被称为是应用化了的哲学、艺术化了的生活。

日本茶道在茶事技艺上并无多少出新之处，有创意的是饮茶仪式及其所负载的文化内涵。日本茶道的目的不是推广煮茶技术，而是通过茶道学习礼仪，感悟清净的境界。尽管日本茶道派别林立，但其表演方式、程序要求大致是相同的。

日本茶道的基本精神为“和敬清寂”。“和”指和平安全的环境；“敬”指尊敬长者，敬爱朋友。小而言之，表示主客之间的和睦共处、互相尊敬；广而言之，则寄以社会安定、国家和平的愿望；“清”指清静；“寂”指达到悠闲的境界。要求茶室环境清静幽雅，陈设力求古色古香，暗含隔绝尘世、清心洁身之意。此四字称为“四规”，融合在严谨有序的程序中，使饮茶上升到重精神陶冶的层次。“四规”之外，尚有“七则”：即点茶有浓淡之分；茶水温度要按季节不同而改变；煮茶的火候要适度；使用的茶具要保持茶叶的色香味；备好一尺四寸见方的炉子；冬天炉子的位置要安摆得当并使之固定；茶室要清洁并插花，花的品种要与环境相匹配，以显示出新颖、清雅的风格。

日本茶道仪式可分为庆贺、迎送、叙事、叙情等不同主题，主题不同，首席客人也自然不同，首席客人与其他客人的座次和待遇也不同。茶室布置（包括插花、挂画、茶食、茶具及其装饰）也不同。

日本茶道过程极为严格，主客对话、客人出入路线、茶器摆放、点茶动作、揩净茶炉的方向、旋转茶碗的方向和回数、茶具规格、茶食和茶点的搭配等都有极为严格的规定，马虎不得，否则就有伤大雅。

日本茶道的精密严格还表现在茶事过程与茶道思想天衣无缝的结合。

“和敬清寂”被视为日本茶道精神的中心理念，不仅表现为茶道所营造的气氛和文化特质，而且还表现为以此理念来规范茶道过程的一点一滴。不仅被运用于人与人之间的关系，也适用于“事物人境”。茶艺人员要以“和敬清寂”之心，对待“事物人境”。事指点茶、插花、扫除等事项。物指茶碗、茶刷、茶釜等诸器物。人指主人、客人等各种身份的人。境指内露地、外露地、茶室等各种环境。在此，只对以“事”来体现“和”做简要说明。人们在添炭、点茶、喝茶时要保持主体与客体的一致，即茶艺师与茶、炭的一体性。如果其中有隔阂便称不上达到了真正的“和”。再有，主人与客人之间的配合，客人与客人之间的配合，茶具之间色彩、形状、位置摆放的搭配等，都必须达到大和之美。但“和”并不能没有节度，茶事上还要贯穿“敬”，要明确各种事物所分担的责任，相互承认，发挥作用，做到上下有别，有礼有节。这似乎与中国的“君子和而不同”相近。例如，同形状、同色彩的茶具不能同时使用，而应交叉使用，以此来互相提携。有了“和”“敬”还不够，还要有“清”“寂”，茶事中一切都应清洁、一尘不染。

2. 韩国茶礼

韩国茶礼（茶仪）是当地百姓共同遵守的传统的美风良俗，是世界茶苑中别具风采的典雅花朵。“茶礼”这个术语在韩国是指“在阴历的每月初一、十五，节日和祖先生日白天举行的简单祭礼”，也指像昼茶小盘果、夜茶小盘果一样的摆茶的活动，有专家将茶礼解释为“贡人、贡神、贡佛的礼仪”。韩国茶礼源于中国古代的饮茶习俗，但并不是简单的照搬、移植，而是把禅宗文化、儒家与道教的伦理道德，以及韩国传统的礼节融汇于一体所形成的一种风俗。早在一千多年前的统一新罗时代，朝廷的宗庙祭礼和佛教仪式中就运用了茶礼。当时盛行把饼茶煮后饮用的煮茶法和点茶法。在高丽时期，朝鲜半岛已把茶礼贯彻于朝廷、官府、僧俗等各个不同阶层。最初盛行点茶法，就是把膏茶用磨磨成茶末，再把汤罐里烧开的水倒进茶碗，用茶匙或茶筅搅拌乳化后饮用。到高丽末期，又有了把茶叶泡在盛开水的茶罐里再饮的泡茶法。当时，高丽朝廷举办的官府茶礼约有以下几种。

一是燃灯会。每年阴历二月十五日，在宫中康安殿的浮阶里举行燃灯会。其程序是，近侍官上茶，执礼官面向殿阁鞠躬劝茶；上酒饭时，执礼官面向殿阁鞠躬劝酒饭；众官宦随礼。如给太子以下寺臣送茶，茶到，执礼官先参拜，太子以下侍臣再拜，执礼官先饮，太子以下随饮，饮毕揖让而散。燃灯会如图2—49所示。

图 2—49　燃灯会

二是八关会。即每年阴历十一月十四日，在宫中仪凤门阶梯底下的浮阶中举行八关会。其程序是左侧执礼官引太子和上公到洗手间洗手，近侍官上茶，执礼官面向殿阁鞠躬劝茶，近侍官摆茶和饮食，也摆太子、公侯伯及枢密各阶侍臣的茶饭，中阶的侍臣站着就餐，然后近侍官上茶。太子以下枢密侍臣再拜，接茶饮毕后揖让。翌日，在同样地方继续举行茶礼：近侍官上茶和饭菜，执礼官面向殿阁鞠躬劝茶和饭菜，之后摆太子以下侍臣的茶和饭菜。殿上上的酒和饭菜，给太子以下侍臣摆茶、酒和饭菜的格式，奏乐和停止音乐都同前一天一样。八关会如图 2—50 所示。

图 2—50　八关会

另外，在举行重刑奏对、迎北朝诏使、祝贺太子诞生、王太子分封、王子和王姬分封、公主出嫁、宴请群臣等活动时的仪式中，都在特定地点举行特定形式的茶礼。

高丽时期的佛教茶礼为禅宗茶礼，按照《敕修百丈清规》和《禅苑清规》所记载的规范，其主要内容包括后任住持起义时举行尊茶、上茶和会茶仪式；寮元负责众寮的茶汤，水头负责烧开水；吃食法中有吃茶法。四月十三日摆宴会要上茶汤，四节秉拂中有献茶，吃茶时须敲钟，点茶时有扩版法和茶鼓的打法。另外，在《禅苑清规》中也有赴茶汤、茶会的邀请书，为知事和首领的点茶，为表谢意请喝茶的记载。当时的佛教茶礼由此可见一斑。佛教茶礼如图 2—51 所示。

图 2—51　佛教茶礼

总之，历史上韩国流行的茶礼，以官府茶礼为代表，有按照禅宗《禅苑清规》等举行的宗教茶礼，还有按照朱子家礼举行的冠婚丧祭的茶礼。

源于中国的韩国茶礼，其宗旨是“和敬俭真”。“和”即善良之心地；“敬”即彼此间敬重，以礼相待；“俭”即生活俭朴，做官清廉；“真”即心地真善，人与人之间以诚相待。

现代韩国的茶礼种类繁多，各具特色。一般的茶礼包括环境、茶室陈设、书画、茶具造型与排列、迎客、投茶、注茶、茶点、吃茶等。

（1）韩国茶礼煎茶法程序

1）迎宾。宾客光临，主人必先至大门口恭迎，并以“欢迎光临”“请进”“请这边走”等礼仪用语迎客引路。宾客必须按年龄大小顺序随行。进茶室后，主人立于东南向，向来宾再次表示欢迎后，坐东面西，而客人则坐西面东。如果客人之间不认识，由主人安排就座。

2）准备。伴随着韩国的民乐，主人端坐于垫单上，摆好所需要的茶具（包括客人茶桌、主人茶桌、烧水壶、茶壶、茶杯、茶杯垫、退水器、茶筒、茶巾、莲花样的茶匙），以及辅助用具（如辅助茶盘、桌上盖布、茶食、筷子）。桌上盖布特别讲究，上面是红色的，代表男性；下面是蓝色的，代表女性。这里有对男性尊敬的意思，即天男地女。

3）温具。收拾、折叠茶巾，将茶巾置于茶具左边，然后把茶壶盖取下放在茶壶右边，左手握茶巾，右手提着烧水壶，将开水倒入茶壶后放回原位。右手盖上茶壶盖子，温壶预热。再用左手按着茶壶的盖子，右手提着茶壶，将茶壶中的水分别平均注入茶杯，温杯后即弃之于退水器中。温具如图2—52所示。

图2—52 温具

4）煎茶。右手取下茶壶盖子放在茶壶右边。左手捏茶筒，右手取下茶筒盖子放在茶筒的左边。右手用茶匙取茶叶放入茶壶里（根据不同的季节，采用不同的投茶法。一般春秋季用中投法，夏季用上投法，冬季则用下投法。投茶量为一杯茶投一匙茶叶），茶匙放回原处，盖好茶筒盖，放回原处。之后左手拿茶巾按水壶，右手提烧水壶倒水入茶壶内，后放回原处。盖好盖子，茶巾放回原处。过 3～5 min 后，左手拿茶巾按住茶壶盖子，右手提茶壶按顺序把冲泡好的茶汤倒入茶杯，分三次缓缓注入杯中，茶汤量以斟至杯中六七分满为宜。把茶壶放回原处。煎茶如图 2—53 所示。

图 2—53 煎茶

5）品茗。茶沏好后，主人把茶杯置于茶杯垫上，恭敬地将茶捧至来宾前的茶桌上，自己的茶杯放在茶壶的左边。捧起自己的茶杯，对宾客注目示意，说“请喝茶”，宾主即可一起举杯品饮。品茗如图 2—54 所示。

图 2—54 品茗

第一道茶之后，可继续品第二道茶，方法与第一道一致。在品茗的同时，主人会给客人送上各式糕饼、水果等清淡茶食用以佐茶。

6）送客。主人与客人各自用右手把桌子盖布拿起来，放在左大腿上或是右大腿上，整理后盖在主人桌子上和辅助桌子上。主人站起送客。

洗杯等后续工作应在送客之后进行，在客人未离开时洗杯不礼貌。

韩国茶礼泡茶法的步骤与煎茶法大同小异，也包括揭茶布、摆茶具、温杯预热、投茶、泡茶、倒茶、奉茶、品茗、收茶具、铺茶布等步骤。

（2）高丽五行茶礼的程序

高丽五行茶礼是韩国最高层次的茶礼，属于国家级的进茶仪式，规模宏大、人数众多、内涵丰富，原为古代茶祭的一种仪式。五行茶礼如图2—55所示。

图2—55 五行茶礼

五行茶礼的祭坛设置：在洁白的帐篷下，并排八只绘有鲜艳花卉的屏风，正中张挂着用汉字繁体字书写的“茶圣炎帝神农氏神位”的条幅，条幅下的长桌上铺着白布，长桌前置放小圆台三只，中间一只小圆台上放青瓷茶碗一只。

茶礼的参与者可达50人，要有严谨有序的入场顺序。

入场式开始，由茶礼主祭进行题为“天、地、人、和”的茶礼诗朗诵。这时，身着灰、黄、黑、白短装，分别举着红、蓝、白、黄，并绘有图案旗帜的四名旗官进场，站立于场内四角。

随后依次是两名身着蓝、紫两色宫廷服饰的执事人，高举着圣火（太阳火）的男士，以及两名手持宝剑的武士入场。执事人入场互相致礼后分立两旁，武士入场要进行剑术表演。接着是两名中年女子持红、蓝两色蜡烛进场献烛，两名女子献香，两名梳长辫着淡黄上装、红色长裙的少女手捧着青瓷花瓶进场，另有两名献花女则将两大束艳丽的鲜花插入青花瓷瓶。

这时，“五行茶礼行者”共10名女子开始进场。皆身着白色短上衣，穿红、黄、蓝、白、黑各色长裙，头发梳理成各式发型盘于头上，分两列坐于两边。用置于茶盘中的茶壶、茶盅、茶碗等茶具表演沏茶，沏茶毕全体分两行站立，分别手捧青、赤、白、黑、黄各色茶碗向炎帝神农氏神位献茶。

献茶时，由五行献礼祭坛的祭主——一名身着华贵套装的女子宣读祭文，祭奠神位毕，即由十名五行茶礼行者向各位来宾进茶并献茶食。

最后由祭主宣布“高丽五行茶礼”祭礼毕，这时四方旗官退场，整个茶祭结束。

3. 英式下午茶

英国盛行饮茶，人们在日常生活中离不开茶。清早刚一睁眼，即靠在床头享受一杯“床前茶”；早餐时再来一杯“早餐茶”；上午公务再繁忙，也得停下啜口“工休茶”；下午下班前又到了喝茶、吃甜点的时间；回家后晚餐前再来一次“High Tea”（下午 5:00—6:00 有肉食、冷盘的正式茶点）；就寝前还少不了“告别茶”。真正是以茶开始每一天，以茶结束每一天。英国人每天一丝不苟地重复着茶来茶去的作息规律并乐此不疲。此外，英国还有种类繁多的茶宴（Tea Party）、花园茶会（Tea in Garden），以及周末郊游的野餐茶会（Picnic Tea），不一而足。但最有影响的，还是英式下午茶。

在英国维多利亚时代，下午茶是作为一种重要的社交聚会而进行的，当时英国人对喝茶有着无与伦比的热爱和推崇，对饮茶时的礼仪也是严格要求，从饮茶的器具、茶桌的摆设、主人和客人的着装、点心的食用等方面都有一定的规矩，而且必须遵守，不然就被视为无礼，有失大体。英式下午茶会有以下要点。

（1）时间

喝下午茶最正统的时间是从下午 4:00 开始。

（2）场所

通常，家庭是用红茶款待亲朋好友的场所，一般是在最宽敞的房间进行，如起居室或者会客室等。如果房间设置壁炉，在饮茶时，大家可以围炉而坐，享受这种温暖的气氛。英国式的客厅家具（如桌椅）并不像我们所熟悉的家具店所出售的成套搭配式的设计，而是散件，可以因人数的多寡予以组合，造型和款式各异。

餐桌除了放置茶具以外，应还可容纳三明治和饼干等茶点。但如果只有一张桌子就非常不方便。因此，英国家庭大多会多准备一张小茶几，专门放置茶具。如果宾客人数有七八位，则最好在座椅附近再安置几张小茶几，以方便宾客随时可以放下手中的茶杯及点心。这是一个极为体贴的设计。

在春季至秋季晴朗的日子里，可以将餐桌、椅子放置在户外，在庭院举办茶会。在鲜花盛开、景色怡人的庭院举办茶会，宾主随兴赏景、喝茶是一大享受。

（3）着装

在正式的下午茶会上，男性要着燕尾服，戴高帽子，手持雨伞；女性要穿白色洋装，戴帽子。

（4）器具

1）瓷器茶壶。茶壶有两人壶、四人壶或六人壶，视招待客人的数量而定。

2）滤匙及放滤匙的小碟子。

3）杯具组。

4）糖罐。

5）奶盅瓶。

6）三层点心盘。

7）茶匙。茶匙正确的摆法是与杯子成45°。

8）个人点心盘。

9）茶刀。茶刀可用于涂奶油及果酱。

10）吃蛋糕的叉子。

11）放茶渣的碗。

12）餐巾。可在其上绑上缎花来装饰。

13）鲜花。

14）保温罩。

15）木头托盘。托盘用于端茶品。

16）蕾丝手工刺绣桌巾或托盘垫。这是维多利亚下午茶很重要的物品配备，为象征着维多利亚时代贵族生活的重要家庭饰物。

17）红茶。正统英式下午茶所使用的茶以“红茶中的香槟”——大吉岭红茶为首选，也可用伯爵茶，如今也有加味茶。

18）优美的音乐。

就英国正统的下午茶来说，对于茶桌的摆饰、餐具、茶具、点心盘等都非常讲究，不过现在的下午茶用具已经简化很多，很多繁冗的细节已不再被注重了。

（5）用茶

客人不能自己倒茶，通常由女主人着正式服装亲自为客人服务，不得已时才让女佣协助，以表示对来宾的尊重。

（6）点心

点心是用三层点心瓷盘盛装的，由下至上的第一层放三明治，第二层放传统英式松饼，第三层放蛋糕及水果塔。

茶点的食用顺序是味道由淡而重，由咸而甜。先尝带有咸味的三明治，让味蕾慢慢品出食物的真味，再啜饮几口芬芳四溢的红茶。接下来是涂抹上果酱或奶油的英式松饼，让些许甜味在口腔中慢慢发散。最后才是味道甜蜜、厚实的水果塔。

这种饮茶礼仪原是为了展示上流社会绅士、淑女的优雅风度，但却过于烦琐、拘谨。当茶饮进入平民社会后，这些礼仪大部分被摒弃。不过，即使到了今天，欧洲贵族间举行的正式下午茶会，还是沿袭了先辈的大部分礼仪。

四、茶艺常用英语

Dialogue one 会话（一）

1. Good evening, sir. How many?
先生，晚上好。几位？

2. Two.
两位。

3. Follow me, please.
请跟我来。

4. Could I have a table next to the window?
有靠窗的位子吗？

5. Yes, would you mind taking seat here?
有，请您这边坐好吗？

6. Very good, thank you.
很好，谢谢。

7. You're welcome.
不客气。

New Words 生词

1. follow ['fɒləʊ] vt. 接着，跟着
2. table ['teɪbl] n. 桌子，餐桌
3. next [nekst] adj. 次于的，同……邻接的，隔壁的
4. window ['wɪndəʊ] n. 窗，窗口
5. welcome ['welkəm] adj. 受欢迎的

Dialogue two 会话（二）

1. Good afternoon, sir. May I help you?
先生，下午好。能为您效劳吗？

2. We need a room for four, please.
我们要一个四人的包厢。

3. Do you have a reservation, sir?
请问先生您有预定吗？

4. I'm afraid, we don't.
没有。

5. Sorry sir, we don't have vacant rooms at the moment.

很抱歉先生，现在没有空包厢了。

6. How about the seats here, by the window?

这里靠窗的座位怎么样？

7. Ok. Very well.

行。

New Words 生词

1. need [niːd] n. 需要、必要
2. reservation [ˌrezəˈveɪʃn] n. 保留、预定
3. afraid [əˈfreɪd] adj. 害怕、恐怕
4. vacant [ˈveɪkənt] adj. 空的、空着的

Dialogue three 会话（三）

1. How much?

多少钱？

2. The total is two hundred yuan.

一共 200 元。

3. Do you accept credit cards?

你们接受信用卡吗？

4. I'm sorry, we only accept cash.

对不起，我们只收现金。

5. Ok, here is the money.

行，给您钱。

6. Thanks, there is your receipt.

谢谢，给您发票。

7. Thank you.

谢谢。

8. You're welcome, please come again.

不客气，欢迎您再次光临。

New Words 生词

1. total [ˈtəʊtl] adj. 总的、全体的
2. two hundred yuan 200 元
3. receipt [rɪˈsiːt] n. 收据、发票
4. again [əˈgen] adv. 再、又一次

The classifications of tea 茶叶分类

1. Usually Chinese tea is classified into six categories.

中国茶通常可分为六大类。

2. They are Green tea, Black tea, Oolong tea, Yellow tea, White tea and Dark tea.

它们是绿茶、红茶、乌龙茶、黄茶、白茶和黑茶。

3. Green tea is the most abundant and most numerous in kinds of tea in China.

绿茶是中国茶类中产量最大、品种最多的茶类。

4. The main species of Black tea are Black gongfu,Black broken tea and Black tea Xiaozhong.

红茶主要可分为工夫红茶、红碎茶和小种红茶。

5. The famous Oolong teas in China are Dahongpao, Tie Guanyin, Huangjingui, Fenghuang shuixian, Dongding Oolong, etc.

中国著名的乌龙茶有：大红袍、铁观音、黄金桂、凤凰水仙、冻顶乌龙等。

New Words 生词

1. usually ['juːʒuəli] adv. 常常、通常
2. classify ['klæsɪfaɪ] vt. 分类、归类
3. category ['kætəgəri] n. 种类、范畴
4. abundant [ə'bʌndənt] adj. 丰富的、盛产的
5. kind [kaɪnd] n. 类、属、种类
6. famous ['feɪməs] adj. 著名的

Green tea 绿茶

1. Green tea is non-fermented tea.

绿茶属不发酵茶。

2. Green ten can be classified as roasted green tea, baked green tea, solar-dried green tea and steamed green tea.

绿茶可分为炒青绿茶、烘青绿茶、晒青绿茶和蒸青绿茶。

3. Green tea is mainly produced in the middle and lower reaches of the Yangtze River.

绿茶主要产在长江中下流域一带。

4. Zhejiang province is one of the main production areas of green tea.

浙江省是绿茶的主产地之一。

5. Xihu Longjing (Dragon Well tea) is the famous and traditional green tea.

西湖龙井是传统的名优绿茶。

6. The appearance of high-quality green tea has green color, delicate aroma, mellow taste, and beautiful shape.

优质绿茶的品质特点是以色绿、香高、味甘、形美而著称的。

7. The high-quality green tea contains the most quantity of vitamins, catechin and protein in all kinds of tea.

优质绿茶是各茶类中维生素、茶多酚及蛋白质等含量最多的茶。

New Words 生词

1. non-fermented adj. 不发酵
2. roasted green tea 炒青绿茶
3. solar-dried green tea 晒青绿茶
4. traditional [trəˈdɪʃənl] adj. 传统的
5. delicate [ˈdelɪkət] adj. 娇嫩的、雅致的
6. aroma [əˈrəʊmə] n. 香气、香味
7. mellow [ˈmeləʊ] adj. 芳醇的
8. mellow taste 醇厚的（茶味）
9. shape [ʃeɪp] n. 样子、形状
10. high-quality adj. 高质量、高档
11. contain [kənˈteɪn] vt. 包括、包含
12. vitamin [ˈvɪtəmɪn] n. 维生素、维他命
13. catechin [ˈkætɪtʃɪn] n. 茶多酚
14. protein [ˈprəʊtiːn] n. 蛋白质

Black tea 红茶

1. Black tea is fermented tea.

红茶属全发酵茶。

2. Black tea can be used as basic layer of rose tea.

红茶可作玫瑰花茶的茶坯。

3. The high-quality black tea is characterized as bright and lustrous color, fresh flavor and strong taste.

优质红茶的品质特点是汤色浓艳、滋味鲜爽、刺激性强。

4. The main characteristic of black tea is strong and brisk tasting.

红茶的主要特点是滋味浓、强、鲜、爽。

5. The most popular black tea are the Anhui-qihong, Yunnan-dianhong, Fujian-black tea xiaozhong, Zhejiang-jiuquhongmei, etc.

常见的红茶有安徽祁红、云南滇红、福建的小种红茶和浙江的九曲红梅等。

6. Black tea is good for stomach.

红茶对胃有好处。

New Words 生词

1. ferment [fə'ment] vi. 发酵
2. fermented tea　全发酵茶
3. rose [rəʊz] n. 蔷薇花、玫瑰花
4. character ['kærəktə(r)] n. 性格、特性
5. lustrous ['lʌstrəs] adj. 有光泽的
6. fresh [freʃ] adj. 新鲜的、爽快的
7. flavor ['fleɪvə] n. 味、风味
8. characteristic [ˌkærəktə'rɪstɪk] adj. 本性的、独特的、特有的
9. popular ['pɒpjələ(r)] adj. 常见的、流行的
10. stomach ['stʌmək] n. 胃

Oolong tea 乌龙茶

1. Oolong tea is semi-fermented tea.

乌龙茶属半发酵茶。

2. Oolong tea is produced in Fujian, Taiwan and Guangdong Provinces.

乌龙茶产于福建、台湾和广东。

3. According to the genus of tea, processing method and the quality of tea, Oolong tea can be classified into Shuixian (narcissus), Fenghuangdancong (Phoenix Select), Tie Guanyin, Huangjingui, Baozhong and so on.

乌龙茶根据茶树品种、加工方式和品质特征可分为水仙、凤凰单枞、铁观音、黄金桂和包种等。

4. Each kind of Oolong tea has its own unique flavor.

每一个品种的乌龙茶都有其独特的茶韵。

5. Oolong tea is described as “green leaf with red border”.

乌龙茶有“绿叶镶红边”之称。

6. Top five of Wuyi rock tea (Oolong tea) mean that Dahongpao, Tielouhan, Baijiguan, shuijingui and Bantianyao.

武夷岩茶（乌龙茶）五大名枞指的是大红袍、铁罗汉、白鸡冠、水金龟、半天腰。

New Words 生词

1. semi-fermented tea　半发酵茶

2. according to 根据、依照

3. genus ['dʒiːnəs] n.（生物分类）属、种类

4. process ['prəʊses] n. 方法、制作法

5. method ['meθəd] n. 方法、方式

6. describe [dɪ'skraɪb] vt. 描述、记述

7. green leaf 绿叶

8. border ['bɔːdə(r)] vi. 镶边

Scented tea 花茶

1. Scented tea is reprocessed tea.

花茶属再加工茶。

2. Scented tea is produced only in China by scenting primary tea with fragrant flowers in a closed wooden box.

花茶为中国特产，是在一个封闭的木箱中将茶坯用花香窨制而成。

3. Baked green tea can be used as primary scented tea.

烘青绿茶可作花茶茶坯。

4. Baked green tea is mainly selected for primary scented tea, and jasmine tea is one of the most popular flower-scented tea.

窨制花茶的茶坯以烘青绿茶为主，茉莉花茶是最受人们欢迎的花茶之一。

5. Jasmine tea has both the taste of tea and the aroma of flower.

茉莉花茶既有茶的滋味，又有茉莉的花香。

6. Different flowers are used to make different scented tea. Besides jasmine tea, there are magnolia tea, pomelo flower tea, Chulan tea, Daidai flower tea, orchid tea, osmanthus tea, etc.

不同的鲜花可制成不同的花茶。除茉莉花之外，还有玉兰花茶、柚子花茶、珠兰花茶、玳玳花茶、米兰花茶、桂花茶等。

7. According to the nature of primary tea, scented tea can be classified into scented green tea, scented black tea, scented oolong tea.

根据茶坯的不同，花茶可分成绿茶类花茶、红茶类花茶、乌龙茶类花茶。

New Words 生词

1. scent [sent] n. 香气、香味

2. scented tea 花茶

3. reprocess [riː'prəʊses] vt. 再加工、再处理

4. primary ['praɪməri] adj. 最初的、原色的

5. primary tea 茶坯、毛茶

6. fragrant ['freɪgrənt] adj. 芬芳的、芳香的
7. nature ['neɪtʃə(r)] n. 自然、本性
8. jasmine ['dʒæzmɪn] n. 茉莉、素馨
9. magnolia [mæg'nəʊliə] n. 木兰花
10. pomelo ['pɒmələʊ] n. 柚子
11. chulan n. 珠兰花
12. orchid ['ɔːkɪd] n. 米兰花
13. osmanthus [ɒz'mænθəs] n. 桂花

Pu-er tea 普洱茶

1. Pu-er tea is one kind of dark tea.

普洱茶是黑茶的一种。

2. Sun-dried green tea can be used as raw material of Pu-er tea.

晒青绿茶可作普洱茶原料。

3. Pu-er tea has two specifications of bulk and compressed.

普洱茶有散装普洱和紧压普洱两种规格。

4. Pu-er tea is mainly produced in Xishuang banna, the south part of Yunnan province.

普洱茶主要产于云南省南部的西双版纳。

5. The leaf of high-level Pu-er tea is plump and strong while the tender leaves have white floss.

高级普洱茶条索肥壮，细嫩者多白毫。

6. The liquor of Pu-er tea is very rich, and can endure repeated infusion without losing much of its original strength and emitting strong flavor.

普洱茶的茶汤十分浓厚，耐冲泡，滋味特浓而醇。

7. Drinking Pu-er tea on long run is good for digestion and decreasing blood pressure.

长期饮用普洱茶有消食和降低血压的功效。

New Words 生词

1. dark tea 黑茶
2. compress [kəm'pres] vt. 紧压、浓缩
3. specification [ˌspesɪfɪ'keɪʃn] n. 规格
4. floss [flɒs] n. 毫、丝线状物
5. endure [ɪn'dʊr] vt. 忍耐、持续
6. emit [i'mɪt] vt. 发生、释放

7. plump [plʌmp] adj. 丰满的、肥厚的

8. strong [strɒŋ] adj. 强烈的

9. infusion [ɪn'fjuːʒn] n. 浸渍、茶汤、泡制（的茶、汤等）

10. liquor ['lɪkə(r)] n.（茶）汤

11. strength [streŋθ] n. 浓度（茶的滋味）

12. digestion [daɪ'dʒestʃən] n. 消化

13. blood pressure 血压

White tea and Yellow tea 白茶和黄茶

1. White tea is slightly-fermented tea, a special local product in China.

白茶是微发酵茶，为中国特产。

2. White tea is produced in Zhenghe, Jianyang and Fuding,the counties of Fujian Province.

白茶产于福建省的政和、建阳和福鼎县。

3. The character of Baihao-Yinzhen's leaves are straight like needles and white like silver.

白毫银针的特点是挺直如针，色白如银。

4. Junshan-Yinzhen is Yellow tea, it's produced in Dongting mountain of Hunan province.

君山银针属黄茶，产地为湖南洞庭山。

5. After infusion, all the tea buds of Junsan-Yinzhen stand straightly, and they look like bamboo shoots comimg up of the ground. It is enjoyable.

冲泡后的君山银针茶芽竖立，如群笋出土，很有观赏性。

6. The main purpose of drinking Baihao-Yinzhen and Junshan-Yinzhen is to enjoy the sight of tea buds, so it's better to use glass cups.

品饮白毫银针、君山银针重在观赏。因此，最好用玻璃杯冲泡。

New Words 生词

1. slightly-fermented adj. 微发酵的

2. special local product 本地特产

3. county ['kaʊnti] n. 县，郡

4. straight [streɪt] adj. 直的、笔直的

5. bamboo [ˌbæm'buː] n. 竹

6. purpose ['pɜːpəs] n. 目的、用意、用途

7. enjoy the sight of 观赏

Tea art one 茶艺（一）

1. Making a cup of good taste tea needs good tea, good water, good fire and suitable tea sets. This is the perfect combination of four elements.

泡好一杯茶，要做到茶好、水好、火好、器好，这叫"四合其美"。

2. We should use big fire to make water boil quickly.

烧水要做到活火快煎。

3. The water that has been boiling for a long time is not good for making tea.

久沸老水不宜泡茶。

4. A cup of good taste tea requires the skills of making.

好茶还需巧冲泡。

5. The uncontaminated natural mountain spring is the best water for tea.

泡茶用的水，以天然无污染的山泉水为上。

6. Generally speaking, green tea can be drawn for two or three times.

绿茶一般可冲泡 2～3 次。

7. Before making tea, we should make cups warm and clean.

泡茶前，首先要温杯洁具。

New Words 生词

1. suitable ['suːtəbl] adj. 合适的
2. element ['elɪmənt] n. 元素
3. combination [ˌkɒmbɪ'neɪʃn] n. 结合、组合
4. boil [bɔɪl] vt.&vi. 沸腾、煮沸
5. skill [skɪl] n. 技能、技艺
6. uncontaminated [ˌʌnkən'tæmɪneɪtɪd] adj. 无污染的
7. draw [drɔː] v.（茶）冲开、冲泡
8. spring [sprɪŋ] n. 泉水

Tea art two 茶艺（二）

1. Usually, we use 50 milliliter of water for 1 gram of tea.

通常 1 g 茶用 50 mL 的开水冲泡。

2. Water at about 85 degree centigrade is good for green tea.

绿茶一般用大约 85℃的开水冲泡为宜。

3. Before sipping the tea, it's better for us to enjoy the aroma, and then to taste the liquor.

品茶时，先闻茶香，后品滋味。

4. To make tender green tea, it's better not to cover the cups.

冲泡细嫩绿茶时，不用杯盖为宜。

5. Usually, it takes two or three minutes to make a cup of green tea.

一杯绿茶的冲泡时间一般需 2～3 min。

6. While we make green tea, if the water is too hot, the infusion will turn to stewed taste quickly.

冲泡绿茶时，如果使用开水的温度过高，很快会出现熟汤味。

7. Soaking the tea leaves with a little boiling water at about 85 degree centigrade is good for unfolding leaves and soaking out juice of the tea.

在大约 85℃的一杯开水中浸润泡有利于茶叶的舒展和茶汁的浸出。

New Words 生词

1. milliliter ['mɪlɪˌliːtə] n. 毫升（mL，容量单位）
2. gram [græm] n. 克
3. degree [dɪ'griː] n. 度、度数
4. centigrade [sentɪgreɪd] adj. 摄氏的
5. tender ['tendə(r)] adj. 嫩的、细嫩的
6. cover ['kʌvə(r)] vt. 遮盖　n. 盖子、封面
7. stew [stjuː] n. 闷、熟味
8. boiling water　开水
9. unfold [ʌn'fəʊld] vt. 展开、舒展
10. soak [səʊk] vt.&vi. 浸、泡、使浸泡

Tea art three 茶艺（三）

1. To make scented tea, it's better to cover the tea-cup.

冲泡花茶最好使用杯盖。

2. Scented tea is usually prepared in a cup with lid in order to keep its aroma.

冲泡花茶通常使用盖碗，可保茶汤香味。

3. To make scented tea, it is better to use the water at about 95 degree centigrade.

冲泡花茶用 95℃左右的开水为宜。

4. Scented tea is characterized by the tea flavor as well as strong aroma of flowers.

花茶的特征是既有茶的醇味又有花的浓香。

5. Drinking scented tea is mainly to enjoy the fragrant and flavor.

品饮花茶，主要是品赏香气和滋味。

6. High-quality scented tea always keeps the lasting aroma and sweet mellow

taste.

花茶以花香鲜灵持久，茶味醇厚回甘为上品。

New Words 生词

1. lid [lɪd] n. 盖子
2. in order to 为了……起见
3. lasting ['lɑːstɪŋ] adj. 持久的、永久的
4. sweet mellow 甘醇（茶汤滋味）

Tea art four 茶艺（四）

1. The main tools for making Oolong tea consist of zisha teapot (or porcelain cover bowl cup), sip-cups, kettle and tea tray.

冲泡乌龙茶的茶具主要有紫砂茶壶（或瓷盖碗杯）、品茗杯、烧水壶和茶盘。

2. We need to add cups for smelling fragrant and even-handed infusion to make Oolong tea in Taiwan style.

冲泡台湾乌龙茶还要增用闻香杯和公道杯。

3. Oolong tea must be made by using boiling water.

乌龙茶必须要用沸水冲泡。

4. Pouring infusion into sip-cups one by one and making a round trip is called "Guanyu inspect the city".

把茶汤来回分别斟入各个品茗杯中，称做"关公巡城"。

5. The last infusion in the teapot to drop into each sip-cups bit by bit is called "Hanxin musters troops".

把壶中最后残留的茶汤分别滴入品茗杯中，称为"韩信点兵"。

6. The procedures of making Oolong tea are the following:make tea set ready, warm up the sip-cups and teapot, put tea into teapot, keep water bubbling boil, pour boiling water into teapot, scrape off the foam, pour boiling water over the teapot and pour tea into sip-cups to serve.

冲泡乌龙茶的程序有：备具、温具、置茶、候汤、冲泡、括沫、淋壶、斟茶。

New Words 生词

1. porcelain ['pɔːsəlɪn] n. 瓷、瓷器
2. inspect [ɪn'spekt] vt. 检查，视察
3. even-handed 均匀、公正
4. scrape [skreɪp] vi. 刮落
5. foam [fəʊm] n. 泡沫

Tea custom 茶俗

1. Three persons drinking tea together gives the most pleasure.

品茶以三人为趣。

2. I show respect to you with a cup of tea instead of wine.

我以茶代酒敬你一杯。

3. Serving a cup of tea to every guest is the traditional virtue of the Chinese people.

客来敬茶是中国人民的传统美德。

4. China is a country of ceremony and propriety. Now, allow me to show my decorum with a cup of tea.

中国是礼仪之邦，现在我以茶示礼。

5. All the tea drinkers in the world belong to one family.

天下茶客是一家。

6. It is right to pure a cup with 70 percent full, which is called 70 percent tea and 30 percent good will.

茶满以七分为宜，这叫“七分茶，三分情”。

7. A Chinese proverb: From the beginning of everyday, we have to make seven things: fagot, rice, oil, salt, sauce, vinegar and tea.

开门七件事：柴、米、油、盐、酱、醋、茶。

New Words 生词

1. virtue [ˈvɜːtʃuː] n. 美德
2. ceremony [ˈserəməni] n. 礼节、仪式
3. propriety [prəˈpraɪəti] n. 礼貌、规矩
4. decorum [dɪˈkɔːrəm] n. 端庄得体、体统
5. percent [pəˈsent] n. 百分率、折扣
6. fagot [ˈfægət] n. 柴、柴捆
7. oil [ɔɪl] n. 油
8. salt [sɔːlt] n. 盐
9. sauce [sɔːs] n. 酱汁、调味料
10. vinegar [ˈvɪnɪgə(r)] n. 醋

五、茶艺常用日语

会話（一） 会话（一）

1. いらっしゃいませ、何名様ですか。

欢迎光临，请问几位？

2. 四人です。

四位。

3. こちらへどうぞ。

请这边走。

4. 窓際の席にしてください。

请找个靠窗的座位。

5. はい、かしこまりました。

好的，明白了。

6. どうぞおかけ下さい。

请坐。

7. ここでタバコを吸ってもいいですか。

在这可以吸烟吗？

8. 申し訳ございません、ここでは禁煙です。

对不起，这里禁止吸烟。

9. お茶のメニューをください。

请给我茶品的菜单。

10. はい、どうぞごゆっくりご覧になってください。

是的，请慢慢欣赏。

単語　单词

1. 窓際「まどぎわ」　窗边
2. 席「せき」　座位
3. かける　坐
4. 申し訳ない　对不起
5. メニュー　菜单

会話（二）会话（二）

1. いらっしゃいませ。

欢迎光临。

2. 個室がとれませんか。

可以给我一个单间吗？

3. ご予約がございませんか。

您有预约吗？

4. 予約しておりません。空いている個室がありますか。

没有预约，还有空的单间吗？

5. 申し訳ございませんが、ただ今満室です。その代わりに静かなお席をご用意させて宜しいでしょうか。

对不起，现在全满了，要不给您找一个安静的座位可以吗？
6. 隅の席にしてください。
请给我一个角落里的座位。
7. はい、かしこまりました。
好，知道了。

単語　单词

1. 静か「しずか」　安静的
2. 代わる「かわる」　替代
3. 隅「すみ」　角落

会話（三）会话（三）

1. お会計をお願いします。
请帮我结一下账。
2. はい、200 元です。
知道了，200 元。
3. 支払いはクレジットカードでよろしいでしょうか。
用信用卡结算可以吗？
4. 済みません、現金でお願いします。
对不起，请用现金。
5. はい、分かりました。これ、200 元です。
好的，这是 200 元。
6. どうもありがとうございます。
非常感谢。
7. 領収書をください。
请给我收据。
8. はい、どうぞ。毎度ありがとうございました。
给您，承蒙光临，谢谢。

お茶の種類　茶的种类

1. 中国茶は普通六種類に大きく分けられています。
中国的茶大致分为六种。
2. それらは緑茶、紅茶、烏龍茶、黄茶、白茶と黒茶です。
它们是绿茶、红茶、乌龙茶、黄茶、白茶和黑茶。
3. 緑茶は中国茶の中で生産量と品種が最も多いお茶です。
绿茶是中国茶中产量和品种最多的茶。

4. 紅茶は工夫紅茶、紅砕茶と小種と分けられます。

红茶主要分为工夫红茶、红碎茶和小种红茶。

5. 中国で有名な烏龍茶は大紅袍、鉄観音、黄金桂、鳳凰単欉、凍頂烏龍などがあります。

中国著名的乌龙茶有大红袍、铁观音、黄金桂、凤凰单枞、冻顶乌龙等。

単語　单词

1. 普通「ふつう」　普通
2. 分類「ぶんるい」　分类
3. 分ける「わける」　分开
4. 紅砕茶「こうさいちゃ」　红碎茶
5. 小種「しょうしゅ」　小种

緑茶　绿茶

1. 緑茶は非発酵茶です。

绿茶为非发酵茶。

2. 緑茶は炒青緑茶（鍋で炒めた緑茶）、烘青緑茶（炙り籠で炙った緑茶）、晒青緑茶（日差しで乾燥した緑茶）、蒸青緑茶（蒸気で蒸した緑茶）に分けられます。

绿茶分为炒青绿茶（在锅里炒干杀青的绿茶）、烘青绿茶（烘干杀青的绿茶）、晒青绿茶（晾晒杀青的绿茶）、蒸青绿茶（蒸汽杀青后制成的绿茶）。

3. 緑茶は主に揚子江の中下流域の辺りに産出されています。

绿茶的主要产地是扬子江中下游地区。

4. 浙江省は緑茶の主な産地の一つです。

浙江省是绿茶的主要产地之一。

5. 西湖龍井は伝統的な歴史のある優れている緑茶です。

西湖龙井是有着悠久历史的上等绿茶。

6. 良質の緑茶は緑色であること、香りの高いこと、味の甘いこと、茶葉の形の美しいことの特徴で名を馳せられます。

优质的绿茶因色纯、香浓、味甜、形美而驰名。

7. 良質の緑茶はお茶の中でビタミン、茶ポリフェノール及びアミノ酸などの含有量が最も多いお茶です。

优质绿茶的茶叶中，维生素、茶多酚及氨基酸等含有量最多。

単語　单词

1. 鍋「なべ」　锅

2. 炒める「いためる」 炒
3. 炙る「あぶる」 烘
4. 発酵「はっこう」 发酵
5. 炒青「しょうせい」 炒青
6. 烘青「こうせい」 烘青
7. 晒青「さいせい」 晒青
8. 蒸青「じょうせい」 蒸青
9. 干す「ほす」 晒
10. 流域「りゅういき」 流域
11. 産出「さんしゅつ」 出产
12. 香ばしい「こうばしい」 香
13. ビタミン 维生素
14. 茶ポリフェノール 茶多酚

紅茶 红茶

1. 紅茶は全発酵したお茶に属します。
红茶属于发酵茶。
2. 紅茶はローズ花茶の原料にすることができます。
红茶可以作为玫瑰花茶的原料。
3. 良質の紅茶の特徴は茶色濃く、鮮やかで、味の厚い言うことです。
优质红茶具有汤浓、色艳、味重等特点。
4. 紅茶の主な特徴は味の醇厚で、性質の温和です。
红茶的主要特征是滋味淳厚、性质温和。
5. よく見られる紅茶は安徽の祁紅、雲南滇紅、福建の小種紅茶と九曲紅梅などです。
常见的红茶有安徽祁红、云南滇红、福建小种红茶和九曲红梅等。
6. 紅茶は胃に暖まる效能があります。
红茶具有暖胃的功效。

単語 单词

1. 完全「かんぜん」 完全
2. ローズ 玫瑰
3. 濃い「こい」 浓
4. 鮮やか「あざやか」 鲜艳
5. 爽やか「さわやか」 清爽
6. 上等「じょうとう」 上等

7. 刺激性「しげきせい」 刺激性

8. 祁紅「きこう」 祁红

9. 滇紅「てんこう」 滇红

烏龍茶　乌龙茶

1. 烏龍茶は半発酵茶です。

乌龙茶是半发酵茶。

2. 烏龍茶は福建省、台湾省、広東省で生産されています。

乌龙茶产于福建、台湾、广东。

3. 烏龍茶は茶樹の品種、加工方法、品質の特徴によって、水仙、鳳凰単欉、鉄観音、黄金桂、包種などに分けられます。

乌龙茶根据茶树品种、加工方法、品质特征分为水仙、凤凰单枞、铁观音、黄金桂、包种等。

4. 各品種の烏龍茶はその独特の味があります。

各种乌龙茶都有自己独特的味道。

5. 烏龍茶は「緑の茶葉で紅い縁」と言われています。

乌龙茶被称为“绿叶红镶边”。

6. 武夷岩茶と言えば、主に大紅袍、鉄羅漢、白鶏冠、水金亀、半天腰、北闘などを含めています。

所谓的武夷岩茶主要包括大红袍、铁罗汉、白鸡冠、水金龟、半天腰、北斗等。

単語　单词

1. 茶樹「ちゃじゅ」 茶树

2. 品種「ひんしゅ」 品种

3. 加工方法「かこうほうほう」 加工方法

4. 水仙「すいせん」 水仙

5. 鳳凰単欉「ほうおうたんそう」 凤凰单枞

6. 鉄観音「てつかんのん」 铁观音

7. 黄金桂「おうごんけい」 黄金桂

花茶　花茶

1. 花茶は再加工茶に属します。

花茶是二次加工茶。

2. 花茶は中国の特産で、お茶に花の香りを吸着させて出来たお茶です。

花茶是中国的特产，是使花的香气吸附在茶叶上的茶。

3. 烘青緑茶は花茶の原料茶になることが出来ます。

烘青绿茶可以作为花茶的原料茶。

4. 花茶の原料茶は主に烘青緑茶です。ジャスミン茶は最も人気のある花茶の一つです。

花茶的主要原料是烘青绿茶，茉莉花茶是最受人们欢迎的花茶之一。

5. ジャスミン茶はお茶の味もあるし、ジャスミンの香りもあります。

茉莉花茶既有茶的味道，又具有茉莉花的香气。

6. 異なる花は異なる花茶を作ることが出来ます。ジャスミン茶の他に玉蘭茶、ザボン花茶、ローズ花茶、玳々茶、木犀茶などがあります。

不同的花可以制成不同的花茶，除了茉莉花茶还有玉兰茶、柚子茶、玫瑰花茶、玳玳茶、桂花茶等。

7. 花茶は原料茶の違いにより、緑茶類花茶、紅茶類花茶、烏龍茶類花茶に分類することが出来ます。

根据花茶原料的不同，可以分为绿茶类花茶、红茶类花茶、乌龙茶类花茶等。

単語　单词

1. 花茶「はなちゃ」　花茶
2. 吸着「きゅうちゃく」　吸附
3. 属する「ぞくする」　从属
4. 加工「かこう」　加工
5. 一番「いちばん」　最，第一
6. 人気「にんき」　受欢迎
7. ジャスミン茶　茉莉花茶
8. 玉蘭「ぎょくらん」　玉兰
9. ザボン　柚子
10. 玳玳茶「だいだいちゃ」　玳玳茶
11. 木犀茶「もくせいちゃ」　桂花茶
12. 原料「げんりょう」　原料

プーアル茶　茶普洱茶

1. プーアル茶は黒茶の一つです。

普洱茶是黑茶的一种。

2. 晒青緑茶はプーアル茶の原料になることが出来ます。

晒青绿茶可以作为普洱茶的原料。

3. プーアル茶は散茶と緊圧茶が二種類あります。

普洱茶分为散茶和紧压茶两种类型。

4. プーアル茶は主に雲南省のプーアル市と西双版納あたりに産出されます。

普洱茶主要产于云南的普洱和西双版纳一带。

5. 高級プーアル茶は茶葉の形が肥え、柔らかいものが白毫の多いです。

高级普洱茶叶形饱满、柔软的白毫比较多。

6. プーアル茶の茶湯の色は透明の濃い赤色で、淹れ数が多くても、味が芳醇です。

普洱茶汤色透明、赤红，冲泡回数多，味道芳醇。

7. 長期的にプーアル茶を飲用すれば、消化効能を強め、血脂肪を下げる効果があります。

长期饮用普洱茶有助消化、降血脂的功效。

単語　单词

1. プーアル茶　普洱茶
2. 黒茶「くろちゃ」 黑茶
3. 散茶「さんちゃ」 散茶
4. 緊圧茶「きんあつちゃ」 紧压茶
5. 白毫「びゃくごう」 白毫
6. 消化「しょうか」 消化
7. 血圧「けつあつ」 血压
8. 下げる「さげる」 降低
9. 効果「こうか」 功效

白茶と黄茶　白茶与黄茶

1. 白茶は弱発酵茶で、中国の特産物です。

白茶是轻微发酵茶，是中国的特产。

2. 白茶は福建省の政和、建陽、福鼎県から産出されています。

白茶产于福建的政和、建阳、福鼎县。

3. 銀針白毫の特徴は針のように真っ直ぐで、色が銀のように白いことです。

银针白毫的特点是形直似针、色白如银。

4. 君山銀針は黄茶に属します、主に湖南省洞庭山で生産されています。

君山银针属于黄茶，主要产于湖南省洞庭山一带。

5. 君山銀針にお湯を注ぐと茶葉が真っ直ぐに立ち、丸で竹の子が地面から伸びてきたばかりのように見え、観賞性に富んでいます。

君山银针用开水冲泡后，茶叶会直立起来，好像刚刚钻出地面的竹笋一般，极具观赏性。

6. 白毫銀針、君山銀針を味わうとき、観賞することは楽しみです。ですから、グラスで淹れるのは一番相応しいです。

由于白毫银针、君山银针在品尝的同时可以欣赏，所以最好用玻璃杯冲泡。

単語　单词

1. 発酵「はっこう」　发酵
2. 特産物「とくさんぶつ」　特产
3. 福建省「ふっけんしょう」　福建省
4. 政和「せいわ」　政和
5. 福鼎「ふくてい」　福鼎
6. 針「はり」　针
7. 筍「たけのこ」　竹笋
8. 様子「ようす」　样子
9. 観賞性「かんしょうせい」　观赏性

茶芸（一）　茶艺（一）

1. おいしいお茶を入れるには茶、水、火、器が皆良いものの揃いは必要です。これを「四合其美」と呼ばれます。

要喝到好茶，就要有好的茶、火、水、器。这些被称为四合其美。

2. お湯を強火で素早く沸かさなければなりません。

必须用强火把水煮开。

3. 沸かしすぎたお湯はお茶を入れるには宜しくないです。

沸腾的开水不宜立即倒入茶中。

4. 良いお茶は巧みに淹れることが必要です。

好茶必须用巧妙的冲泡方法。

5. お茶を淹れる水は天然で無汚染の山の泉が一番いいです。

最好用无污染的山泉冲泡。

6. 緑茶のお湯入れは普通に 2～3 回しか淹れません。

绿茶一般只能冲泡 2～3 次。

7. お茶を淹れる時には先ず、器を温め、茶具を清潔します。

泡茶前，高温清洗茶具。

単語　单词

1. 揃う「そろう」　使……齐全
2. 沸かす「わかす」　烧开
3. 強火「つよび」　强火

4. 必要「ひつよう」 必要
5. 沸騰「ふっとう」 沸腾
6. 技術「ぎじゅつ」 技术
7. 泉「いずみ」 泉水
8. 流れる「ながれる」 流淌
9. 天然「てんねん」 天然
10. 汚染「おせん」 污染
11. 最上「さいじょう」 最高

茶芸（二） 茶艺（二）

1. 通常1グラムの緑茶は50CCのお湯で淹れます。

通常1克绿茶用50毫升开水冲泡。

2. 緑茶は普通に85度くらいのお湯で入れるのが良いです。

绿茶一般用85℃左右的开水冲泡。

3. お茶を味わうときに、先ず其の香りを嗅ぎ、それから其の味を味わいます。

先闻其香，再品其味。

4. 若芽で作った緑茶を淹れる時には蓋をかけない方がいいです。

在冲泡嫩芽制作的绿茶时，最好不要盖上盖子。

5. 緑茶なら浸出時間は一般に2～3分間かかります。

绿茶一般冲泡2～3分钟。

6. 緑茶を淹れるとき、お湯の温度が高すぎるとすぐに煮えた味が出てしまいます。

泡制绿茶时，如果水温过高，就会有煮茶的味道出来。

7. お茶をお湯に浸して、茶葉が伸びやすく、お茶の汁も浸出しやすいです。

用开水冲泡，茶叶容易伸展，茶汁容易溢出。

単語 单词

1. 味わう「あじわう」 品味
2. 蓋「ふた」 盖子
3. 高すぎる「たかすぎる」 过高
4. 易い「やすい」 容易

茶芸（三） 茶艺（三）

1. 花茶を淹れるには、蓋のあるコップがいいです。

泡制花茶时，可以用有盖子的杯子。

2. 花茶は蓋碗（蓋付きの茶碗）で淹れて、お茶の香りが逃さ光ないようになります。

用盖碗泡制花茶，可以使花的香气不易逃散。

3. 花茶は95度ぐらいのお湯で入れるのがいいです。

最好用95℃左右的开水冲泡花茶。

4. 花茶の特徴はお茶の芳醇もあるし、花の濃厚な香りもあることです。

花茶同时具有茶叶和花的芳香。

5. 花茶をあじわうのは主に其の香りと味を楽しむということです。

品尝花茶主要是享受它的香气和味道。

6. 花茶では花の香りが長続きし、お茶の味が濃厚芳醇で後味甘いものは上品とします。

香气悠长、茶味浓厚、回味甘甜的花茶是上等花茶。

単語　单词

1. 逃す「にがす」 逃，逃散
2. 蓋付き「ふたづき」 带盖子的
3. 茶碗「ちゃわん」 茶碗
4. 長続き「ながつづき」 长久
5. 濃厚「のうこう」 浓厚

茶芸（四） 茶艺（四）

1. 烏龍茶の茶器は主に紫砂茶壷（或いは蓋碗）、品銘杯、湯沸しと茶托です。

乌龙茶茶具主要由紫砂茶壶（或盖碗）、品茗杯、烧水壶和茶托组成。

2. 台湾烏龍茶を入れる場合、更に「聞香杯と公道杯」を使います。

冲泡台湾乌龙茶时还要配闻香杯和公道杯。

3. 烏龍茶は必ず沸騰したお湯で淹れなければなりません。

乌龙茶需用沸腾了的开水冲泡。

4. お茶をそれぞれの茶杯に注ぎ分けることを「関公巡城」（関羽が街を視察する）と言います。

把茶分别注入茶杯被称为“关公巡城”。

5. 茶壷に残ったお茶を一滴ずつ茶杯に滴るのを「韓信点兵」（韓信の兵士を点呼する）と言います。

将茶壶中残留的茶汁滴入茶杯被称为“韩信点兵”。

6. 烏龍茶を淹れる手順は茶道具の準備、茶器の温かめ、茶葉の茶壷入れ、お湯沸し、お湯淹れ、浸出、お湯浴び、お茶注ぎです。

乌龙茶冲泡的顺序是准备茶具、冲烫茶具、放入茶叶、烧开开水、冲入开水、浸泡茶叶、温烫茶杯、注入香茶。

単語　单词

1. 紫砂茶壷「しさちゃふう」 紫砂茶壶
2. 茶托「ちゃたく」 茶托
3. 聞香杯「ぶんこうはい」 闻香杯
4. 公道杯「こうどうはい」 公道杯
5. 分ける「わける」 分开
6. 視察「しさつ」 视察

茶俗　茶俗

1. 三人でお茶を楽しむのは趣とします。

三人品茶为趣。

2. 私はお茶でお酒の代わりに敬意を表します。

以茶代酒略表敬意。

3. 来客が見えるとき、お茶で持て成すことは中国人の伝統的な美徳です。

以茶待客是中国人的传统美德。

4. 中国は礼儀の国ですから、今こちらはお茶で歓迎の意を表します。

中国是礼仪之邦，如今仍以茶来表示欢迎。

5. お茶入れは七分までで宜しいです。これは相手に「七分のお茶、三分の情け」と表す意味です。

倒茶以七分满为宜，这表示“七分茶三分情”。

6. 薪、米、油、塩、醤油、酢と茶とは七つの生活必需品を指しています。

柴、米、油、盐、酱、醋、茶是指七大生活必需品。

単語　单词

1. かわり　替代
2. 差し上げる「さしあげる」 奉上
3. 伝統的「でんとうてき」 传统的
4. 礼儀「れいぎ」 礼仪
5. 表す「あらわす」 表示
6. 相手「あいて」 对方
7. 薪「まき」 柴草
8. 米「こめ」 大米

第 2 节　茶会组织

一、茶会的种类

茶会由茶宴衍化而来。我国茶宴亦称“汤社”“茗宴”，指以茶宴请、款待宾客。茶宴源于魏晋南北朝，兴于唐代，盛于宋代。当时茶宴一般都在上层社会和禅林僧侣间进行。一般文人举行茶宴，多选择在风景秀丽、环境宜人之所进行。僧侣茶宴多在庄重肃穆的禅寺中举行，以“径山茶宴”最为著名。还有场面盛大的宫廷茶宴，多在金碧辉煌的宫殿中进行，礼仪严格，程序烦琐。所用器具、茶、水皆极为名贵、讲究。清代乾隆时已成定规，一般于元旦后三日在重华宫举行茶宴。

茶宴进行的顺序，一般先由主人亲自调茶，而后一一献给宾客。客人接过茶后，要先闻香观色，然后细品茶味。茶过三巡，便可评议茶水，颂扬主人。

当代的茶宴又有了新的内容和形式，常见的有吉庆茶宴、婚礼茶宴、聚会茶宴、采新茶宴等，变成了一种茶话会的形式。

茶话是以茶延客，品茗闲聊，重在一个“话”字。人多即为茶话会，多称为茶会。

茶会是以茶聚会，是一种社会活动，重在社交。唐及唐以前，寺院中的茶宴实际上也是茶会，其形式有两种。一是“茶佛事”，作为僧侣生活的一道程序，以击“茶鼓”为号，召集僧众到茶寮饮茶。品茗解渴之时，也可相互参证辩论佛理。二是“茶汤会”，遇寺院作斋，则往往以茶汤助缘，供应所谓善人。寺院请施主喝茶，实则是一种变相化缘，一般在新茶采制之后举行。寺庙茶会，规模大小不等。藏传佛教寺院也有这种聚会饮茶并讲论佛理的集会方式，称为“大茶会”，少则几十人，多则数千人参加。

茶会逐渐演变、发展，便不再限于佛门，而成为俗家世人的一种社会活动，即以茶和点心招待宾客。众人聚会，共享茗趣，同时进行各种问题的研究与探讨。今天的茶话会，更不限于“茶”字，甚至有的只徒有其名。现今的社交活动和座谈讨论常采用这种方式，并为世界各国所接受。

茶会的种类按目的划分，通常可以分为节日茶会、纪念茶会、喜庆茶会、研讨茶会、品尝茶会、艺术茶会、联谊茶会、感恩茶会、交流茶会等。

1. 节日茶会

节日茶会有以庆祝各种节日而举行的各种茶会，如国庆茶会、春节茶会（迎春茶会）等；也有庆祝中国传统节日的茶会，如中秋茶会、重阳茶会等。

2. 纪念茶会

纪念茶会为纪念某项事件而举行，如公司成立周年日、从教 50 周年纪念日等。

3. 喜庆茶会

喜庆茶会为庆祝某项事件而举行，如结婚时的喜庆茶会、生日时的寿诞茶会、添丁的满月茶会等。喜庆茶会如图 2—56 所示。

图 2—56　喜庆茶会

4. 研讨茶会

研讨茶会为研讨某个学术问题而举行，如弘扬国饮研讨茶会、茶与健康研讨茶会等。研讨茶会如图 2—57 所示。

图 2—57 研讨茶会

5. 品尝茶会

品尝茶会又称品鉴会，目的是对某种或数种茶品进行品鉴，如新春品茗会、某名茶品鉴会等。品鉴会如图 2—58 所示。

图 2—58 品鉴会

6. 艺术茶会

艺术茶会为对某项相关艺术进行共赏而举行，如吟诗茶会、书法茶会、插花茶会等。

7. 联谊茶会

联谊茶会为广交朋友或同窗聚会而举行，如闽台联谊茶会、老三届知青联谊茶会、欧美日同学会联谊茶会等。

8. 感恩茶会

感恩茶会包括感恩父母辛苦养育自己成人、感恩恩师谆谆教诲、企业感恩顾客对企业长期以来的支持与关爱等的感恩茶会。感恩茶会如图 2—59 所示。

9. 交流茶会

交流茶会是以切磋茶艺和推动茶文化发展等为目的的经验交流茶会，如中日韩茶文化交流茶会、国际茶文化交流茶会、国际西湖茶会等。交流茶会如图2—60所示。

图2—59 感恩茶会

图2—60 交流茶会

需要特别说明的是，“无我茶会”是交流茶会中的一种特殊形式，是大家自带茶具，一起泡茶、一起喝茶的茶会形式。“无我”原为佛教语，意思是世界上不存在实体的自我。提倡“无我”就是要消除人们的妄念，达到清净世界，意同“忘我”“无私”。茶会以“无我”命名，旨在以茶会友，达到“德行修养至善”“人人泡茶，人人奉茶，不分彼此，天下一家”的境界。这是更高境界、更广范围内的“茶话会”。

无我茶会于20世纪80年代诞生于中国台湾，先是在台湾陆羽茶艺中心的茶道老师们内部举办，后来推广到公开场合，并邀请僧侣及各界人士参加，形式包括亲子无我茶会、赏荷无我茶会、清静无我茶会、佛堂无我茶会、国际无我茶会等主题各异的茶会。

来自各地的茶人自备茶具、茶叶，围成一圈，席地而坐。每人泡茶四杯，三杯奉给左边三位茶侣，剩下一杯留给自己。自己奉茶给别人的同时，也接受别人的茶，这样每人都可喝到四杯茶，四杯茶到齐后自行品饮。喝完后，泡第二轮，将茶汤置于茶盅内，用茶盘捧出奉茶，过程同前，直到完成事先约定的泡数即可收拾茶具，结束茶会。

无我茶会座位由抽签决定，无尊卑之分。奉茶自左，饮茶自右，无报偿之心。超然接纳四分之茶，无好恶之心。尽力将茶泡好，以求精进之心。依计划行事，遵守公共约定，无须指挥，以培养团体默契。茶会期间，一片静穆，没有人指挥，也没有人说话，专心泡茶、奉茶、饮茶、品尝茶的甘美，感受自己的存在，体会人、天、地间的互动关系。既无尊卑之分，也无图报偿之心，任运随缘。通过“为他人泡茶”“坐忘”“心斋”而蜕解俗骨，与人、自然万化冥合，这种深具禅意境界的无我茶会，显然已超脱于一般意义上的施茶与茶会了。

二、茶会的准备

茶会地点要事先确定，会场要做具体的布置，人员要事先进行培训，资料要提前准备。

1. 背景的设计

背景的设计最能直观地点出茶会的主题，故要精心设计，不同场合中使用的主标题、副标题、Logo（图标设计）等一系列设计都要紧扣主题，文字要简练，字体要美观大方，Logo 图案要有主题内涵。

2. 场地布置

场地布置包括座席布置和场地装饰。

（1）座席布置

根据场地形式不同，座席布置可分为流水席、固定席、人人泡茶席。

1）流水席。流水席适用于节日、纪念、喜庆、研讨、联谊等数种茶会，犹如自助餐的形式。在会场中可设名茶或新产品的展示台，分设几处泡茶台，并根据所泡茶的种类、作用、风格和环境布置，供应与茶性相配的茶食。茶会上，由茶艺师进行泡茶表演，宾客自拿一次性杯子和碟子到各泡茶台观看表演和品尝茶汤，并自取相应的茶食。为增加情趣，可安排室内音乐现场演奏，或播放轻音乐或民乐。在沿墙可散放一些椅子，给有需要者小憩。茶会有较大的灵活性，例如，结婚仪式之后，新娘、新郎、伴娘、伴郎可泡茶招待亲友，敬公婆茶、长辈茶也可在这时进行。又如，流水席可设在学术研究会的休息场所，帮助与会者调节精神，增加知识，了解民俗风情等。流水席如图 2—61 所示。

图 2—61 流水席

2）固定席。固定席适用于茶艺交流、名茶品尝和主题突出的节日、纪念、研讨、联谊等茶会，一般均为大型茶会。席上，大家都有座位，一起观看茶艺表演，仅少部分人能品尝表演者泡的茶，其他人均由专供茶水的服务员奉茶。这种座席要根据邀请的宾客人数设置，要便于通行和观看。通常，固定席有两种形式。一种类似戏院和会场的座席设置，即前端舞台上设置泡茶台和宾客代表席，由主宾客共同完成茶艺表演。另一种不设舞台，在室内一侧设泡茶台，宾客席呈一字形，或呈 U 字形与泡茶台相对，宾客席中设一条通道或两条通道。固定席如图 2—62 所示。

图 2—62 固定席

3）人人泡茶席。在这种茶会上，每个人既是主人又是客人，这种座席依自然地形而设，事先用连续编号做好标记，与会者抽签后根据号码自行设席，前述无我茶会采用的就是此种座席。人人泡茶席如图 2—63 所示。

图 2—63 人人泡茶席

（2）场地装饰

可以用时令花卉、盆景布置会场，或悬挂衬托主题的名家书画，以营造茶会气氛。有的庆祝和纪念茶会，可放飞气球、和平鸽以营造热烈气氛。

如果茶会采取多种形式相结合的方式进行，则会场可以做相应的布置，既可有流水席、固定席、人人泡茶席，也可有专门进行学术讨论的围坐形式或报告会形式。茶会场地布置具有很大的灵活性，适宜的布置全赖茶会设计者的灵感和布置者的用心。

3. 用具物品准备

（1）一般准备

根据邀请的人数准备茶杯、茶叶、热水瓶、茶食和茶食盘等。

（2）特殊准备

根据各个参加茶会的茶道（艺）表演队的事先要求，准备水电、音响、桌、椅、座垫、屏风、各种茶道具，或者代用道具等。

4. 休息准备室

各茶道（艺）表演队需要一个空间，放置茶道具，各人携带的服装、包等，并要有地方化妆、换服装，故要有相应的休息准备室，并应在表演场所就近设置，以便出场和退场。若条件有限，也要在表演台处布置后台，按表演顺序依次进入后台准备好茶道具，休息、化妆和换衣服则安排在别处。

5. 告示

在茶会不分发程序册的情况下，为使参加者能明确茶会的程序安排，在会场入口处应有告示，张贴茶会程序。另外，在休息准备室也要准备茶会程序，以便各表演队提早做好准备。

6. 指引牌

在会场附近的公共设施，应设指引牌，使参加者易找到欲去场所，如餐厅、洗手间、小卖部、茶道表演主会场和分会场、学术报告厅等。

7. 茶会资料

可预先通知参加者自行准备茶会资料，报到时交给主办单位，统一分发。亦可由主办单位根据参加者提供的资料，统一印刷分发。资料可包括以下内容。

（1）各参加团人员的照片，注明姓名、年龄、单位、职业和通信地址、电话、电子邮件。

（2）各表演团表演的内容简介，可用照片及简单文字说明。

（3）茶会日程安排及每次茶会的公告。

此外，还可编入主席讲话和有关领导致辞，以及有关宣传资料等。

三、茶会的组织

大型茶会常需很多工作人员，均由有关单位派人担当。由于临时组建，故在茶会前要进行培训，明确临时担当的任务以及如何做好工作，遇见突发问题该如何处理等，以保证会议有条不紊地进行。

茶会举办组织要根据茶会的种类确定茶会的主题、规模、参加对象、时间、茶会的性质、形式、地点及经费预算。

1. 茶会的主题

确定茶会的主题、拟定方案并要向邀请参加的对象提前发出邀请函，说明召开本次茶会的目的、主题、内容、茶会程序，让每位来宾做到心中有数，事先做好准备。

2. 茶会的规模

确定参加茶会人数，一般小型茶会在6人以内，中型茶会7～30人，大型茶会30人以上。

3. 参加的对象

要确定以哪些人为主体，邀请哪些方面的有关人员参加。考虑到部分受邀人员可能因故缺席，人数不易掌握，可先发通知，附回执，根据回执情况确定人数。若人数不足，可以电话通知一些就近人员参加。

4. 时间

应根据主题内容和程序预定茶会日期与具体时间，时间包括半日、一日或连续数日。

5. 茶会性质

茶会性质包括单纯的茶会，结合用餐的茶宴，以及配属的茶会。配属的茶会是指作为全部学术活动或研讨会中一项活动的茶会。

6. 茶会形式

茶会形式包括流水式、固定式、游园式、分组式和表演式，也可选择几种相结合的形式。

7. 茶会地点

根据以上确定结果，具体落实茶会地点，包括报到地点、用餐地点、茶会地点。如连续召开数日，还要安排住宿地点。有时虽只召开一日，因为有外地或外国代表出席，仍要安排其住宿。茶会地点可以选择室内、庭院、公园、游船、山野、郊外等。

8. 经费预算

茶会应有预算，以便主办单位安排经费拨付。另外，如有需要，应尽早通知来宾是否收费，收费多少，这也是来宾考虑参加与否的因素之一。

对以上各方面问题心中有数之后，组委会要分工落实各项任务，如安排联络组负责发通知、收回执、邀请领导及有关人员、落实会议议程中的各个项目，包括论文的提交形式和印刷等；安排会务组负责落实各种地点、布置会场、分发资料等；安排生活组负责报到接待、茶水供应和食宿安排；安排茶艺组负责茶艺表演和相关艺术表演。

四、茶会的主持

茶会应配有解说，设主持人。主持人的解说要准确、生动、流畅、精练，应该画龙点睛，切忌滔滔不绝，喧宾夺主。解说内容应丰富、全面、生动、准确。解说声音应优美流畅，使用普通话。在表演中，解说应有间歇，应给表演和音乐留出相应的空间。解说词应安排恰当，并与茶艺表演的进行配合默契。解说时，应正确使用话筒，控制好音量。主持人扮演着非常重要的角色，除了个人文化素养之外，茶会主持人要注意以下两点。

1. 坚持正确理念

茶会这种文化活动具有其特有的文化内涵，不同于一般的茶艺表演，也不同于其他茶事活动，且不同的茶会举办的主旨也有所不同。主持人应坚持正确的办会理念，这是最基本的。

2. 时常进修

主持人应对主持技巧、茶艺知识、业界近况进行定期进修，否则就会脱离潮流，无法在茶会上引领众人，举办高质量茶会。

第 3 章　管理与培训

第 1 节　服务管理

一、茶艺服务

首先是迎宾导位，接着是上迎客茶，点灯，备具。备具的要求是根据顾客所点茶叶选择相应的茶具。例如，客人点的是乌龙茶，就必须准备一套完整的工夫茶具。同一种茶（如铁观音）又因冲泡方式方法的不同，在茶具选择上也有所区别。如有的选用福建的工夫茶具，有的选用潮汕的工夫茶具等。如果客人点的是绿茶，就要根据茶叶的不同品质、不同特性来选择不同的冲泡茶具，如有的选择玻璃杯，有的选择盖碗，有的选择玻璃盖碗等。备具之后，就要进行茶叶的冲泡，这是泡好茶的关键。在奉上佳茗之后，还应注意及时地续水，更换水盂、烟缸等。最后是结账、送客、收台、重新摆台。导位如图 3—1 所示。

在整个服务程序中每个步骤都是非常重要的。例如，迎宾导位就必须具有相当高的技巧，可以根据顾客的人数、喜好，选择单间或是靠窗的位置，或者是其他卡座之类。特别是经常来的熟客，他们一般有固定的位置及嗜好，这就要求茶艺服务人员要有良好的素质和应变的技巧，使顾客真正产生宾至如归的感觉。

在整个服务过程中，应该认真履行茶艺服务人员的岗位职责，始终保持微笑服务（见图 3—2）。在结账的时候要做到唱收唱付。迎宾送客的时候要做到来有迎声、去有送语，让顾客高兴而来，满意而去。

图 3—1 导位

图 3—2 微笑服务

服务项目要根据茶艺馆的定位来安排。茶艺馆的定位有以艺术为主的，也有以休闲娱乐为主的，有的有茶艺表演、古筝演奏，有的有茶叶茶具售卖，有的还有茶叶书籍销售。要根据实际情况来安排。

茶艺服务由茶艺服务人员执行，而茶艺服务工作的组织实施和检查工作，根据茶艺馆规模的大小可以由领班或者经理来执行。

营业前的检查工作应注意以下几个方面：一是茶艺服务人员的仪容仪表要给顾客留下美好的印象。二是茶艺馆的卫生状况要好，特别是没有卫生死角。三是所有台面上的茶具，包括桌椅、板凳、沙发之类的摆放要合理，且要舒适、干净。四是检查电源、光源、音源，保证照明、音响等设备不出故障。五是迎客前再查一次卫生。六是上岗迎客给顾客一个美好的第一印象。

在营业过程中，要及时处理顾客提出的合理要求，以及一些突发事件。对茶艺服务人员的服务动态，领班或者经理应该了如指掌，并应及时发现问题，解决问题。

营业后的检查工作应注意以下几个方面：一是对每一位茶艺服务人员的工作态度、服务质量应该有一个客观的评分，对服务动态有一个量化的了解。二是做好清洁卫生工作，在结束一天的营业后要打扫卫生，保持干净整洁。三是关闭所有的电源，不得留有明火、烟头，如洗手间的焚香一定要熄灭等，以消除安全隐患。各茶艺馆及其各岗位有特殊要求的，也应做好相应检查工作。

二、茶艺馆工作检查

1. 茶艺馆茶叶质量检查

刚买来的新茶，如果保管不善，一两个月就会陈化变质。陈化变质的茶叶轻则颜色变暗、条索松散，用来泡茶，汤色混浊、滋味淡薄、香气锐减，饮用价值降低；重则吸收异味，霉烂变质，不堪饮用。这就要求茶艺馆对茶叶质量有一定的检查程序，并要求茶艺服务人员掌握一定的茶叶储藏知识和技能，以确保茶叶的质量。

珍贵的名茶尤易发生明显变化，保存稍有不周，就会丧失真味，造成损失。如集“色绿、香郁、味甘、形美”四绝于一身的西湖龙井茶在储存上稍有疏忽，便会黯然失色，使人品尝不到沁人心脾的芳香。

现代研究表明，茶性易移，主要是因为茶叶既含有亲水性的化学物质，如茶多酚、酯类物质、蛋白质、糖类等，又具有吸水的物理性状，如质地疏松多孔、条索松散等。这些物理、化学性质使茶叶具有很强的吸湿还潮的能力，而吸湿还潮的必然结果就是茶叶中的某些化学成分发生不同程度的氧化。因此，对茶叶质量的检查应当从以下三个方面来把握。

（1）含水量

茶叶含水量是影响茶叶储藏保鲜的重要因素之一，检查茶叶的含水量是否超标很重要。水分是茶叶各种内在成分化学反应的溶剂。水分越多，茶叶中有效成分的扩散移动和相互作用就越强，变质陈化也就越迅速。当茶叶含水量为3%时，其中成分与水分子呈单层分子关系，可以较好地把酯类物质与空气中的氧分子隔离开来，阻止酯类物质氧化。含水量增加，隔离失效，水分成为溶剂，加剧反应。当茶叶含水量超过6%时，茶叶的变质就会相当明显。与茶水品质有关的水浸出物中茶多酚、叶绿素会下降明显。红茶也是如此，含水量越高，茶黄素、茶红素、茶多酚在水浸出物中会明显减少，同时对红茶品质不利的茶褐素却随之增多。要防止茶叶在储存过程中变质，必须将茶叶的含水量控制在6%以内，最好控制在3%～5%。

茶叶含水量与周围环境的相对湿度有密切关系。实验表明，将含水量为5.7%的茶叶暴露在空气中10天，在不同的湿度下，茶叶吸水还潮的快慢也不同。在相对湿度42%的环境里，茶叶的含水量为6.5%；在相对湿度57%的环境里，茶叶的含水量为8.4%；在相对湿度90%的环境里，茶叶的含水量为16.8%。因此，要避免把茶叶长时间暴露在空气中，尤其是在相对湿度较大的环境中。

（2）温度

茶叶的变质陈化与温度高低紧密相连。温度越高，茶叶的变质陈化越快。温度每升高10℃，绿茶的色泽和汤色的褐变速度就加快3～5倍。如果在10℃以下的条件下存放茶叶，就可以较好地抑制茶叶的褐变；在-20℃的条件中冷冻储藏，则几乎能完全防止茶叶的陈化变质。所以，用低温储藏茶叶已逐渐被人们关注并利用。对茶叶进行检查时，要留意温度情况。

（3）色泽

对茶叶质量的检查从色泽上也可辨别。光线的强弱与茶叶的储藏有关。强光不但会加速茶叶的氧化，使茶叶中的色素氧化变色，绿茶由绿变黄，红茶由乌变灰，而且还会使茶叶中的某些物质起光化学反应。

另外，茶叶中还含有高分子棕榈酸和萜烯类化合物，这类物质活性很强，具有强烈的吸附作用，能吸收异味。如果将茶叶与有气味物品放在一起，茶叶便会受到污染，沾染异味，因此在储存和检验中应避免发生此类情况。

2. 茶艺馆茶具情况检查

茶具的出现和发展与茶文化的发展密不可分，形式多样、种类繁多的茶具给茶艺馆添色不少。因此，茶艺馆对茶具情况的检查不容忽视。

（1）要根据茶叶的不同选择不同的茶具

高档的绿茶、花茶、白茶、黄茶等的茶质细嫩，特别是茶芽多为一芽或一芽二叶，身披白毫，其形娇纤若少女。饮用这类茶，一般用玻璃杯冲泡。这样，透过透明的玻璃可以观赏到茶芽一步步舒展绽开的过程，既品其味、观其色、闻其香，又能欣赏茶的美妙身姿，充分领悟茶形美、味醇、色翠、香郁的四绝盛誉。而对乌龙茶来说，则要用小巧的紫砂壶，因为紫砂壶能使乌龙茶保持真味，壶小则宜于趁热饮尽壶中之茶，品味乌龙茶的神韵。对于质量一般的茶，特别是碎叶多的花茶、普洱散茶则适宜用瓷壶冲泡，因为瓷壶密度大，适合冲泡香气高的茶品。而黑茶、砖茶等则需要煮后饮用。

（2）要检查茶具是否清洁

只有清洁的茶具才能保证茶的本色、原味、真香。因为茶“性淫”，极易吸收其他物质的气味。所以，泡茶前和泡茶后一定要清洁茶具。过去有一种说法，认为紫砂壶不能刷洗，陈年茶垢能够养壶。甚至有人认为，好的紫砂壶经年使用后，倒入白水也能冲出茶香来，其原因就是因为有陈年的茶垢。但其实这是错误的认识。紫砂茶具具有很强的吸附性，使用的时间越久，茶汤的香与味渗入壶中越多，可能产生冲入白水而有茶香的现象。但如果茶与空气发生氧化后，在壶内变质，其变质的异味同样也会被茶壶吸收，从而使以后泡出的茶产生异味。所以，在茶具检查中，要注意是否清洁。另外，不同品类的茶尽量使用固定的茶具，特别是茶壶，以使各种品类茶的香与味不会互相影响，不使壶中的茶香过于复杂。这一点对紫砂壶尤为重要。

三、正确处理顾客投诉

对于茶艺馆来说，顾客就是衣食父母，应千方百计预防和避免服务纠纷的发生，一旦发生服务纠纷，茶艺馆负责人和服务人员均应认真对待，及时处理。纠纷处理总的原则是要勇于面对顾客提出的意见和批评，认真、诚恳、合理、迅速地解决，以求大事化小、小事化了，避免事件的扩大和升级。对于己方的错误、失误、不足，要勇于承认，敢于纠正，及时向顾客或社会各界道歉或赔偿损失；对于属于顾客一方的问题，要宽容忍让，委婉处理。在处理服务纠纷时，不允许对顾客态度恶劣、蛮横无理，不能拒不认错、逃避责任。

服务人员在工作时，一旦与顾客之间产生了纠纷，必须马上冷静下来，及时处理、及时解决，防止事态恶化和扩大。

1. 处理矛盾纠纷的方法

（1）态度友好，主动谦让

当矛盾出现时，服务人员如能保持友好的态度，微笑待人，对顾客进行适当的谦让，往往就能缓和紧张气氛，为矛盾的解决营造一个好的开始。俗话说“伸手不打笑脸人”，面对笑脸，人的怒火往往容易平息。服务人员不能对顾客的不满和要求产生抵触情绪，而要主动示以友好，使即将到来的正面冲突局面得以扭转。服务人员可根据当时的情况，首先向顾客直接道歉，说一声“请原谅，刚刚是我的疏忽”“对不起，刚才是我态度不好”“不好意思，让您久等了”等。这种主动谦让的做法，通常都会赢得顾客的谅解。

（2）宽宏大量，谦和忍让

有的时候，顾客可能会因不了解情况而说错话、做错事。服务人员对此应给予谅解，对其失当之处加以包涵，不必深究。在必要的时候，甚至还可以主动承担错误。服务人员如能对顾客的错误过失不予计较，则可有效降低双方产生正面冲突的可能性。

（3）进退有度，转移视线

极个别顾客有时会得理不让人或蛮横不讲礼，他们一旦找到了服务人员或服务单位的错误，往往会紧抓不放，甚至无理取闹。面对这类纠纷，服务人员需要保持自我克制，不与对方较劲，在委婉诚挚地做出适当的解释、说明或道歉后，可转而从事正常工作，不可因一时气愤，与之争执不休，否则会引起事态的恶化。服务人员有礼有节，不与顾客对抗，顾客的怒气通常会逐渐消退。

贯穿上述方法始终的是“礼”，服务人员应处处以礼待客，即礼貌、礼节、礼让，遵守相关的礼仪规范。

2. 处理投诉的方法

服务纠纷发生时或发生后，顾客有时会进行投诉。顾客的投诉一般是指顾客因为服务单位、服务人员的服务有不周之处，而正式向有关部门、有关人员进行申诉或反映。茶艺馆要对顾客的投诉加以认真对待。

（1）加强服务

在对待顾客投诉方面，茶艺馆要做好以下服务。

1）由专人负责。顾客有权对服务提出批评、建议或投诉。茶艺馆主要负责人要对顾客投诉亲自出面处理。

2）设顾客意见簿、意见箱或投诉电话以便顾客反映意见或不满。此项服务不可虚设，要落到实处，及时收看或接听。当顾客提出批评或进行投诉时，不论其方式、态度是否恰当，都应当将其视为对自己的监督和促进，应当明确地表示欢迎对方批评。在倾听顾客申诉的过程中，要体谅对方的心情，做到热情礼貌、耐心友善。

3）及时沟通。在接到顾客的投诉后，茶艺馆一定要积极与顾客进行有效沟通，既要了解顾客的本意，又要使本单位对对方意见的重视和处理纠纷的积极态度为对方所了解。

4）及时妥善处理。发生了纠纷，或为顾客的原因，或为茶艺馆确有需要提高完善的地方，需要采取行之有效的妥善办法，及时合理地解决。能当场处理是最理想的，对于有些难以当场处理的服务纠纷，也可在事后进行处理，但对具体时间最好有所限定，让投诉者放心，给处理人员以压力，并且言出必行，按时解决。

5）及时反馈。茶艺馆要及时向投诉的顾客通知解决结果，并尽可能地满足顾客的要求。如果一时难以解决或顾客的合理要求一时难以得到满足，也要告知，说明情况并致歉，请其等待或谅解。若对方对解决方式和结果不满意，还可再次与其协商研究处理。当实在难以调解时，可由消费者协会做出仲裁，必要时，还可以诉诸法律，由法庭做出调解或判决。

（2）做好调查处理

在处理服务纠纷的过程中，极为重要的一环是进行调查，这关系到纠纷的真实情况和解决办法，关系到纠纷是否能被顺利地解决。鉴于此，在进行调查工作时，一定要认真细致。调查服务纠纷主要有现场调查、幕后调查、登门调查、电话调查、专函调查等几种常规方法。这些方法互有短长，在进行具体调查时，可视情况的复杂和事件的严重程度，选择其中一种方法或数种方法并用。

1）现场调查。现场调查即在服务纠纷发生地所进行的调查。采用这种方法进行调查，可以制止纠纷进一步扩大，便于了解当时情况。但由于当事人较为激动、现场旁观者较多等因素，会有些混乱，不易冷静处理。现场调查有利于当场解决，以免越拖越说不清楚，或互相推诿，得不到很好的解决，留下遗憾或后患。

2）幕后调查。幕后调查即将当事人请入茶艺馆的接待室，对其进行单独的调查。采用这种方法进行调查，较少受到外界影响，便于当事人直陈己见，发泄不满，冷静情绪。

3）登门调查。登门调查指茶艺馆主要负责人或被指派人员，专程上门拜访投诉者。这种做法可以体现出茶艺馆处理服务纠纷的恳切态度，但需花费较多的时间，且需要双方协调时间。遇到投诉者心情不好，还有可能吃“闭门羹”。

4）电话调查。电话调查一般是指在接听投诉电话时，对投诉者直接进行的调查，或在接到投诉后，通过电话对被投诉人所进行的调查。这种方法简单易行，效率较高，但也存在难以面对面直接进行交流和有些情况无法说清楚的缺点。

5）专函调查。专函调查即利用书信、传真或电子信函等形式进行的调查。这种形式较为正式和慎重，但也存在信件交流的缺点。

无论采取何种调查形式，进行调查之前，都要做好心理和物质两个方面的准备。要听取各方面的说法，对事件的来龙去脉、前因后果要大体有所了解，切忌偏听一方。调查结果要翔实，不能漏洞百出。参与调查的人员应有两人或两人以上，且最好是有调查经验的人员。

第 2 节　茶艺培训

一、茶艺人员培训计划的制订

提到素质和能力，一般人总觉得有些抽象。其实素质和能力的具体表现形式即为工作中的主动性意识。顾客进入茶艺馆，迎宾员能否及时做出反应，即根据顾客的行为、语言，安排顾客的餐饮服务。这种自然流露的职业意识，反映着员工的素质。意识是创造优良行为的前提。茶艺馆从业人员的意识一般包括：服务意识、团队意识、成本意识、促销意识、竞争意识和创新意识。要使员工在工作中形成这些意识，就需从传统的培训工作中走出来，实现知识培训向“六意识”培训的转变。这一转变其实是技能培训向素质培训提升的体现。培训工作是不断改善员工工作行为的过程，不可能先让员工具备各种能力后再上岗工作。只有在工作过程中告诉他们怎样做，在讲评中再给予归纳，才能使其形成意识。

1. 服务意识

有人认为服务意识就是把顾客当上帝而自己则是仆人，这是一种误解。所谓服务意识，实质是要让员工明白接待的真正内涵。对人的接待是一件困难的事，尤其对新员工而言，他们缺乏经验，又是与各种各样的顾客打交道，常会因有这样或那样的迷惑、疑问、不安而感到疲惫，加之未能体验茶艺馆工作的乐趣，更容易产生无聊感、畏惧感或失落感。从这个角度讲，发自善解人意之心的接待，不仅能将自己磨炼成一个充满爱心的人，而且也有助于创造良好的人际关系，交到更多的朋友，使他们认识修养与礼仪的重要性，能善解人意、细致入微地工作，并为此拥有自信与自豪感。当然，这一切都是建立在牢固的基本服务知识基础上的。因此要求员工要不断学习专业知识和提升服务意识。

2. 团队意识

茶艺馆工作非常讲究团队意识，强调合作。即使一项工作，也需要若干人组成小组共同完成，即使接待一位顾客，也必须经过多部门的合作才能完成。当发现顾客投诉或发生紧急情况时，就更需要各部门相互之间取得迅速联系，采取团队行动，而不是互相推卸责任。要让员工明确自己将从哪个角度与顾客发生关系，自己现在的工作与下一步的哪一项工作发生关系，将造成怎样的影响。对于部门内的团队意识，关键在于主管人员如何公平、正确地处理好员工的关系，使员工全身心地投入到工作中。另外，还可通过节日活动中的集体游戏、团体竞赛，或者工作调动使员工获得更多机会来培养团队意识。

3. 成本意识

茶艺馆服务并非单纯的“殷勤待客”，同时还要意识到茶艺馆是一个“营业实体”，是一个“企业”。因此，如果不能明确地理解如何以“经济”手段解决成本问题，合理利用最小限量的时间和劳动获得最合适的利益，那么服务人员就不可能成为一个真正的茶艺馆从业人员。在茶艺馆，无论是谁都应不断地培养自己的成本意识。培养员工成本意识的途径主要包括：在员工能理解的程度及范围内讲解成本管理的基础常识及其重要性；在各部门进行节能讲座，教育员工正确使用设备，降低损耗；通过节能竞赛或活动宣传控制成本的意义。

另外，还可采用一些简便易行的方法，让员工掌握最基本的数据计算技能，增强员工节约成本的能力。

4. 促销意识

在当今竞争激烈的市场环境下，谁能把自己的商品推销出去谁就能立于不败之地。但许多人往往误解了这一点，造成“宰客”“缺斤少两”“强卖”等现象屡见不鲜。促销意识是建立在顾客自愿消费立场上的。茶艺馆要学会替顾客着想，掌握好促销时机和语言技巧。事实证明，贴心的服务往往带来意想不到的效益。

5. 竞争意识

竞争存在于现代企业经营环境的每个角落。行业的竞争、同业的竞争、部门的竞争、员工之间的竞争、营业额的竞争、社会地位的竞争、声誉影响的竞争、服务质量的竞争、设备水平的竞争、员工素质的竞争……没有竞争便没有发展。茶艺馆要运用正确的方法引导员工树立竞争意识，把竞争意识的培训建立在正确的竞争概念和标准上，并通过公平的评议、合理的奖惩，辅以日常业务技能大赛和定期业务考核，不断强化员工的竞争意识，使茶艺馆形成一个生机勃勃的竞争氛围。

6. 创新意识

人力资源的创造性及其创造的价值是不可估量的。对于岗位业务，员工是再熟悉不过了，但如何让员工在平凡的岗位上挖掘潜力，这就要合理的指引。茶艺馆要根据自身经营宗旨，让员工广泛地提出设想、建议，并对这些建议的落实情况做出分析评价。茶艺馆应全力支持员工的创造性工作，为其提供信息和技术环境，并通过对先进典型、模范的奖励及其经验介绍，激励创新行为。

二、茶艺人员培训计划的实施

茶艺人员培训计划的实施包括岗前培训和持证上岗后的集中培训两种。

1. 岗前培训

原则上，任何一位茶艺人员在走上岗位提供茶艺服务之前都必须接受规定时间的茶艺培训并取得茶艺师职业资格证书。岗前培训可按照对象的不同分成初级茶艺师、中级茶艺师、高级茶艺师、茶艺师技师、茶艺师高级技师五个等级。如果培训对象对茶艺一无所知，那就必须从最基本的茶文化内容入手，集中一段时间进行专业培训，以期取得较好的培训效果。如果培训对象已对茶艺知识有了一定程度的了解，就可根据个人实际接受不定期的岗前培训。

2. 持证上岗后的集中培训

在茶艺师持证上岗之后，培训计划并未到此为止，茶艺师还应该继续接受培训。利用空闲时间进行分批次、轮流的培训对任何一家茶艺服务机构都是必须的。因为每一门知识都不是一成不变的，茶艺也会随着时间的变化而不断地被赋予新的内容。随着人们思想的发展、科技的进步，任何一位茶艺师要想不落伍、不被淘汰，就必须有“活到老，学到老”的思想准备。因此，持证上岗后的集中培训对于茶艺师来说是弥足珍贵的机会。茶艺师集中培训如图 3—3 所示。

图 3—3　茶艺师集中培训

集中培训对于茶艺师来说也是一个发展的良好契机。一方面，茶艺师通过培训能学到许多新知识，掌握不少新技能，对于茶艺也有更新、更深的认识。另一方面，茶艺师通过集中培训，获得了在一起深入探讨交流的机会。通过探讨，茶艺师更易于将所学知识应用于实践，并且也容易发现培训内容与实践操作中相矛盾的地方，从而反过来改进茶艺师培训的内容。

茶艺馆应不定期地组织员工学习与茶文化相关的传统文化（如琴、棋、书画、插花、香道等）。君子若美其身必先美其心，做到内外兼修，才能够真正成为一名有专业素养的专业茶艺师。插花培训如图 3—4 所示。

图 3—4　插花培训

三、茶艺人员培训的原则

培训的具体方法往往因人而异，不同的人有不同的特点，可以根据自身实际情况采取不同的措施，但也需要严格遵守一些共同的原则。

1. 自觉性原则

自觉性原则要求受训者能够自觉地安排自己每天的培训活动，自觉地完成各项培训任务。当培训成为一种自觉的行动时才更有效。受训者的培训主要依靠自觉来完成。如果把培训变成一种被别人压迫的行为，培训的动力就会减弱，久而久之就会产生厌倦感，失去培训兴趣，培训效果可想而知。受训者应坚持自觉学习技艺的态度，这是做好培训的前提。

2. 主动性原则

做任何事情，积极主动是取得成功的必要条件，培训也不例外。主动性原则要求受训者对培训有热情，主动获取知识，不等待、不依靠，遇到问题要不耻下问。很多受训者在培训中恰恰缺乏这一点，不懂的问题宁肯烂在肚子里，也不愿开口请教他人。讲什么，就学什么，不越“雷池”半步，很少主动与他人交流。有上述情况的人绝不是一个问题也没有，而是缺乏培训的主动性和积极性，这种被动的培训状态必须改变。

3. 独立性原则

独立性原则要求受训者做事有主见，不轻信、不盲从、不人云亦云，能独立完成培训任务，不轻易受群体因素的影响。很多优秀的受训者往往具备这样的特征。当别人总让讲师反复讲解时，优秀的受训者却更愿意独立思考，依靠自己的智慧去努力获取知识。正是他们这种独立思考的态度，造就了他们的出类拔萃。

4. 理论联系实际的原则

任何理论都必须与实际相结合才能发挥作用，也只有在实际操作中才能检验理论的合理性。因此，在培训过程中，任何一位受训者都应该将自己掌握的理论知识在实际的茶艺服务过程中一一进行运用，做到熟知理论，巧妙应用。

第二部分

茶艺师高级技师

第 4 章　茶艺服务

第 1 节　茶饮服务

一、茶饮创新与设计配置

1. 茶饮创新

茶饮的创新是在传统茶饮的基础上进行的。茶饮的创新是对传统茶饮进行加工整理，使之更能表现茶饮的文化内涵，并能适应人们不断提升的需要。

（1）对潮汕工夫茶的创新

1）台湾工夫茶。我国台湾的茶种、种茶与制茶技法、饮茶的方法，受福建、广东的影响较大。

潮汕工夫茶是台湾工夫茶的源头，台湾工夫茶是在学习、借鉴潮汕工夫茶的基础上发展起来的。台湾工夫茶与传统的潮汕工夫茶相比，在以下三个方面进行了改进。

一是茶则和茶匙的使用。传统潮汕工夫茶在置茶时，将茶罐里的茶叶先倒在一张白纸上，再拿起盛茶的纸倾向壶口倒进茶叶，当时这样做的目的是让纸上较粗的茶叶集中在壶嘴附近，较细碎的茶叶则在靠后的下面。台湾工夫茶改为使用竹制或木制的茶则和茶匙，先用茶则从茶罐中取出茶叶，再用茶匙将茶则中的茶叶拨入壶中，这显得更为考究雅致。潮汕工夫茶的置茶与台湾工夫茶的取茶如图 4—1 和图 4—2 所示。

图 4—1　潮汕工夫茶——置茶

图 4—2　台湾工夫茶——取茶

二是茶海（公道杯）的使用。潮汕工夫茶在茶泡好之后，用“关公巡城”“韩信点兵”的方法，将茶汤直接从壶中均匀地倒入各个茶杯之中。这种方法有时不易倒得均匀，且茶壶中可能有剩余的茶汤，如不及时倒出，会因浸泡过久而苦涩。于是有人从西方喝咖啡、牛奶的器具中得到启发，创制了形同“奶罐”的带流小瓷罐，称为“茶海”。泡完茶后，先将茶壶中的茶汤倒进茶海中，再从茶海倒进各个茶杯里，这样每一杯的茶汤都很均匀，故又叫作“公道杯”（见图 4—3）。茶海中的茶汤还可再喝。

图 4—3　台湾工夫茶——公道杯

三是闻香杯的使用。由于传统的乌龙茶多是重发酵茶，香气特别浓郁持久，潮汕工夫茶在品饮时，讲究先闻杯中茶香再饮茶汤。台湾流行轻发酵的乌龙茶，台湾茶人则将闻香单独作为一道程序。分茶时采用柱状的“闻香杯”（见图 4—4），先将茶汤倒入闻香杯中，然后将闻香杯中的茶汤倒入品茗杯，再将闻香杯放到鼻前闻香。

台湾工夫茶的主要程序为：迎客、备具、煮水、温壶、赏茶、置茶、温润泡、悬壶高冲、温杯、斟茶入茶海、分茶入闻香杯、将闻香杯中茶汤倒入品茗杯、观赏汤色、闻香、品茗、三口品完、静坐回味。显然，经过改良的台湾工夫茶更加细腻、丰富，更富艺术情趣。目前，各地茶艺馆都常为客人表演台湾工夫茶艺。

图4—4　闻香杯

2）海派工夫茶。由于上海紧邻绿茶产区，素喜饮绿茶，口味清淡。以潮汕工夫茶泡法泡出来的乌龙茶汤过于浓郁，泡法也较为复杂，故在上海不易推广。上海有关专家经过摸索，对传统工夫茶进行了改良，终于形成了清淡怡人、简洁明了的独特风格，被称为“海派工夫茶”。海派工夫茶与潮汕工夫茶的主要区别如下。

一是潮汕工夫茶的投茶量一般为壶容量的三分之二，海派工夫茶投茶量则为壶容量的三分之一，这样泡出来的茶汤橙黄明亮，幽香淡雅，更适合上海地区人们的口味。海派工夫茶投茶量与潮汕工夫茶的纳茶如图4—5和图4—6所示。

图4—5　海派工夫茶投茶量

图4—6　潮汕工夫茶——纳茶

二是潮汕工夫茶由于投茶量较大，吸水舒展后的芽叶常常将壶盖拱出，在这拱盖的不经意之中，香和韵自然流失，茶汤达不到完美，而且壶中间的茶叶常常还没有得到充分泡开就被舍弃。而海派工夫茶芽叶舒展后恰与壶口持平，七泡之后，每片茶叶都得以舒展，弥补了潮汕工夫茶的遗憾。

三是潮汕工夫茶的投茶量较大，悬壶高冲后必须迅速出茶，技能不熟练者易造成茶汤苦涩，常人难以品饮。海派工夫茶则按精确计算的时间，从容、有序地调控茶，能使茶的香、味、韵得到充分发挥，使人品尝到茶的真味。如泡茶从进水到出茶为 1 min，过短，茶的香和韵不能显现，过长，则产生苦涩味。按潮汕工夫茶泡法，铁观音只能泡到七泡有余香，按海派工夫茶泡法，则九泡还能有余香。

四是潮汕工夫茶的泡茶程序较烦琐，一般要有 21 道才能泡完一道茶，武夷山地区的工夫茶甚至多达 26 道。海派工夫茶则主张简洁明了，崇尚喝到茶的真味，将许多无伤大雅的程序剔除，只留必要的泡茶技艺，这种讲求实际的泡茶方式，受到更多人特别是年轻人的欢迎。

经过改良后的海派工夫茶共有 10 道程序：准备茶具、鉴赏佳叶、观音入宫、悬壶高冲、观音出海（洗茶）、平分秋色、观赏汤色、喜闻幽香、小口啜饮、收拾茶具。

如果说台湾工夫茶主要是通过增添茶具的办法对潮汕工夫茶进行改良的话，那么海派工夫茶则是通过减少投茶量和精简程序的手段来进行改良，两者都取得了成功，都有利于工夫茶在绿茶区和花茶区的推广与普及。

（2）对其他传统茶饮的加工整理

一些茶文化工作者对盖碗茶的冲泡技艺进行了加工和整理。改良后的程序为：恭迎宾客、呈展茶旗、敬宣茶德、精选香茗、理火烹泉、鉴赏甘霖、摆盏备具、流云拂月、执权投茶、云龙泻瀑、初奉香茗、陶然沁芳、百味凝春、重酌酽香、泉入龙潭、品评江山、即兴颂章、书画会赏、尽杯谢茶、嘉叶酬宾、洁具收盏、茶仓归一、再宣茶德、致谢话别。其加工的程度较大，主要增添了呈展茶旗、敬宣茶德、即兴颂章、书画会赏、再宣茶德、致谢话别等与泡茶没有直接关系的辅助项目，且敬宣茶德和再宣茶德两道程序有重复之嫌，但基本上还是保留了传统盖碗茶冲泡技艺的主要程序和动作要领，并且对其加以规范，这有利于盖碗茶艺的推广和普及。

明代张源《茶录》在投茶章节中记载："投茶有序，毋失其宜。先茶后汤曰下投。汤半下茶复以汤满，曰中投。先汤后茶曰上投。春秋中投，夏上投，冬下投。"古人对投茶的方法按季节进行了区分，主要以不同季节温度不同、泡茶用水温度下降的速度不同为依据。现代茶艺工作者对这三种投茶方法进行加工整理，并运用在玻璃杯冲泡绿茶的技艺中。下投法：用茶针（匙）将茶叶拨入杯中，再用 85℃水温的沸水以 360° 回旋斟水法注入杯中，泡茶时水流要一气呵成，不可断断断续续。中投法（见图 4—7）：在杯中倒入三分之一沸水，再投入茶叶，待茶芽浸润、舒展，采用 360° 回旋斟水法将水倒至七成满。上投法（见图 4—8）：在杯中注入沸水，再放入茶叶。此法多用来冲泡碧螺春、无锡毫茶、峨眉雪芽这类身重、紧结的茶叶。投茶后，杯中茶叶似雪花飘零，瞬间满目飞翠，茶汤清澈明亮，香气飘溢。投茶的方法除了考虑季节因素外，还要根据茶叶的特点来选择，如多毫型的碧螺春茶就宜采用上投法，这也是基于茶艺实践的创新，从茶艺发展史的角度来讲，是应该加以肯定的。

图 4—7　中投法

图 4—8　上投法

2. 茶饮设计和配制的方法

（1）根据茶类来设计和配制

茶的种类不同其品质特点也各异，如绿茶色绿汤清，红茶汤红味醇，乌龙茶则香高味浓等。各种茶类品质的差别是茶饮设计和配制应考虑的首要因素。例如，根据名优绿茶的品质特征，泡饮时应重点欣赏其色绿、形美、汤鲜及新茶香，常用无盖的茶杯、茶碗冲泡，无盖可避免将茶叶闷黄，也便于闻香。透明玻璃杯（见图 4—9）可以充分欣赏嫩芽沉浮舒展的情景，精致的青瓷茶碗能衬托汤色，这些都是很好的选择。童启庆设计的“浸润冲泡法”，在沸汤冲泡前增加了浸润泡过程，可使茶叶充分舒展，让品茗者在头泡时便能深切体会新茶真味。

图 4—9　玻璃杯冲泡法

乌龙茶是最讲究沏泡技艺的茶类，由于其特殊的摇青、发酵、焙火与揉捻工艺，使人误以为其茶叶粗老，用一般的玻璃杯或盖碗以不太烫的水冲泡，是很难得其真味的。乌龙茶最具特色的沏泡法有两种：一种是传统泡法。其主要茶具为紫砂小壶、白瓷小杯及形似碗状的茶船等。这一泡法在福建一带至今仍被采用。另一种是用双层排水茶盘代替茶船，上层置瓷质小盖碗与小瓷杯或紫砂小壶与小杯的泡法。这一泡法风行于广东潮汕一带，如图 4—10 所示。

图 4—10　双层茶盘

名优红茶虽为全发酵茶，但依然采用细嫩芽尖制成，茶条也具有观赏性，在选择冲泡此类茶时也可选择同心杯。这样既解决全发酵类茶出汤速度快、不宜久浸的问题，也可观赏红明匀整的茶芽。同心杯如图 4—11 所示。

图 4—11　同心杯

陈年黑茶、白茶茶叶内含物质不易浸出，采用盖碗、紫砂壶一类的冲泡法有时也很难发挥出茶性，所以陈年茶可选择煮茶法。

近年来，台湾茶人根据科学泡茶方法，设计增加了闻香杯、公道杯等茶具，较符合冲泡技艺设计美观、科学、实用的宗旨。

（2）根据主题来设计和配制

茶饮的主题可分为实用型、艺术型。每种类型又可以分成若干小类。这里，两种类型各举一例。

1）实用型。夏季由于太阳暴晒、气温偏高，会造成人体种种不适，故有苦夏一说。饮茶能及时补充水分，降低体温，增加维生素摄入量，更重要的是其卓越的抗氧化功能可防晒伤与黑色素的生成。因此，以抗暑为目的的冰茶尤其受人们的欢迎。因其抗暑的特性，通常选用高级的红茶、绿茶、乌龙茶、普洱熟茶这四类茶窨制的花茶调制冰茶。制作方法可分两种：一是先泡好茶水冷藏后饮用，二是现调现饮。前法可在以常规方法泡茶后，将茶汤放在干净容器内置冰箱中备用。考虑到冰箱有限的容积及制作时间等因素，童启庆设计了第二种方法，即浓缩茶汁制作法，先制作出浓茶汁，饮用时加凉开水、加冰即可饮。冰普洱如图4—12所示。

人们除了在专业的茶室品茗外，在工作、旅途之中也常常需要饮茶，但常规的茶器在工作与旅途之中携带、操作都较为复杂，飘逸杯将泡茶器、分茶器容为一体，大大降低了茶具复杂程度，使泡茶更便捷、简单化，这也属于实用型泡茶法，如图4—13所示。

图4—12　冰普洱

图4—13　飘逸杯

2）艺术型。袁勤迹设计的“龙井问茶”是一例主题鲜明、冲泡技艺精湛的优秀茶饮表演（见图4—14）。“龙井茶”“虎跑水”被誉为杭州双绝。龙井茶扁平光滑、形如碗钉，有“色翠、香郁、味醇、形美”的四大特点。虎跑水有着晶莹甘冽的特点。袁勤迹在创制“龙井问茶”时，首先考虑如何充分发挥“龙井茶”“虎跑水”的特点，特地选用了全套的玻璃器皿，让饮者尽情地欣赏龙井茶在水中起舞的千姿百态。“龙井问茶”配以杭州特色的丝绸质地的民族服装，更具有地方特色。将茶具与服饰的色泽简化到白色与绿色，衬托龙井茶的清新典雅。在继承和发扬我国传统的泡茶技艺的同时，“龙井问茶”吸取古代文人的“挂画、插花、焚香、点茶”四大艺。挂的是淡雅的文人画。插的是清新的细竹枝，以“截青竹，汲清泉，秉清心，插清花”的四清要求，来体现茶道插茶精神。焚的是清淡的竖线香。点一支香，是为了纪念茶圣陆羽，也使观众和表演者闻香而静虑。整个泡茶过程有赏茶、鉴茶、冲泡、奉茶等程序。从敬重茶性到与茶具对话，无不体现了中国传统的文化和礼仪。

图 4—14　袁勤迹表演“龙井问茶”

二、茶叶品评

1. 茶叶品评基本知识

茶叶品评是一门科学，即通进实践来品评出茶叶的色、香、味、形。正确的品评结果对指导茶叶生产、改进制茶工艺、提高产品质量、促进贸易发展具有现实意义。从茶叶品评的结果中，还可了解到茶的品种、培栽、采制方法，以及生态环境的影响等情况。茶叶质量的优劣更要通过品评来确定。

（1）茶叶品评的设备

茶原产于我国，我国对评茶具有传统技艺，主要以感官审评为依据。茶叶的感官审评是用人的感觉器官对茶叶质量做出的综合反映。这种方法在评定茶叶的经济价值方面比理化分析的结果更全面、更正确、更迅速。为了使这种综合反映符合客观实际，必须具备一定规格的用具和设备。

1）评茶室和评茶台。评茶室应朝北方向开窗，使其光线充足均匀，无阳光直射，窗口装 60° 倾斜的黑色遮光板，使光线柔和稳定。室内和周围保持清洁，无异味。

评茶室应备“干看”和“湿看”用的审评台。评茶台用无味木料制成。一般干看台宽 50 cm，高 1 m，长度随需要而定，台面以黑色为宜；湿看台高 88 cm，宽 50 cm，台面四边有框，高 4 cm，左右侧各有一个缺口，长度随需要而定，台面以白色为宜。

2）样茶盘和审评杯。样茶盘是抽样用的，有正方形和长方形两种。正方形的规格长 × 宽 × 高为 23 cm×23 cm×3 cm，长方形长 × 宽 × 高为 26 cm×16 cm×3 cm。盘的一角开一缺口，均为白色。样茶盘如图 4—15 所示。

图 4—15　样茶盘

审评杯（碗）有大小两种规格，大的一套多用于审评一般茶类，容量 250 mL。小的一套多用于审评较高级的茶类，容量 150 mL。杯（碗）质量要求纯白色，厚薄均匀一致。评茶杯（碗）如图 4—16 所示。

3）叶底盘和其他。审评红、绿茶一般采用四方形盘，长 × 宽 × 高为 10 cm×10 cm×1.5 cm，漆成黑色。叶底盘如图 4—17 所示。

图 4—16　审评杯（碗）

图 4—17　叶底盘

另外，应备一台天平、秒时计或定时钟、钢丝网瓢、汤匙、茶桶、开水壶、火炉或电炉等。

（2）茶叶品评的步骤和方法

茶叶品评要经过插取样品、测定水分，然后进行外形和内质审评。毛茶感官特征，如形状、色泽、香气、滋味、汤色、叶底等品质特征是茶叶物理性状和主要化学成分的综合表现。感官评茶是一门应用感官技术的科学，不仅要求品评者有敏锐的感觉器官，还必须具备一定的评茶知识和掌握正确的评茶方法。

1）插取样品（简称插样）。插样是审评茶叶的首要环节，由于茶叶等级是以一个样品来评定的，所插的样品必须具有代表性。插样前要验件数，然后在每件茶的上、中、下及四周各取一把，如插取的样品与原始样品大体一致时，即混合均匀作为这批茶的小样，再将每件小样充分混合作为一个总样。反复多次，采用“四分法”，取对顶角的两份，直到取得 500 g 左右样茶，即可放置在样盘中，以供审评。

2）测定水分。按照茶叶保管的要求，茶叶的含水量以3%～5%为宜。含水量超过6%，茶叶易变质。

通常感官测定水分的方法是：抓一把茶叶，紧握手中，感到刺手，有“沙沙”声，稍微用力，条索即断，用手指稍揉即成粉末的，一般含水量约为7%；抓一把茶叶用力一握，感觉有些刺手，条索能折断，捻之只能成片末，含水量约为10%；如手握茶叶感觉不刺手，并微有回力，茶条用手指一捻，梗断而梗皮不断离，干嗅香气不高，含水量则在10%以上。

3）外形审评。外形审评又叫“干看”，主要评看外形条索、嫩度、色泽、净度四个方面。审评时，首先正确取样（250～500 g或100～200 g），放入样茶盘，双手持样茶盘两角，平面回转十余转，使盘内样茶通过转动按轻重、大小分层叠在盘内（见图4—18）。条大、身骨轻的浮在上层，称为“面装茶”；紧细重实的集中在中层，称为“中段茶”；体小而细碎的沉积在下层，称为“下段茶”。审评时，先看面装茶的粗细、松紧、嫩度、色泽和净杂程度；轻抓一把翻转过来，察看中段茶的紧细、嫩度、重实程度；最后看样盘中下段茶中的碎片、末茶的含量。这样反复察看外形，既可看出原料的老嫩，还可看出制茶技术的好坏。

图4—18　外形审评

①条索。条索是茶的外形，可通过评看松紧粗细、弯直、整碎、扁圆等来辨别好坏，以紧细、圆直、匀齐、身骨重实的为好，粗松、弯曲、短碎、松散多块的为差。

②嫩度。审评茶叶嫩度主要评比芽头多少、叶质老嫩、外形条索的光润度。嫩度要看锋苗的比例。锋苗是指用嫩叶制成的细而有尖锋的条索。一般红茶以芽头多、有锋苗、叶质细嫩为好。绿茶的炒青以锋苗多、叶质细嫩、身骨

重实为好。烘青则以芽毫多、叶质细嫩为好，粗松、叶质老、身骨轻为较次。

③色泽。色泽指茶叶颜色和光泽。茶叶的色泽有深浅、枯润、明暗、纯杂之分。红茶的色泽有乌润、褐润和灰枯的不同；绿茶的色泽有嫩绿、翠绿、青绿、深绿、青黄，以及光润和干枯的不同。

④净度。评审净度主要看茶叶中含梗、末、片、籽和其他非茶类夹杂物的有无或多少。非茶类夹杂物有竹屑、木片、杂草、虫体、兽毛，以及沙石、金属等物，无则好，有则差。

4）内质审评。内质审评又叫“湿看”，包括评定香气、滋味、汤色、叶底四个方面。审评时，把样盘里的茶样摇匀、压平，然后用拇指、食指、中指从面装茶插到下段茶底部，抓取茶叶，用天平称量 3 g，用开水冲泡，盖上杯盖，经 5 min 后，把茶汤倒入审评碗中，先嗅杯中香气，再看碗中汤色，品尝滋味，最后把杯中叶底倒入叶底盘中，察看茶叶的嫩度、色泽和匀度。内质审评如图 4—19 所示。

图 4—19　内质审评

①香气。审评香气要在纯正基础上分辨高低和持久等。要反复多嗅几次，先热嗅，再温嗅，辨别高低；再冷嗅，判别持久性。同时，必须按杯排次序，从头到尾嗅遍，不能无次序地乱嗅。因为嗅一次的和嗅过几次的，有一定的时间间隙，杯内温度不同，香气会发生变化。嗅时要辨别香气的高低、强弱和持久性，以及是否正常，有无烟、焦、霉、馊、酸味或其他异味。

②汤色。茶叶内含物被开水冲泡出的汁液所呈现的色泽称为汤色，俗称“水色”。汤色主要品评色度、亮度、清浊度等。色度要看是否符合各类茶应有

的汤色和是否有变色（陈化色）。亮度是指明暗程度，以汤色明亮为好，亮度差的为次。清浊度是指茶汤清澈或混浊程度，以纯净透明、无混杂的为好。汤色易受光线强弱、茶碗规格、冲泡时间长短等各种因素影响，在审评时要注意红茶以红艳明亮为优，绿茶以嫩绿为上。

③滋味。茶叶经沸水冲泡后，大部分可溶性有效成分都进入茶汤，形成一定的滋味。滋味在汤温降至45～55℃时为最好。审评时，用汤匙把少量茶汤送入口中，用舌头来回抽吸打转，使茶汤充分接触舌上的味蕾，从而辨出滋味的浓淡、强弱、鲜爽、醇和、苦涩等。

④叶底。把茶杯中冲泡的茶叶倒入黑色的叶底盘或白色瓷碗、搪瓷盘，然后进行审评。用叶底盘可把叶底拌匀、铺开、压平，观察嫩度、色泽和匀度。用瓷碗或搪瓷盘的，可加水漂洗，使叶张泡在水中，再行观察分析。叶底的嫩度除目光观察外，还可用手指按压，判断它的软硬、厚薄和老嫩程度。叶质柔软而不撑手的为好，有粗糙、皱纹的较差。

影响茶叶审评正确性的因素很多，如审评用具的质量不同，冲泡茶叶用水和冲泡时间不同等。同时，茶叶的外形各因子之间、内质各因子之间，以及外形和内质之间存在着密切的相关性，所以，审评时的取样、泡茶具、光线、时间、水温和每项因子的评比顺序等必须一致，这样才能取得比较准确的结果。

2. 茶叶等级的品评

识别茶叶质量的优劣除了由茶叶专门机构结合物理、化学方法进行审评外，目前主要是借助人的感觉器官来确定茶叶的质量，即通过视觉、嗅觉、味觉和触觉，采用眼看、鼻闻、手摸和嘴尝的方法进行。

茶叶的品质是由色、香、味、形4个因子构成的。凡质优的茶叶必然色泽正，香气高，滋味醇，形状美；而质次的茶叶必然色泽花杂，香气低沉，滋味粗淡，形状不正。

（1）干看评外形

外形是茶叶品质的综合表现，识别时，可分以下两个步骤进行。

1）用双手捧起一把茶叶，放于鼻端，用力深深吸一下茶叶的香气。一是闻是否具有茶叶的香气，二是辨别香气的高低，三是嗅闻香气的纯正程度。凡香气高、气味正的必然是优质茶，凡香气低、气味不正的就是粗老茶，或者是劣质茶。

2）抓一把茶叶平摊于白纸上，看一下干茶的色泽、嫩度、条索、粗细、整碎等。凡色泽匀正，嫩度高，条索或颗粒紧实，粗细一致，碎末茶少的，是上乘茶叶。如果条形茶条索松散，叶脉突出，叶表粗老，色泽不一，身骨轻飘，片、末、老叶多；圆形茶颗粒松散，大小不一，色泽花杂，都算不得好茶。这是因为在茶叶制造过程中，大部分粗老的鲜叶原料，是无法做成紧结的条形或紧实的颗粒形茶叶的，其外形必然松散。而老嫩不一的鲜叶原料加工而成的茶叶，不但外形大小不一，色泽花杂，而且片、末、老叶较多。不同品类的茶叶由于鲜叶原料要求不一，因而成品茶的外形标准也不一致。各种茶叶有不同形态，但却有统一要求。这就是在干看时，形状要一致：在扁茶中无圆茶，在圆茶中无扁茶；在直条茶中无弯条茶，在弯条茶中无直条茶；在长条茶中无短条茶，在短条茶中无长条茶；在张茶中无薄张茶，在薄张茶中无张茶；在整茶中无碎茶，在碎茶中无整茶。对同一种茶都要求大小、粗细相对一致。

另外，对茶叶质量仅仅注重外形是不够的，还要根据不同茶类的品质特点评价其质量。

（2）湿看识内质

湿看就是开汤审评。开汤俗称泡茶或沏茶。一般先撮取欲审评的茶叶3～5 g，放入白色瓷杯中，然后冲上滚沸适度的开水200 mL左右。开汤后，应先嗅香气，接着看汤色，再尝滋味，最后评叶底。

1）嗅香气。茶叶经在杯中冲泡后，立即倾出茶汤，将茶杯连叶底一起，送到鼻端进行嗅香，也可用竹筷从杯中夹取浸泡后的茶叶进行嗅香。凡闻之茶香清高纯正，使人有心旷神怡之感者，就可算得上为好茶。一般来说，绿茶具有清香鲜爽之感，甚至有果香或花香者，属于上品；香气低沉、粗俗者，是低级绿茶；有陈气者，便为陈茶；有异味或霉味者，为变质茶。红茶以清香或有花香为上品，其中香气浓烈、持久者，为上乘红茶；香气低沉，有粗老气者，是低级红茶。乌龙茶以具有浓郁的熟桃香者为上乘。花茶以具有清纯的芳香者为上品。

不过，对一个专门的茶叶审评者来说，只进行湿嗅是不够的，在嗅茶叶香气时，应热嗅、温嗅和冷嗅结合进行。热嗅的重点是辨别香气的正常与否、香气的类型如何，以及香气的高低；冷嗅的重点是判断茶叶香气的优次。一般认为将冲泡后的茶叶倾去茶汤，嗅叶底香气时，叶底温度在50～60℃，其准确性最好。

这里，需要特别提醒一下的是，嗅香气时要特别注意避免外界因素的干扰，如抽烟、擦有香味的护手霜、用香皂洗手、空气中有异味等，都会影响鉴别的准确性。

2）看汤色。茶叶汤色主要是茶叶内含成分溶解于水所呈现的色彩。这些溶解于水的茶叶内含物质与空气接触会发生变色，所以看汤色应及时进行。一般在茶叶冲泡3～5 min后，倾出杯中茶汤于另一碗内，在嗅香气前或后立即进行。另外，汤色还会受光线强弱、碗色深浅、沉淀物多少等因素的影响，对此需引起注意。

茶汤审评应结合茶品，按汤色性质以及明暗、深浅、清浊等评比优次。一般来说，凡属上乘的茶品，尽管由于茶类不同，色泽有异，但汤色明亮有光却是一致的。具体来说，绿茶汤色以浅绿或黄绿为宜，并要求清而不浊，明亮澄澈。红茶汤色要求乌黑油润。如果是工夫红茶，则茶杯四周汤面上有一圈金黄色的油环，俗称“金圈”，更属上品；倘若茶汤红褐带青，色泽暗淡、混浊，则属低级红茶。乌龙茶则以青褐光润为好，花茶以黄绿明亮为上。

3）尝滋味。滋味是靠人的味觉器官来区别的。茶是一种风味饮料，不但不同茶类风味不同，而且即使是同种茶类因产地不同，其滋味也是不同的。茶叶中的不同风味是由茶叶中的呈味物质的数量和比例决定的。所以，可以这样认为，茶汤的滋味是茶叶中的苦、甜、涩、酸、辣、鲜、腥等多种呈味化学成分综合反映的结果。如果各种成分的数量和比例适当，那么茶汤滋味就鲜醇可口，受到人们的欢迎；否则，就会受到人们的厌弃。不过，对茶汤滋味，由于各人的爱好不同，往往各有偏爱。对此，茶叶界衡量茶汤的滋味有一个相对的标准。一般认为，绿茶茶汤浓醇爽口，属上等绿茶；如果平淡涩口，多为粗老绿茶。红茶茶汤则要求“浓、强、鲜”，即滋味浓、强烈、鲜爽；如果滋味平和、粗淡，显然是粗老低级红茶了。

尝茶汤滋味应在看汤色后立即进行。尝滋味时，茶汤的温度要适中，一般以45～55℃最适合尝味。若茶汤温度太高，味觉会受强烈刺激而麻木；如茶汤温度太低，一是降低了味觉的灵敏度，二是会使茶汤中的呈味物质析出，从而影响茶汤的审评结果。同时，由于人的味觉器官——舌的不同部位对滋味的感觉是不同的，所以，尝茶汤滋味时，必须使茶汤在舌头上循环滚动，这样才能正确而全面地辨别茶汤滋味。尝滋味主要评定茶汤的浓淡、强弱、爽涩、纯异、鲜滞等。为了正确评味，在尝滋味前，最好不吃强烈刺激味觉的食物，如葱蒜、糖果、辣椒等，也不宜吸烟，以保持味觉不受外界环境的干扰。

4）评叶底。评叶底即评判茶叶经冲泡去汤后留下的叶底，看其老嫩、整碎、色泽、匀杂、软硬等情况以确定质量的优次，同时还应注意有无其他掺杂。叶底的审评主要依靠人的视觉和触觉来进行。也就是说，评叶底时，要充分发挥眼睛和手指的作用。眼睛看叶底的老嫩、光糙、色泽、匀净等，手指按揿叶底的软硬、厚薄等，从而区别茶叶的好坏。叶底审评如图4—20所示。

图4—20　叶底审评

茶叶质量的审评一般通过上述干看外形和湿评汤色、香气、滋味、叶底5个项目的综合考评，才能正确评定茶叶质量的优次和等级。值得注意的是，人们在审评每一个项目后，还不能据此确定茶叶的品质，因为茶叶各处品质项目之间，是相互联系、密切相关的，因此，在综合审评结束时，对每个审评项目之间，应做仔细的比较参证，然后再下结论。如果有几只茶样，还可进行同时比较，这样才能取得比较正确的评比结果。

（3）名优茶的品质评定

名优茶花色品种多样，其中大多属于绿茶。名优绿茶的质量评审与大宗茶的审评方法相同，但要求更加严格，更加细致。一般可参照表4—1以打分的方法进行审评。

表4—1　　绿茶的质量评审标准

质量因子	质量状况	级别	给分
外形	嫩绿或翠绿，细嫩，形状有特色	甲	94±4
	墨绿或深绿，细嫩，形状有特色	乙	84±4
	色泽暗绿，形状少特色	丙	74±4
汤色	嫩绿明亮或嫩黄绿明亮	甲	94±4
	清亮或黄绿	乙	84±4
	深黄、混浊	丙	74±4
香气	嫩栗香或鲜嫩香，高锐	甲	94±4
	清香，清高或香高欠锐	乙	84±4
	香纯正或香熟，足火	丙	74±4
滋味	鲜嫩、鲜醇或鲜爽	甲	94±4
	清爽或醇厚	乙	84±4
	熟、浓涩、青涩或浓烈	丙	74±4
叶底	嫩绿明亮显芽	甲	94±4
	黄绿明亮显芽	乙	84±4
	黄熟或青暗	丙	74±4

在上述5个名优绿茶质量构成因子中，每个因子的重要性不是等同的。在权衡质量时，滋味是一项综合因子，最为重要，一般占30%；其次是香气和外形，各占25%；最后是汤色和叶底，各占10%。以上5个因子合计为100%。参照上述给分标准，给每个因子打分后，再乘以各个因子在品质构成中所占的比例，然后将5项得分相加，依最终得分多少排列优次。

第 2 节　茶叶保健

一、茶叶保健基本知识

饮茶的保健功用很早就被人们认识了。古人早就不单单把茶作为解渴的饮料，他们已认识到茶的健身祛病功能。实际上，茶叶最初就是以其药用功效被人们发现和利用的。古人对茶效的认识，在历代古籍中都有记载，如《茶经》《本草纲目》等。除了利用茶叶的治病功效外，古人还以茶来养生延年。这说明以茶健身，古已有之。

有关论述茶效的古籍不下百种，对其归纳整理可知古人对茶保健功效的认识主要有：安神除烦、清头明目、提神醒睡、下气消食、醒酒解酒、利水通便、祛风解表、生津止渴、清肺去痰、去腻减肥、清热解毒、疗疮治瘘、治痢止泄、涤齿坚齿、疗饥生精、养生益寿。

古人对茶叶功效的认识是从自身的实践经验总结出来的，而现代人利用科学技术以及现代医学的成果研究茶的科学功能，使茶的作用全面显现出来。现代科学研究表明，茶中所含的化学成分绝大多数对人体既有营养价值，又有药用价值；既可饮用，又可保健。饮茶能生津解渴，这是有科学根据的。茶叶中的有机酸和维生素 C 可促进唾液分泌，多酚类化合物、氨基酸、游离糖和皂苷化合物能与口腔中的唾液产生反应，使口腔湿润，产生清凉、止渴的效果。

茶叶中含有丰富的营养物质，主要是维生素和矿物质。茶叶中维生素 A 含量很高，尤以绿茶为最高。每天坚持饮用25 g茶叶，获取的维生素C基本上可满足人体需要。除了维生素外，茶叶中的矿物质一半以上可溶于热水，被人体吸收利用。此外，夏天人体出汗多，易引起缺钾，喝茶是补充钾的最理想的办法。

茶叶中所含的嘌呤类生物碱、茶多酚、脂多糖、芳香化学物等共同构成了茶的药用价值。

茶所具有的提神醒脑助神、消除疲劳作用是由于茶中的咖啡碱可以刺激中枢神经系统，使精神处于兴奋状态。人体在代谢和运动过程中产生的乳酸，可引起人体疲劳，当它在人体过量存在时，会引起肌肉酸疼硬化。饮茶可使体内乳酸迅速排到体外，起到消除疲劳的作用。

茶叶中的咖啡碱、茶碱、可可碱可舒张肾血管，增加肾脏的血流量，从而增加肾小球的滤过率，抑制肾小管的再吸收，从而促进尿的排泄，所以饮茶具有利尿作用。

我国研究人员发现，茶叶对阻断致癌物亚硝基化合物在体内形成有积极作用。因此，茶具有抗癌作用，茶中的抗癌物质包括茶多酚、维生素C和维生素E等。

茶的消暑解热作用是众所周知的，传统中医理论认为体质阴虚会火旺生热，常饮绿茶，有清热消暑功效。芳香物质在挥发过程中可带走部分热量，起到调节体温的作用；且咖啡碱有利尿作用，通过尿液的排出可使体温下降。

饮茶具有防辐射的作用。茶叶中的儿茶素可吸收辐射性物质，阻止其在体内扩散。多酚化合物、维生素C、维生素E以及脂多糖可清除因辐射产生的大量自由基，降低自由基引起的毒害。饮绿茶可缓解癌症患者由于放疗引起的照射反应。

现代人长时间注视手机和计算机屏幕，易患干眼症，使人眼中的视紫质减少，引起暗适应障碍，可导致夜盲。茶叶中含有的胡萝卜素在人体内可转化为维生素A，具有维持上皮组织正常功能的作用，并在视网膜内与蛋白质合成视紫质，增强视网膜的感光性。茶叶中的维生素B_1和维生素B_2都是维持视网膜正常功能必不可少的成分。所以，长时间看屏幕的人常喝茶有保护视力的作用。

茶叶具有减肥消脂的作用。饮茶能降血脂，起到消脂的作用。茶中咖啡碱与磷酸、戊糖等物质形成的核苷酸，可维持肠道正常功能。儿茶素有降低血液中胆固醇及低密度脂蛋白，并增加高密度脂蛋白的作用。乌龙茶和普洱茶被认为是减肥的良药。

茶对由于缺乏维生素C而引起的维生素C缺乏症有预防和治疗作用。其机理是茶叶中的多酚类化合物具有抗氧化作用，可防止体内维生素被破坏。

饮茶具有醒酒作用，这是由于茶叶中的咖啡碱和多酚类化合物对大脑皮质有兴奋作用，能与酒精引起的抑制作用相对抗。茶叶中丰富的维生素C是人体肝脏分解酒精时的重要参与对象。

茶叶中所含的多酚类物质具有杀菌、消炎和收敛作用，对大肠杆菌、葡萄球菌、肺炎球菌、霍乱菌、伤寒菌有抑制作用。有人把青茶叶捣烂，加上少许食盐外敷于痈疽和用茶水冲洗疮口就是这个道理。细菌中含有蛋白质，茶多酚具有凝固蛋白质的作用。茶多酚能将细菌中蛋白质凝固变性，从而使细菌死亡。一般而言，花茶、绿茶的抗菌效果优于红茶。乌龙茶为半发酵茶，其抗菌能力介于绿茶和红茶之间。

此外，茶的保健作用还有杀菌止痢、防龋齿、抗血小板凝集、抗动脉粥样硬化、抗过敏、抗毒素、抗氧化、抗病毒、抗溃疡、抗糖尿病、保护肝脏、降血压、治疗便秘、消除口臭、解毒、增加免疫能力等。

若从不同的茶类所含的营养成分和药效成分来看，绿茶尤其是高档绿茶，维生素C、茶多酚的含量比红茶高得多；从保健效果来看，抑菌、防衰老、抗辐射、防治血管硬化、降血脂等，也是绿茶的效果更好，因此，从保健的角度看，喝绿茶比喝红茶好。花茶多以绿茶窨制，因此也具有绿茶的同等效力。但是红茶的茶性平缓温和，还有较好的和胃作用，适宜于某些胃病患者饮用；红茶比绿茶含有更多的咖啡碱，提神、利尿的功效更为显著。茶叶中的咖啡碱由于和其他化学成分并存，所以没有单纯摄入咖啡碱那样的副作用。

需要注意的是，饮茶过量会使人过于兴奋，因此饮茶宜适量。适量的标准还要根据各人的具体情况来定，不可能绝对统一。一般来说，健康的成年人，平时又有饮茶的习惯，一天饮用10～15 g茶叶冲泡3～5杯水为宜；对于重体力劳动者，食量大而消耗又多，尤其是从事高温作业的人，一天饮茶20 g左右也是适宜的；至于那些以牛羊肉为主食，或是食肉量较多，多饮一些茶更有利于消化，有利于防止脂肪和胆固醇的过多积累；对于身体虚弱且有一定程度神经衰弱的人，宜少饮茶，以每天饮用3～5 g为宜。空腹和夜间不宜饮茶。孕妇要少饮茶，以免茶叶中的咖啡碱对胎儿产生过分的刺激。服用某些中药的同时，不宜饮茶，以防产生不良作用。儿童每天可以饮用少量的茶水（用3～5 g茶叶），有利于补充维生素和其他营养物质。

二、茶叶保健主要方法

1. 茶疗

现代医学研究发现，以茶为主，加上其他中草药配制而成的药方，不仅具有治疗人们内外科疾病的功效，且可以治疗许多其他类型的疾病。有些五官科、皮肤科病症往往是由于虚火导致，而茶乃去火清凉的绝佳之物，以茶为主配制的药物对治疗这类疾病会有较好的疗效。一些妇科、儿科疾病也可用各种茶疗方来医治。

癌症已成为现代人生命的第一杀手。美国普渡大学（Purdue University）一项研究证实，绿茶中的儿茶素（EGCG）可以抑制癌细胞成长所需的酵素，并杀死实验室培养的癌细胞，且不伤害到健康的细胞。以茶为主要配料的药方可在防治癌症方面参考使用。

在实际运用茶疗方法时，应注意以下四点。

（1）茶和茶疗的作用是渐进式的，效果比较缓慢，其疗效也有一定的限度。我们应该科学、准确地对茶与茶疗的功效进行定位，辩证地对待其药效与药理功能。

（2）采用茶疗应该从具体的病情出发。各种病情虽然可分不同的专科，但各种疾病的症状和轻重缓急都有其不同的特性，必须对症下药。如感冒，就有风寒感冒和风热感冒之别，如果不加分辨，茶疗就有可能起相反的作用。

（3）采用茶疗时还要考虑个体的差异。这种差异不仅表现在病情的不同，还表现在男女之别、年龄之别、体质之别，以及久病衰弱之躯与强壮急诊之别。这些差别应在进行茶疗时被充分考虑，不能掉以轻心。

（4）茶疗方有具体的茶叶和药品的配伍，以及服法要求，而且同一种茶叶由于产地和采摘时间不同，气候环境的变化，野生和种植的差别，其质地也会产生变化，在进行茶疗时也应充分考虑这些因素。

考虑到上述种种因素，茶疗应在医生的指导下，选择合适的茶疗方，以更好地发挥茶疗的作用。

2. 茶食

中国历来讲究“医食同源”“药食同源”。茶食的作用之一就是通过饮食的方式，达到发挥茶叶保健功能的目的。因此，品味茶食成为茶叶保健的辅助办法之一。

茶叶食品在我国古已有之，早在春秋时期就有将茶作为菜肴待客的记载；秦汉时期已有在茶中加入葱、橘、姜等佐料共煎而饮之的传统，且被当时的上层人士视为珍品，并已出现有关“茶粥”的记载；唐宋以来，各种以茶为原料的食品，像茶菜、茶糖、茶饮等更是品种繁多，不胜枚举。这些用茶掺食做成茶叶食品，在中国已有悠久的历史，其繁多的品种、独特的风味，加之有保健作用，故在中华饮食文化史上占有一席之地，受到世人的瞩目。很多少数民族也有自己颇具特色的茶食，如基诺族的凉拌茶，如图4—21所示。

图4—21 基诺族凉拌茶

一般认为，茶的利用最早是从咀

嚼茶叶开始的。这就是说，当今以茶作饮料，是从古代的吃茶演变而来的。现今人们所说的“茶食”一词，在古代是广义的概念，指的是糕饼点心之类的食品，据《大金国志·婚姻》载：“婿纳币，皆先期拜门，亲属皆行，以酒馔往……次进蜜糕，人各一盘，曰茶食。”不过，在茶学界，“茶食”一词，往往指的是狭义的说法，即指将茶掺入其他食品，调制成菜肴、点心、饮料等。本书所说的茶食，即是指这类含茶的食物。

用茶掺入其他食物，可以说是古代吃茶法的延伸。据查，这种吃茶法至少已有近三千年的历史。《晏子春秋》载：“婴相齐景公时，食脱粟之饭，炙三弋五卵、茗菜而已。”“茗”是茶的一种雅称。这里说的是晏婴生活非常俭朴，他在任齐国大夫时，吃的是糙米饭、数量不多的禽蛋和用茶叶等做的菜肴。东汉壶居士在《食忌》上则说：“苦荼久食羽化，与韭同食，令人体重。”这种茶“与韭同食”，属于以茶作菜的情况。至于将茶掺入主食，也为时久远。对此，早在三国，魏张揖所撰《广雅》中就已有记载：“荆巴间采茶作饼，叶老者，饼成以米膏出之。欲煮茗饮，先炙令色赤，捣末，置瓷器中，以汤浇覆之。用葱、姜、橘子芼之。”这相当于现今的用茶水煮粥，这就是古代的茗粥。唐代陆羽的《茶经·七之事》中也说到“闻南方有蜀妪作茶粥卖”。明代以后，茶的“清饮”之风崛起，饮茶方式随之改变，逐渐由烹煮改为冲泡，遂使用茶掺食之风不再有古时那样普及，但茶食的独特风味和功效，使它历经千百年而不致湮没，一直保留至今。基诺族茶菜如图 4—22 所示。

图 4—22　基诺族茶菜

茶叶入菜，一是利用茶叶特有的清香调味除腻，二是通过茶中丰富的营养物质，增强菜肴的营养价值和药用功能。茶叶菜肴的品种有数十种，除五香茶叶蛋、茶叶豆腐干这些家喻户晓的家常品种，以及茶叶香肠、茶香鸡这些后起之秀以外，还有一批如龙井虾仁、龙井鲫鱼汤等名菜，其原料易得，烹制也不困难。茶菜如图 4—23～图 4—26 所示。

图 4—23　西湖十景茶宴

图 4—24　乌龙虾仁

图 4—25　茶农春运

图 4—26　五香茶叶蛋

3. 茶叶保健的主要技法

茶叶保健除指茶叶本身所具有的保健功效外，更多的是指以茶为主、辅原料，加入适量中草药配制成茶方来进行保健。南北朝时，以茶疗疾的方法已基本形成。唐宋时，茶疗应用范围和方法扩大，方剂从单方发展为单、复方并用，方法从单一煮饮法发展为汤剂、丸剂、散剂、冲剂、代茶饮等多种，应用方法发展为饮服、调服、和服、顿服、噙服、含漱、滴入、调敷、贴敷、擦、涂、熏等。而茶叶保健的各种方法，概括起来主要是内服和外用。

（1）内服

内服是茶疗的主要服法，适用于内科病症及养生保健。这种方法多采用散剂、丸剂、片剂等，用茶汤或温开水送服。其中，又可以细分为茶顿服、茶噙服、茶调服。

茶顿服是指将茶汤剂一次饮完。茶噙服是指将茶汤先噙在口腔内，然后慢慢咽下或吐出。茶调服是指将茶叶以沸水冲泡或加水煎汤，取茶汁调和其他药末服下。

采取何种方法，与保健或治疗目的以及相关药物有关。如茶方中攻泻峻猛之品，如硫黄等，常以丸剂服用。茶丸剂的制作方法为：将茶叶或茶方中诸味研制成细末，拌匀，以炼蜜或面粉糊、浓茶汁等调和为丸，一般约为绿豆大小，便于吞服。

（2）外用

茶疗外用，一般用于外科、皮肤科疾病，如湿疹、疮毒、疔疖、溃疡等。外用的方法为：将茶叶或茶方中诸药研末，用茶汁、蜂蜜、甘草汤调和，外敷或涂、搽于患处。

三、花草茶

花草茶种类繁多，保健功效也各不相同。单方花草茶保健功效见表4—2。

表4—2　　单方花草茶保健功效

名称	功效
牡丹花	养血和肝、散郁祛瘀，适用于面部黄褐斑、皮肤衰老
菩提叶	静心安神、消食通便、减肥瘦身、降血脂、消除黑斑皱纹
红巧梅	消火祛斑、养颜调经、清肝散结、调节内分泌、调理气血、促进新陈代谢
勿忘我	清热解毒、护肤养颜、清肝明目、提高免疫力、消除雀斑和粉刺
桃花	美容养颜、防色斑生成、利水、活血、通便、凉血解毒、清心润肺
决明子	清肝明目、益肾补精、润肠通便、宣散风热
洛神花	醒脑安神、生津止渴、平肝降火、降压减脂、养血活血、美容养颜、利尿消水肿
迷迭香	抗辐射、增强记忆力、降低胆固醇、活血、改善脱发的现象、祛痰、杀菌
荷叶	抑菌解痉、清火消脂、健脾祛湿、降压降脂、凉血止血
马鞭草	活血散瘀、解毒、利尿，可用于治疗疟疾、喉痹、痈肿、水肿、热淋、经闭痛经
茉莉花	清热解毒、理气安神、强心益肝、抗菌消炎、舒缓血虚经闭症状

续表

名称	功效
金盏花	清热降火、利尿发汗、清湿热、安神镇静、调节内分泌、促进消化、抗菌消炎
金银花	清热解毒、消肿通络、缓解热感冒和咽喉肿痛
腊梅花	解暑生津、开胃散郁、止咳、增强免疫力
玳玳花	疏肝和胃、退热利尿、祛痰行瘀、调经润肤、减少腹部脂肪
玉蝴蝶	润肺利咽、舒肝和胃、生肌
玫瑰花	活血调经、润肠通便、解郁安神、平衡内分泌、补血气、消炎杀菌
百合花	清心安神、润肺止咳、养阴清热、滋补精血、缓解胃疼

各类花草与茶同饮可促使其功效的发挥达到最佳药效。

1. 菊花绿茶饮

菊花 12 g、绿茶 5 g、白糖 30 g，煎水，代茶饮，每天 1 剂。可清热解毒、预防感冒、宁神明目，适用于春季忽冷忽热，气候干燥，肝火头痛目赤，醉酒不适。

2. 蒲公英龙井茶

蒲公英 20 g、龙井茶 3 g，沸水冲泡，代茶饮。可清热消炎，健脑明目，治疗风热感冒、咽喉肿痛、心火过旺导致的失眠、头痛。

3. 人参花茶

人参花 100 g，人参花用糖浸渍，每次取 5 g 泡茶饮。可补气壮阳，兴奋神经，为阳气虚体质者的保健饮料。

4. 莲子茶

带心莲子 30 g 用温水浸泡数小时后，加冰糖 20 g 和水炖烂，茶叶 5 g 用沸水冲泡 5 min 后，将茶汁拌入莲子汤内即成，每日 1 剂，多次服饮。养心益肾，清心宁神，适用于心气不足，心悸怔忡。

5. 红茶桂花汤

先将桂花 2～3 g 加水 150 mL 煮沸后，再加入 1 g 红茶，日服 1 剂，少量多饮，徐徐含咽。具有散瘀止痛、芳香避秽以及解毒的作用。对治疗牙痛、口臭、痢疾等均有较好效果。

6. 菊槐降压茶

绿茶、菊花、槐花各 3 g，沸水冲泡，常饮。具有改善毛细血管功能，防治因毛细血管脆性过大，渗透性高而引起的出血；能降低血压，高血压患者服用，有预防出血的作用。经常服用此茶，对平肝祛风、明目清火尤其对防治高血压有良好的疗效。

7. 莲花茶

莲花6 g，要取七月间含苞未放的大花蕾或已开之花，阴干，和绿茶3 g共研为细末，用滤泡纸包装成袋泡茶，每日1剂，以沸水冲泡5 min后饮服。清暑宁心，凉血止血，用于暑热心烦、吐血呕血，或月经过多、瘀血腹痛等。

8. 人参茉莉花茶

东北五年老参、茉莉花、黄芪、绿茶等，用开水浸泡，代茶饮。可补气宁心、振奋精神，治疗气短无力、倦怠神疲、自汗、心悸、病后体虚。

四、茶菜

1. 禽类

（1）香茶鸡

原料：光鸡1只（约750 g），油150 g，茶叶100 g，黄糖粉150 g，卤水适量。

制法：

1）把光鸡洗净，用卤水煮至九成熟。

2）将锅置火上烧热，放入油、茶叶，炒至有茶香味，再放入黄糖粉，炒至冒黄烟。将鸡架在锅里，盖好盖子，焖5 min即成。

特点：质地鲜美，茶香浓郁。

（2）美味烟香鸡

原料：光鸡1只（约重900 g），料酒25 g，白饭100 g，茶叶10 g，白糖25 g，八角、桂皮、甘草各5 g，川椒、味精、精盐各10 g，葱100 g，生姜15 g，熟猪油200 g。

制法：

1）先将光鸡洗净，用料酒涂遍鸡身内外，鸡身上面加姜片和生葱，等5 min后放进蒸笼，蒸熟，取出。

2）将茶叶、白饭、白糖、八角、桂皮、甘草放进锅里，上面用长筷子两对，摆成井字形，将鸡架在上面，用锅盖或盆盖严，再以文火慢慢熏焖，熏至上色。取出将鸡起肉，鸡骨斩件垫盘底，再用猪油100 g、味精5 g、精盐5 g和鸡肉拌匀。然后把鸡肉逐件按原形摆在鸡骨上即成。食时，另配川椒油料碟：将川椒粒用锅炒香，再将葱剁烂，用猪油100 g和川椒末、葱末合炒至香，再调入味精5 g、精盐5 g拌匀即可。

特点：色泽酱红，味美香醇。此菜为潮州风味菜肴。

（3）茶味熏鸡

原料：嫩净仔鸡1只（约750 g），瓜片茶15 g，小葱15 g，姜片10 g，酱油25 g，精盐15 g，绍酒20 g，红糖25 g，花椒3 g，饭锅巴100 g，香油

15 g。

制法：

1）将小葱10 g切成段，另5 g小葱与花椒、精盐一起制成细末，做成葱椒盐备用。

2）鸡从背脊开刀，掏去内脏等，洗净，沥干水分，用葱椒盐将鸡身内外擦匀，腌制20 min。然后将鸡身扒开，皮朝下放在碗里，上放葱段、姜片，加酱油、绍酒，上笼蒸至八九成熟，取出，拣去葱、姜。

3）取锅放火上，撒上茶叶、红糖，架上铁箅子，将鸡皮朝上摆在箅子上，盖严锅盖，先用中火熏出茶香，稍待片刻改旺火煮至浓烟四起时离火，待烟散尽，掀开锅盖，取鸡刷上香油。剁下鸡头、鸡翅、鸡腿爪，将鸡身切成长5 cm、宽3 cm的块，鸡骨拍松垫底，鸡块按原形装盘，鸡头放于前，鸡腿爪放两边即成。

特点：色泽金黄光润，质地皮酥肉嫩，味道香郁鲜美。此菜为安徽传统民间菜肴。

（4）生熏仔鸡

原料：光仔鸡1只（约重750 g），姜片10 g，葱段250 g，花椒20粒，茶叶25 g，米饭150 g，精盐、绍酒各10 g，白糖25 g，饴糖5 g，辣酱油50 g，香油15 g。

制法：

1）将仔鸡去内脏洗干净，将盐、姜片、葱段10 g，花椒10粒撒入鸡腹内，揉擦腌制约10 min。然后，将腌过的鸡用开水烫一下，使鸡皮收缩，擦干水分，抹上一层稀饴糖，再抹上一层绍酒，放在风口处吹干表面。

2）取铁锅1只，先在锅内撒匀一层米饭，接着撒上花椒10粒。茶叶用开水烫湿后同白糖一起撒到锅中。锅中架上一只铁箅子，铺一层葱，随即将鸡胸脯朝上放在葱上，锅盖盖好密封严；先以大火烧至锅冒黄烟起，在锅周围淋入清水，然后压火焖30 min左右取出，立刻在鸡表面涂上一层香油，凉后剁成块状，装盘码齐，再配以辣酱油佐食即可。

特点：金黄油亮，香气浓郁，肉质特嫩，微带脆口，茶香诱人，口味别致。此菜为安徽菜。

（5）黎家山茶喜鸭

原料：草鸭1只（约2 500 g），食盐、辣椒油适量，米酒100 g，香醋1小碟，五指山茶100 g，红糖40 g，谷壳2把，甘蔗渣少许，花生油2 500 g。

制法：

1）将草鸭放血去内脏洗净，然后用辣椒油及盐擦匀，再用米酒腌约15 min，待用。

2）取铁锅1口，架上竹节，投入谷壳、红糖、茶叶、甘蔗渣，然后放入草鸭，盖上盖子，再慢火加热，焖 20 min，待草鸭呈咖啡色捞起。

3）洗净锅，放入花生油，至油温七成热，投草鸭慢火浸炸，经约 20 min，至骨酥、皮油亮时捞出，沥尽油。

4）将鸭子用手撕小块，跟香醋碟与辣椒油碟上席。

特点：色泽酱红光亮，肌酥皮香，风味独特。此菜为海南黎族同胞的婚宴菜品之一。

（6）茶香鸭

原料：鸭 1 只（约 1 200 g），龙井茶 8 g，陈皮、绍酒各 20 g，生姜片、白糖、八角各 10 g，葱段 15 g，花椒 5 g，酱油 15 g，香油 10 g，精盐 2 g，花生油 1 500 g（实耗 60 g）。

制法：

1）花生油入锅烧至七成熟，放入鸭子炸至皮肉绷紧，肉表层断红时，倒入漏勺。

2）将茶叶、八角、陈皮、花椒、生姜片、葱段放入布袋，扎紧口。将香料袋、整鸭、酱油、精盐、绍酒、白糖与清水 1 500 g 入锅烧沸，撇去浮沫，用小火焖约 40 min，至鸭肉熟透时捞出，淋上香油。将鸭斩成块，入盘拼摆成鸭形，浇上卤汁即成。

特点：色泽金黄，肉质鲜美，茶香味浓。注意在卤制时，酱油不可多放，否则色黑。若没有龙井茶，可用其他绿茶。

茶香鸭如图 4—27 所示。

图 4—27　茶香鸭

（7）五香茶鸽

原料：乳鸽 2 只（约 500 g），茶叶 6 g，葱、姜 4 g，红糖 30 g，白糖 3 g，精盐 15 g，饭锅巴 10 g，丁香、花椒、桂皮、八角、草果适量，香油 500 g（实耗 50 g），酱油 10 g。

制法：

1）将乳鸽内脏取出，洗净沥干。将草果撕开，同丁香等香料放布袋中，扎紧袋口。

2）锅放旺火上，放入乳鸽，加白糖、酱油、精盐、葱（打结）、姜（拍松）和水（淹没乳鸽为度），烧开后转小火焖15 min捞起，沥干水分，冷却。

3）炒锅放在旺火上，放入香油烧至七成熟，将乳鸽下锅炸成金黄色捞起。

4）铁锅放在旺火上烧红离火，把红糖、茶叶（用开水刚泡开捞起使用）、饭锅巴（碎粒）撒在锅里，再放进铁丝箅子，把乳鸽摆放在箅子上，盖严锅盖，烧火。待闻到焦糖气味和见大量冒烟时，把锅离火，焖3 min取出，然后抹上香油即成。食用时剁成小块装盘。

特点：色泽金黄，肉嫩鲜香，味道特佳。

2. 鱼类

（1）清蒸茶鲫鱼

原料：活河鲫鱼一条（250～350 g），高级细嫩名绿茶3 g，盐、酒适量。

制法：将活鲫鱼去鳞、鳃及内脏，洗净，沥去水分，鱼腹中塞入绿茶，放于盘中，加适量盐、酒等调料，上锅蒸熟为止。

特点：滋味清香鲜美，能补虚生津，适宜热病和糖尿病人食用。

（2）红茶蒸桂鱼

原料：活桂鱼一条500 g，红茶5 g，葱丝10 g，香菜10 g，姜丝10 g，红茶卤100 g，盐3 g，胡椒粉2 g，料酒2 g，葱3段，姜3片。

制法：

1）将桂鱼宰杀洗净，用2根筷子架起，放在鱼盘里，放入盐、胡椒粉、料酒、葱姜、红茶，上锅蒸熟取出，挑去葱姜、茶叶，倒入红茶卤，洒上葱丝、姜丝、香菜。

2）锅内烧热油，浇在鱼身上即可。

特点：桂鱼色泽红亮，茶香味浓，肉质细嫩、入口鲜美。

（3）茉莉鱿鱼卷

原料：水发鱿鱼400 g，茉莉花茶7 g，料酒15 g，精盐4.5 g，湿淀粉25 g，蒜泥、葱结、姜片适量，植物油500 g（约耗60 g），鲜茉莉花10朵。

制法：

1）将水发鱿鱼剞成麦穗形花刀，改切成长5 cm、宽3 cm的长方形块，放入开水锅中汆烫卷拢，捞出沥干。

2）茉莉花茶用开水泡开，滗去茶水，再用开水泡第二次，待泡出茶香味去掉茶叶，取第二泡的茶汁加料酒、精盐、湿淀粉调成芡汁。

3）炒锅置于旺火上，烧热后倒入植物油烧至七八成热，然后下鱿鱼卷快速爆炒，捞出沥油。

4）原锅留余油少许，放入适量蒜泥、葱结和姜片煸出香味，取出葱结、姜片，放入鱿鱼卷，随即加芡汁，顺翻几下，撒上几朵茉莉花，出锅装盘即成。

特点：造型美观，滑、嫩、鲜，有幽雅的茉莉芳香。此菜为上海梅龙镇酒家所创制，由于其造型美丽、创意别致、味道鲜美，为广大食家所喜爱。

3. 虾类

（1）龙井虾仁

原料：虾 1 000 g，精盐 3 g，鸡蛋 1 个，湿淀粉 40 g，龙井茶 1 g，鲜茶叶 5 g，葱、绍酒、猪油适量。

制法：

1）将虾去壳取肉，将虾肉盛入小竹箩，用清水反复洗至虾仁雪白，盛入碗内，放入精盐和 1 个鸡蛋蛋清，用筷子拌至有黏性时加入湿淀粉，拌匀，静置 1 h，使调料渗入虾仁，待用。

2）将龙井茶和鲜茶叶分别用 50 mL 沸水冲泡，1 min 后，弃茶汤 30 mL，茶叶及剩汁待用。将炒锅置中火上烧热，加入猪油至四成热时，倒入虾仁，迅速用筷子划散，待虾仁呈玉白色，倒入漏勺沥去猪油，暗葱炝锅（即用葱炒油锅，用时去葱，留其葱香而不见葱），再将虾仁倒入油锅，迅速把茶叶及汁一同倒入，烹入绍酒，抖动几下，出锅装盘即成。

特点：虾仁玉白、鲜嫩，茶叶碧绿、清香，色泽雅丽，风味独特。

龙井虾仁如图 4—28 所示。

图 4—28　龙井虾仁

（2）碧螺春汆虾仁

原料：大虾仁 200 g，碧螺春茶叶 13 g，鸡汤 500 g，精盐、菱粉少许。

制法：

1）先用菱粉、精盐调好卤，把虾仁放入浆一浆，再放入沸水内汆烫一下，取出盛放在汤碗内。

2）将茶叶用温水泡 1 次，随即把温水滗掉，以去除茶叶上茸毛衣，再用沸水复泡茶叶。

3）锅置火上，倒入鸡汤烧沸，加入茶汁（茶叶不要），随即冲入装虾仁的汤碗内即成。

特点：味鲜清口并带有茶香，有消除油腻、帮助消化的作用。注意茶汁的浓度可视食用对象而定，并且要现吃现做。此菜为淮扬风味菜肴。

4. 肉类

（1）清茶肉丸

原料：猪肉末 250 g，绿茶 20 g，精盐 2.5 g，味精 1 g，清汤适量。

制法：

1）先把肉末放入大碗内，加入精盐、味精，用筷子边搅边加水至上劲，将搅好的肉末用小勺做成 20 个肉丸子，下入开水锅中汆熟，捞入汤盘内。

2）绿茶放入茶杯，冲入 90℃开水泡开待用。

3）锅置火上，倒入清汤，烧沸后加入泡好的绿茶汤烧开，倒入盛有肉丸的汤盘中，加入几片绿茶嫩叶即成。

特点：味道鲜美，清香爽口，汤清碧绿，为家常茶馔菜肴烹制法之一。

（2）茶香牛肉

原料：牛肉 500 g，植物油 25 g，葱段、姜片各 15 g，料酒 50 g，酱油 75 g，白糖 25 g，绿茶 5 g，桂皮、茴香各 3 g，红枣 25 g。

制法：

1）将牛肉切成小块，下冷水锅煮至将沸时撇去浮沫，改用小火再煮 30 min，倒出。

2）将捞出的牛肉洗净。将锅置火上，放少量植物油，下葱段、姜片和牛肉略加煸炒，加入料酒、酱油、白糖、绿茶、桂皮、茴香、红枣及清水适量，用大火烧沸，即改小火焖约 90 min，待牛肉熟酥、茶香扑鼻时，移至大火上收汁，装盘即成。

特点：牛肉酥烂，茶香味美，无腥膻气，冷热食皆宜。

（3）茶烧肉

原料：带皮骨的猪肋肉 750 g，茶叶 10 g，花生油 90 g，葱丝、姜末各 15 g，精盐 3.5 g，料酒 20 g，花椒油适量。

制法：

1）将带皮骨的猪肋肉剁成核桃大的块，洗净，控去水分；茶叶放瓷杯内，冲沸水焖好。

2）在炒锅内放入花生油烧热，放葱丝、姜末煸出味，再放猪肋肉块、精盐、料酒，翻炒至半熟，加入茶汁，改用小火烧熟。出锅前淋上花椒油，装盘即成。

特点：茶香肉鲜，味道可口。此菜为著名的孔府菜肴。

5. 汤类

（1）绿茶番茄汤

原料：绿茶 1.5 g，番茄 100 g。

制法：番茄洗净，用开水烫后去皮切成小块。锅中加清水 500 mL，煮沸后加入番茄和绿茶，待水再沸后起锅装碗即成。

特点：清口止渴，凉血止血。

（2）茶汤扣三丝

原料：火腿 100 g，鸡肉 100 g，冬笋 100 g，香菇 1 只，青菜 3 棵，茶汤适量，盐、鸡粉少许。

制法：

1）将火腿、鸡肉、冬笋都切成丝。

2）取一小碗，将香菇放在碗底（面朝下），再按颜色搭配，分别码入“三丝”，放入盐、鸡粉，放入少许茶汤，上锅蒸 30 min 取出，倒扣于大碗中。

3）另取锅，放入茶汤，调好口味，用手扣住“三丝”，将茶汤淋下。

4）将青菜汆熟，放在大碗里即可。

特点：五彩缤纷，入口鲜美，清汤入味。

（3）龙井蛤蜊汤

原料：蛤蜊 250 g，龙井茶 10 g，生姜、调料适量。

制法：

1）将龙井茶放入杯中，用温水泡开，备用。

2）将蛤蜊和生姜丝放入锅内，加少量沸水煮片刻，待蛤蜊张开时，倒入龙井茶再烧开，然后适当调味，装碗即成。

特点：汤清味醇，茶香浓郁。

（4）绿茶鲫鱼汤

原料：鲫鱼 250 g，绿茶 10 g，酱油 10 g，味精 0.5 g，香油 6 g。

制法：

1）将鲫鱼取出内脏，洗净。

2）将鲫鱼与绿茶一同煮汤，并加入调料即成。

特点：滋补脾肾，消渴，适用于脾肾阴阳虚弱所致的烦渴不止病症。

6. 茶点心

（1）龙井汤圆

原料：汤圆馅 100 g，糯米粉 250 g，高级龙井茶叶 25 g。

制法：

1）取糯米粉适量用水调散，揉匀，包入汤圆馅，制成大小均匀的汤圆。

2）将龙井茶叶放入杯中，冲入适量开水浸泡2 min，把茶汁滗掉不用，再冲入开水泡出茶汤。

3）锅内放入清水烧开，将汤圆下锅，煮熟，捞出放在碗中；再取适量茶汁浇入即成。

特点：色泽淡绿，清香醇浓，口感细滑，爽口不腻。

（2）抹茶蛋糕

原料：鸡蛋4个，白砂糖120 g，面粉120 g，奶油30 g，牛奶2匙，柠檬汁1匙，茶末粉1匙。

制法：

1）将蛋打入碗中，加入白砂糖100 g，打至发泡，然后边打边加入面粉，调匀备用。

2）取盆放入奶油、牛奶，混合后放入微波炉加热30 s，然后与调好的面粉迅速搅拌混合，待用。

3）取柠檬汁1匙放入碗中，再加白砂糖1匙混合好。

4）取上述调制好的奶面粉的1/4调入茶末粉，搅拌混合均匀。

5）另取奶油少许将蛋糕模型内壁涂抹均匀，再将剩下的3/4奶面粉全部倒入模型，然后由上将茶末奶面粉滴下，滴成长条形，用铲子快速搅一下。

6）覆以保鲜膜，放入微波炉加热4 min，待底部成熟，倒出。

7）表面可撒上茶末粉进行装饰。

特点：色泽鲜艳，香甜可口。

抹茶蛋糕如图4—29所示。

图4—29 抹茶蛋糕

（3）茶果脯

原料：粗老茶叶、各种水果适量。

制法：

1）确定辅料配制的重量比例，一般茶叶占45%，水果占50%，各种辅料（糖、盐、味精、桂皮等各种食用调味品和着色添加剂）占5%。

2）按一般果脯制作方法加工即可。由于选用的茶叶叶质稍硬，其蒸煮、糖化的时间应略延长，压制时间也长一些。

特点：茶叶显露，果味突出，既甜酸又微苦，口感很好，是一种老少皆宜、大众化的开味消食休闲茶食品。

（4）芽茶芝麻饼

原料：芽茶、熟芝麻、川椒末、酥咸油饼或干面、辅料（松子肉、胡桃肉、栗肉）各适量。

制法：

1）将芽茶用少量热水浸软，将芝麻炒熟，然后放置钵中擂成细末，再将川椒末、酥咸油饼加入同擂。如混合物发干，则添浸茶汤。如无油饼，则以干面代替即可。

2）将擂研好的芝麻茶饼入锅煎熟，饼上可以用熟芝麻进行装饰。松子肉、胡桃肉、栗子肉等辅料可随喜好加入。

特点：酥香可口，风味独特。

芽茶芝麻饼如图4—30所示。

图4—30 芽茶芝麻饼

（5）香茶芝麻糖

原料：茶叶15 g，白砂糖100 g，蜂蜜50 g，芝麻100 g。

制法：

1）将芝麻洗净，用文火炒香，备用。将茶叶放入杯中冲沸水浸泡，取汁备用。

2）将茶汁倒入锅中，加白糖和蜂蜜，再以文火熬至能拉成丝的程度，即投入芝麻拌匀，然后将芝麻糖起锅放入模型压成块状，再切作薄片或细条状即成。

特点：香甜可口，营养丰富，对于慢性咽炎引起的咽喉肿痛、唇燥、干咳无痰等情况，具有保健作用。

（6）茶末面包

原料：面粉70 g，绿茶粉适量，酵母2.5 g，白砂糖6 g，食盐2 g，奶油6 g，发酵促进剂适量。

制法：原辅料混合后，发酵1～2 h，再投入固定模子成型，然后置入180～200℃烤箱烤25 min即成。

特点：松软有茶味，香甜可口，是大众化的茶馔之一。

第 5 章 茶艺创作

第 1 节 茶艺编创

一、茶艺创作基本知识

1. 茶艺表演编创基本原理

（1）要澄清茶艺的概念

有的茶艺编创者对中国茶文化缺乏基本常识，对茶艺、茶道的概念还没弄清楚，连构成茶艺的基本要素也没弄明白，就动手编创茶艺。他们把茶艺看得太过简单，太过容易，似乎只要有一个茶壶、几个茶杯就可以随意编排出一大套茶艺来。有些人将“茶艺”和“茶道”混同，为其编创的茶艺节目命名为“某某茶道”，或冠以姓氏，这都不太适合。因此，有必要强调茶道、茶艺、茶俗三个概念的差异。

茶道是茶艺过程中的精神和修养追求，属于精神层面，只能通过茶艺来体现。只有茶艺才具有操作性，才能进行表演。所以，“某某茶道”表演应该称为“某某茶艺”表演。茶艺也不宜和茶俗混同。因为茶艺是指泡茶的技艺和品茶的艺术，两者是统一的整体。而茶俗为民间饮茶习俗，更多地保留着古老的煮茶方式，侧重的是“喝”和“食”，重点不在“品”，其中“艺”的成分也较少。如“客家擂茶”（见图 5—1）和“姜盐豆子茶”就属于茶俗，而不应称之为茶艺。同样，“惠安女茶俗”中所使用的茶具和泡茶技艺属于工夫茶范畴，不能称为“惠安女茶艺”，而应称为“惠安女茶俗”（见图 5—2）。当然，茶俗同样可以表演，因为它不但具有一定的观赏性，而且还具有一定的历史价值，能加深我们对中华茶艺广博性的认识。科学地区分茶道、茶艺、茶俗的概念，有助于茶艺编创质量的提高和完善。

图5—1　客家擂茶

图5—2　惠安女茶俗

（2）要突出表演性和观赏性

从茶艺的功能来看，茶艺的类型可分为三大类：一是生活型茶艺，即日常生活中的泡茶技艺，强调的是实用性；二是经营型茶艺，即茶艺馆、茶叶店的服务性茶艺，需要的是亲和力；三是表演型茶艺，即专门用于舞台表演的茶艺，重要的是审美性。这三大类茶艺，本来各有其特定功能，但现在都进入了表演领域。因此，对这些茶艺就有重新认识的必要，要对其表演性和观赏性提出具体要求。

不管是在客人面前表演的生活型茶艺，还是在舞台上表演的表演型茶艺，都不是为了满足表演者自己的饮茶需要，而是在为他人演示，因而都具有表演性和观赏性。它们已经不是生活的原生态，任何茶艺都要进行一定的艺术加工，不能完全照搬生活，表演型的茶艺更是如此。艺术虽然来源于生活，但高于生活。如日本茶道，在生活中完成整个过程需要一两个小时，如果也在舞台上表演一两个小时，观众就会无法接受，因此经常被压缩成半小时左右。又如在编创反映佛门茶事的禅茶时，可能会安排面壁坐禅的程序，在生活中要完成这道程序可能需要十几分钟甚至更长的时间，但在舞台上如果表演者也这么纹丝不动地闭目静坐十几分钟，观众就会坐不住，效果肯定不好。因此，禅茶表演就要适当缩短时间，同时还要在这段时间内给助泡者安排一些活动，以分散观众的注意力。表演型茶艺《白鹭听禅》如图5—3所示。

图5—3　表演型茶艺《白鹭听禅》

还有的茶艺表演不考虑茶艺本身的特性和主题的需要，脱离生活编创一些夸张性动作，使表演不伦不类。如在有的茶艺表演中，表演者在拿起茶则、茶托和茶杯等器物时，居然高举到头顶做几个翻转动作，犹如杂耍；或在茶艺表演中安插进许多与茶艺无关的舞蹈动作，将茶艺表演成茶舞；或在表演时故作笑脸、表情夸张、动作僵化，既不符合生活实际，也缺乏艺术美感。其实，茶艺的特性是静、雅、和，最强调自然，反对造作，茶艺表演确实要对生活原型进行一定的艺术加工和提炼，但这种加工和提炼绝不能脱离生活，否则就失去艺术的真实，减弱艺术表演的艺术效果。

（3）关键在于冲泡好一杯茶

茶如果没有泡好，品尝艺术就无从谈起。尽管有些茶艺表演看起来花样翻新，颇具观赏性，但泡出的茶却一般。所以，编创者在设计茶艺程序时，应在重视冲泡动作协调优美的同时，力求把茶泡好。编创茶艺表演的动作要围绕泡好茶的目的，在此基础上再讲究艺术性。

（4）要符合历史实际

中华茶文化历史悠久，中国的饮茶方式也古今不同，一般群众对陆羽《茶经》所记载的唐代煮茶方式和宋徽宗赵佶的《大观茶论》所记载的宋代点茶方式不了解，却又十分感兴趣。因此在各地的茶文化活动中，一些仿古茶艺表演特别受欢迎。在编创此类茶艺表演时要注意符合历史实际，这需要具有一定的历史知识，了解历代饮茶方式和茶具的发展变化。仿宋代点茶如图5—4所示。

图 5—4　仿宋代点茶

2. 茶艺编创的历史依据

翻开中华民族辉煌的茶文化史，可以看到不同时期茶艺的运行轨迹：传说远古时代神农氏发现了茶，但把饮茶当作一种精神享受，则始于西汉。魏晋南北朝之际，一些有识之士提出“以茶养廉”，以对抗当时奢侈无度之风。唐代“茶道大行”，陆羽撰写了世界上现存最早的关于茶的著作——《茶经》，提出了一整套茶学、茶艺、茶道思想，饮茶之事遍及社会各阶层，“穷日尽夜，殆成风俗”（《封氏闻见记》）。宋代是茶文化深入发展的时期，也是承上启下的时期。所谓“深入发展”是既有追求豪华极致的宫廷茶文化，又兴起了趣味盎然的市民茶文化。所谓“承上启下”则是指宋代茶艺既继承和发展了唐人首创的注重精神意趣的茶文化传统，进一步把儒学的内省观念渗透到茗饮之中，又将品茗贯穿于各阶层日常生活和礼仪之中，由此一直沿袭到元、明、清各代。

丰富多彩的茶艺，既似庙堂的清音雅乐，又像民间的山歌野曲；既有厚重的历史积淀，又有清新的时代气息；既有通俗的平民文化的积累，又有高深的精英文化的滋养。为了使茶艺编创符合各历史时期的情况，编创者应对各时期茶艺的表现特征有所了解。

（1）唐代茶艺的表现特征

中国发展和利用茶叶的历史虽有四五千年，但茶艺的形成至今却不到两千年。从“集体无意识”到“相沿成习”，是一个文明升华的漫长过程。根据文献记载，茶艺的源头可以追溯到魏晋南北朝，而定型则在唐代“茶道大行”之时。唐代各阶层都有饮茶习惯，《唐人宫乐图》就描绘了宫中女眷品茗、奏乐的情景，如图 5—5 所示。这些饮茶习惯在后世得到继承和发展。

1）道家茶饮。从大量文献记载看，最早重视茶的精神功能的是道家和道教。魏晋南北朝的许多传说，往往把饮茶与神仙故事结合起来。南朝医学家陶

图 5—5 《唐人宫乐图》

弘景曾作《杂录》说茶能轻身换骨，传说中的神仙丹丘子、黄山君都饮茶。由于饮茶有所谓“得道成仙”的神奇功能，所以是道士们修炼时的重要辅助手段。唐代著名道家代表人物吕岩钟爱饮茶，并作《大云寺茶诗》，赞美茶是上天赐给道教的琼浆仙露，道士饮茶可抵抗睡魔，潜心悟道。

唐代以后，茶叶与道家也颇有渊源。北宋文学家欧阳修曾将名贵的龙团茶赠送给的“颍阳道士青霞客”（《送龙茶与许道人》）。元代曾任东平府学正的散曲名家张养浩游泰山时，也品尝过道观茶饮。明代朱权晚年兼修释老，酷爱茶道，追求“探虚玄而参造化，清心神而出尘表”。清末刘鹗为创作《老残游记续集》，曾多次游历泰山，了解泰山风俗民情，书中第一回老残与慧生夫妇游览道院，就有“道士端出茶盒”和“大家吃了茶”的描写。道家茶饮如图 5—6 所示。

图 5—6 道家茶饮

2）佛家茶饮。相对于道士饮茶缘起于将茶当了长生不老的灵丹妙药，僧人将茶当作疗饥汤、防睡药，吃了茶可整夜睁眼打禅。由于饮茶具有清心寡欲、颐神养气、明目聪耳的功能，茶最早也作为健身养身必备之物。

其实佛教对茶道的影响表现最为深刻的不是从印度传至我国的原始教义，也并非普渡众生、劝人向善的佛家经典，而是经由中国化的，转变为中国人所能接受的禅宗与茶天然相和的内在情韵，这也即是我们平时常说的“茶禅一味”。禅茶如图5—7所示。

图5—7 禅茶

唐代寺院与茶关系极为密切，以茶养生，以茶供佛，以茶译经，以茶待僧，以茶馈赠，以茶应酬，以茶待人，比比皆是。僧人用茶的来源，有天子赐茶，有俗人布施，也有僧人自种等，以至于后世有“天下名山僧占多，名山之上出名茶”之说。

受唐影响，到了宋代，饮茶更成了禅寺“和尚家风”。《五灯会元》卷九“资福如宝禅师”条下载：“问：如何是和尚家风？师曰：饭后三碗茶。”仰山慧寂禅师语录，有偈语曰：“滔滔不持戒，兀兀不坐禅，酽茶两三碗，意在镬头边。”意为既不持戒，又不坐禅，为什么喝那么三碗两盏酽茶呢？仿佛三碗茶下去，只要在静默中仔细回味齿颊间茶叶留下的馥郁浓香，就可以体味出淡泊自然、自觉自悟之意，好不快活，如登极乐世界。

其实，僧人所饮又何止“三碗茶”呢。《景德传灯录》卷二十六记载：“晨朝起来洗手面盥漱了吃茶，吃茶了佛前礼拜……归下处打睡了起来洗手面盥漱了吃茶，吃茶了东事西事……上堂吃饭了盥漱，盥漱了吃茶，吃茶了东事西事。”明代乐纯的《雪庵清史》开列居士每日必须做的事，其中“清课”有焚香、煮茗、习静、寻僧、奉佛、参禅、说法、作佛事、翻经、忏悔、放生等。

“煮茗”被列为第二位，“煮茗”之后才可“奉佛”“参禅”。

可以说，寺院之中离不开茶，饮茶成了禅寺的制度之一，成了僧众的重要生活内容，并逐渐形成了一套肃穆庄重的饮茶礼仪。寺院中专设“茶堂”，作为供寺徒们辩说佛理、招待施主佛友、品饮清茶的场所。寺院法堂的左上角设有“茶鼓”，按时敲击召集僧众饮茶。禅僧坐禅时，焚完一柱香就要饮茶，以便提神集思。寺院有“茶头”，专事烧水煮茶，献茶待客。有的寺院门前还有“施茶僧”，为游人惠施茶水。佛教寺院的茶称为“寺院茶”。供奉佛、菩萨、祖师时的茶称为“奠茶”。寺院一年一度的挂单（行脚僧投宿寺院）要按照“戒腊”（即受戒）的年限先后饮茶，这道茶称为“戒腊茶”。平素住持请全寺上下僧众吃茶，称作“普茶”。尤其是在佛教节日，或朝廷钦赐丈衣、锡杖之时，往往都举行盛大的茶仪。后世复原的《百丈普茶》茶仪表演如图 5—8 所示。

图 5—8 《百丈普茶》（张忠柱摄）

“和尚家风”的实行，把佛家清规、饮茶谈经与佛学哲理、人生观念融为一体。正是在这种背景下，“茶禅一味”之说应运而生，其意指禅味与茶味是同一种兴味，品茗成了参禅的前奏，参禅又成了品茗的目的，二位一体，水乳交融。这一禅林法语又与“吃茶去”的佛家“机锋语”有着内在的联系。赵州从谂禅师称“吃茶去”，意在消除妄想、分别。禅宗常讲“平常心”，即“遇茶吃茶，遇饭吃饭”（《祖堂集》卷十一），平常自然，这是参禅的第一步。禅宗又讲“自悟”，即不假外力，不落理路，全凭自家，若能自悟，便打通一片新天地。后来，禅林中多沿用赵州的方法打念头，除妄想。总之，饮茶不仅可以止渴解睡，还是引导参禅者进入空灵虚境的手段。

“茶禅一味”的省悟方法还传到了日本，使禅茶在日本得到推广。

总之，“茶禅一味”源于悠长独特的中国茶文化，其真髓是茶与禅的相通，都重在清远、中和、幽静的意境，饮茶有助于参禅时的冥思、省悟，并让人体味出澄心静虑和超凡脱俗意韵。

茶不仅在僧人们修行过程中有助于坐禅谈佛，从品茗中体悟禅机，而且具有融洽僧众关系、联络僧众感情、促进僧众合作的作用。尤其在一年一次的“大请职”期间，一道道茶状、一次次茶会，更能体现茶在礼俗中不可或缺的作用。

如图 5—9 所示为第八届世界禅茶大会上的《吃茶是谁》表演。

图 5—9 《吃茶是谁》

3）文人茶饮。一种习俗的形成，不仅需要倡导者，而且需要推动者。对茶艺起了关键性推动作用的是那些爱茶至深的文人雅士们，他们不仅自己常年饮茶，甚至不可一日无茶，还充分运用文学才华，极力讴歌茶艺、茶人、茶事。这其中又以唐代文人尤甚。唐代士大夫吟咏茶事，著录茶经，既是对当时饮茶风习经验的记载，又对茶风日炽和茶艺日高起了推波助澜的作用。当时士大夫阶层饮茶成癖，甚至出现了以物换茶、以诗换茶的佳话。文人墨客常常不远千里，寄赠佳茗，共享好茶；每每相聚，品茗清谈，吟诗联句。最为后人称道的是唐代著名书法家颜真卿担任湖州刺史期间举办的茶会联谊。那时，湖州附近一大批文人诗友犹如众星捧月般齐聚在颜真卿的周围，他成为了茶事活动的中心人物。茶会是他们联络感情、叙说友谊的好机会，也是切磋诗艺、交流茶技的最好方式。文士茶表演如图5—10所示。

图5—10　文士茶表演

中国茶文化精神渗透着佛家的禅机、道家的清寂、儒家的理念。佛茶虽然最初是为了养生、清思，但禅宗使佛学精华与茶文化互相结合，使佛理与茶理真正贯通，禅的哲学精神与茶的深蕴内涵融为一体。“茶禅一味”，明心见性，创造了饮茶意境。最早以茶自娱的道家，虽然是先从药理出发认识茶的作用，但当饮茶后的神清气爽与道家修炼的主张内省沟涌，道家从饮茶中得到自身与天地宇宙合为一气的真切感受，所以强调创造饮茶的美学意境，进而发掘了茗茶艺术中的深刻哲理。当然，儒家思想是中国茶文化的主体思想，如饮茶与中庸、和谐的伦理道德相关联，与民间茶艺的欢快气氛、与儒家求实乐观的精神相沟通，养廉、雅志、励节与积极入世的操守，以及秩序、仁爱、恭敬与友谊的规范是儒家思想与茶文化共有的，甚至茶文化还可以蕴含兴邦治国之道，其理至深，其义至远。

中国茶文化中的佛、道、儒三者合一并不是简单的拼凑，而是三者所追求的豁达、明朗、理智与茶事达到了和谐一致。

4）皇宫茶饮。茶艺起源于民间，后被统治者推向极致，皇宫茶饮反过来又对民间茶艺的风行起了导引作用。

皇宫茶饮的起始源远流长，周武王伐纣时接受巴蜀之地的贡茶；周成王留下实行“三祭”“三茶”礼仪的遗嘱；三国时，吴王孙皓常赐茶儒士韦曜以代酒；西晋惠帝司马衷逃难时都把烹茶进饮作为生活中第一件事；隋文帝由原不喝茶到嗜茶成癖。但皇宫茶饮之盛，当自唐代始。贞观年间，朝廷常将茶叶赐于公卿大臣；弘化公主和文成公主结婚，随嫁物品中均有茶叶；德宗贞元九年（公元793年），茶税成为单一的税种，德宗每以茶叶赐予皇族，赐与同昌公主的就有“绿叶紫英”；宪宗元和年间，帝诏方山院僧怀晖至德麟殿说法，赐之以茶。宫廷宴会中饮茶更是兴盛，顾况的《茶赋》就曾详细描述过帝王举行茶宴的盛况。唐以后，皇宫茶饮在宋代得到进一步发展，皇宫茶饮的黄金时期则出现在清代。

陆羽认为饮茶是“精行俭德之人”所为，但皇宫茶饮却追求豪华贵重，富丽堂皇，讲究茶叶的珍绝、茶具的名贵、泉水的珍奇、汤候的得宜、饮茶场所的华丽、服侍的惬意，并把这些要素适当地搭配在一起。例如，茶叶讲究采摘精细，制作精当，印模精美，命名精巧，包装精致，运送精心。茶具讲究精工打造，崇金贵银。1987年陕西法门寺就出土了一套多为金银或鎏金的唐代宫廷茶器，包括贮茶器、炙茶器、碾茶器、茶末容器、贮盐器、点茶器、取火器、茶点容器、洁净物等，是目前世界上发现最早、等级最高、最为贵重的茶具。唐以后宫廷的茶具使用情况，宋时有“长沙茶具，精妙甲天下，每副用白金三百星或五百星。凡茶之具悉备，外则以大镂银合贮之。赵南钟丞相帅潭日，尝以黄金千两为之，以进上方”的记载。清代慈禧太后喜欢用黄金为托、白玉为盏的茗碗，这是当时皇宫茶饮重视排场、讲究气势的证明。唐文宗时有“名山递水”之举，派人从无锡惠山汲取泉水，运至陕西长安帝都，运程远达数千里。明、清两代皇宫饮水，都是用船将玉泉山的水运至皇宫，同治后改用插黄旗的马车运水。凡清代皇帝出巡，均载运名泉供应。皇宫茶饮因所用茶叶稚嫩，点茶和冲泡技巧特别考究。仿唐代宫庭茶艺如图5—11所示。

图5—11　仿唐代宫庭茶艺

与文人雅士的幽雅韵致、禅林道院的寂静省净不同，皇宫茶饮展现的是国家富盛、物厚民丰的风貌，表现的是皇家气象和怡然自得的心态，显示的是豪华贵重、君临天下的气势。帝王以茶祭祖的“荐新茶”是追思恩典、孝敬祖先的顶礼膜拜，君王以茶赏赐群臣的“赐新茶”是泽被百官、体恤臣下的德政善举，日常生活的轻啜慢饮是添加圣寿、享受至尊的随意遣兴，由帝王主持的茶宴是皇恩浩荡、文武齐集的君臣聚会。大唐天子嗜好饮茶，喜爱茶道，以至于卢仝有诗云：“天子须尝阳羡茶，百草不敢先开花。”唐宫茶饮广泛运用于各方面，如帝王清饮、娱乐伴饮、清明盛宴、王子公主婚嫁、殿试内廷赏赐、接待外国来使、供养三宝、祭天祭祖等。宫中的茶道讲究上等的茶叶、精湛的技艺、精美的茶具、优质的泉水，以尚繁荣、重等级、尚奢华、重礼仪、尚和谐、重愉悦等为特征。

在皇宫中，皇帝乐于品茗论道，并将赐茶作为神圣高雅之事。赐茶的对象，不仅有近臣边将，也有皇亲国戚。赐茶的仪式有时极为庄严。刘禹锡所著《代武中丞谢新茶表》中就描写了这样的情景：中使（高品宦官）双手捧着黄绢圣旨诵读，武中丞跪地聆听，得茶一斤，然后毕恭毕敬跪地解开敕封索绢，感到满室生辉。

当时，王侯大臣家中均储有茶叶。1957年，西安出土唐代刻有“左策使宅茶库”字样的鎏金银茶盏托七枚，经考为宣宗时左神策使家的茶具。

如图5—12和图5—13所示为法门寺出土鎏金银龟盒和鎏金银茶碾，是当时皇家供奉的饮茶用具。

图5—12 法门寺出土鎏金银龟盒

图5—13 法门寺出土鎏金银茶碾

5）民间茶饮。与帝王赐茶以显示皇恩浩荡不同，在民间以茶为礼，馈赠亲友，则是情谊的象征。特别是新茶初制，“时新献人”，更是茶界佳话。

对于赠茶风俗，唐人作品常有记叙。诗人李白漫游金陵（今江苏南京）时，僧人中孚赠他以前所未见的荆州新产仙人掌茶数十片，因中孚赠茶时兼有赠诗，故李白作《答族侄僧中孚赠玉泉仙人掌茶》诗。李白在诗中对仙人掌茶的来历、品质、功效等做了详细的描述，成为重要的茶叶历史资料和咏茶名篇，这首诗也是较早的答谢赠茶诗的名作。唐乾宁年间的徐夤有《尚书惠蜡面茶》诗，把“蜡面茶”比作“月初圆”，把自己比作“地仙”，把“铜碾”称为“金槽”，把碾碎的茶末称为“沉香末”。如果亲友分居两地，可将茶团、茶饼加封与书信一同寄送。而所寄之茶，又多为新茶。寄递茶叶非常讲究包装，有的要用白绢封裹，糊封泥再盖三道红印记。

（2）宋代茶艺的表现特征

唐代文化从整体上看，是一种相对开放、外倾、色调热烈的文化类型。而宋代文化则是一种相对封闭、内倾、色调淡雅的文化类型。与此相适应的宋代茶艺具有两大特征：一是内容精致的趋向，二是市井需求的勃兴。当时浮现着轻气象、轻神韵，而重技艺、重游乐的风尚，促使宋人饮茶力求以更深入和别具一格的智性来超越和殊异于前人，除了继续保持唐代形成的重在品其味的饮茶形式之外，又发展出了一些新颖独特的重在玩其味的技趣性饮茶。

从皇宫官府的欢宴到友人之间的聚会，从日常交际到礼尚往来，宋代饮茶之风深入社会各个阶层，渗透到日常社会生活的各个角落。如果说唐代茶道大行的最大贡献是形成了以品为主的饮茶艺术，那么，宋代茶风炽盛的最大成就是将这种生活艺术演化为日常生活的必需。“开门七件事：柴、米、油、盐、酱、醋、茶”的说法最早出现在宋代，当时已把茶列为日常饮食必需品，可见，那时饮茶已与人们的日常生活密切相关了。

宋代茶风炽盛的另一个突出表现是饮茶功能的广泛性。朋友之间聚会于精室，促膝谈心，迎来送往，交际应酬；婚丧典仪的贽聘礼祭，起居跪拜等，都有茶的身影。“客来敬茶”在宋时就已定型。无论是拜访亲友邻里，还是聚会清谈，客来敬茶已成为社会生活中必不可少的礼节。宋代的品饮虽与唐代方法略同，但茶器由釜变为瓶（见图5—14），形式由煎茶发展为点茶。饮茶风俗也呈现多元化发展的趋势。

图5—14 宋代点茶汤瓶

由于社会各阶层对茶艺的了解与参与，宋代的茶事活动也呈现出多姿多彩、令人叹为观止的局面，这其中有风致潇洒的斗茶，也有技趣高超的分茶。

1）斗茶。饮茶向艺术欣赏方面发展为品茶，从品茶又进一步发展为斗茶。斗茶要品评出高低，要决出胜负，所以又称“茗战”。

斗茶始于唐代福建建安一带。到了宋代，建安北苑成为当时最负盛名的茶区，为决出进贡朝廷的上品茶，遂使斗茶兴隆起来。北宋中期，斗茶逐渐向北方传播。蔡襄的《茶录》中，记录了斗茶时对茶的加工要求、斗茶的工具、斗茶的方法等，对斗茶之风的兴盛起了推波助澜的作用。北宋末年，宋徽宗著《大观茶记》，对斗茶加以总结和提高。政和二年（公元1112年），唐庚著《斗茶记》，其中就记述了二三人相聚一室，取水烹茶，论其品第的情景。

南宋画家刘松年的《斗茶图》(见图5—15)生动地展现了在集市买卖茶叶和斗茶的群像，这种斗茶之风，到元代始衰，到明代才基本绝迹。

图5—15 刘松年《斗茶图》

斗茶是重在观赏的综合性技艺，包括鉴茶辨质、细碾精罗、候汤熁盏、调和茶膏、点茶击拂等环节，每个步骤都须精究熟谙，最关键的工序为点茶与击拂，最精彩部分集中于汤花的显现。衡量斗茶胜负的标准，一是看茶面汤花的色泽和均匀程度，以汤花色泽鲜白、茶面细碎均匀为佳；二是看盏内有没有水的痕迹，以汤花保持时间较长、紧贴盏沿不散退的为胜，以汤花散退较快、先出现水痕的则为输。斗茶时，操作者需心到、手到、眼到，既紧张谨慎、一丝不苟，又运作自如、风致潇洒；观赏者屏息静声，视操作起落倾旋，观茶汤变幻散聚，既兴味热烈、心弦紧扣，又横生妙趣、雅韵悠深。斗茶时，白色汤花与黑色建盏交相辉映的外部景观，芬芳茶香与浓郁茶情注入心头的内在感受，不仅给人物质的享受，更能给人带来精神的愉悦。

2）分茶。与斗茶以流行广泛著称不同，分茶约始宋初，以技趣要求的高超逐渐为世人瞩目。分茶又称“茶百戏”，或称“汤戏”“茶戏”“水丹青”，是在点茶时使茶汁的纹脉形成物象的技艺。要使汤花能在转瞬即逝间显示出瑰丽多变的景象，需要很高的艺技。一种是用“搅”创造出汤花形象，因能与汤面直接接触，易于把握。还有技高一筹者，不用“搅”，而是直接“注”出汤花来。即单手提壶，将沸水由上而下注入放好茶末的盏（瓯、碗）中，立即形成变幻万端的景象。这种方法被称为“茶匠神通之艺也”。汤花如图5—16所示。

图5—16 汤花

（3）明、清茶艺的表现特征

明、清两代的500多年，整体上看，茶业和茶政空前发展，茶叶产区进一步扩大，茶叶名品进一步增多，制茶技术发生划时代变革，六大茶类或始兴或进一步发展，开创了我国传统茶业发展的新时代。中华茶文化也继往开来，跃上了新的境界。明初至明中期，茶艺趋向简约化，茶文化精神与自然契合占主导地位，晚明到清初，茶风趋向纤弱，精细的茶文化再次出现，士大夫阶层对饮茶艺术的追求和审美创造了茶艺新天地。另外，茶饮习俗流行于千家万户、寻常巷陌。这时期的大众茶艺在一定程度上摆脱了贵族气和书卷气，带有综合性特征的茶馆文化达到了最高峰，具有浓郁地方特色的各种茶艺也得到了发展，深入各阶层并开始展示近代民众茶文化的新风貌。当时的茶叶贸易如图5—17和图5—18所示。

图5—17 清代茶叶交易图

图5—18 清末茶马古道

在中国饮茶史上，明代倡导的以散形条茶代替穷极工巧的饼（团）茶，以沸水冲泡的瀹饮法代替传统的研末而饮的煎茶法，是具有划时代意义的变革。

虽然唐宋之际就存在散茶饮用方法，元代已现“重散略饼”的趋势，下层民间也早有这一饮茶法的传播，但这一饮茶风尚推广于宫廷，影响于朝野，还是由于明太祖朱元璋“诏罢团饼”“惟令采芽茶以进”，才使散茶加工品饮风尚的兴起和发展成为历史潮流。

这种饮茶法的改变，极大地推动了至今依然时兴的绿茶、黑茶、白茶、黄茶、乌龙茶、花茶各种茶类的迅速兴起和发展，也使明、清两代成为传统制茶技术全面发展的时期。而且，随着茶叶加工和品饮方式的简化、茶类的增加和生产的发展，唐宋宫廷文人以“雅玩”为主导的茶艺，也就转变为明、清时期整个社会各层生活文化的组成之一。因此，中国茶文化真正普及到整个社会，逐渐与社会生活、民情风俗、人生礼仪结合起来，并产生深入广泛的影响，是在明清时期。

明、清把饮茶作为艺术来创造和审美的还是文人雅士。他们既继承了前人的精神享受，又开拓了独具特色的饮茶方式，除了对茶叶和用水的精心选择依然如故外，还特别强调“天趣悉备”的自然美，“清心悦神”的欣赏性。也就是说，有好茶，还要有佳客、佳境，有正确的方法，精到的茶功，才能得茶叶三昧，取得理想的品饮效果。在这方面，明、清文人就有许多创造，“焚香伴茗”是其中之一。

“焚香伴茗”是指品茶之时在茶室内焚香。把名香和名茶糅合在一起，更增茶的缥缈之气，增添魅力和光彩，使人产生愉快、舒适、亲切、安详的感觉。“焚香伴茗”最先从明代的江浙一带兴起，后为文人学士所普遍推崇和仿效。

晚明时期，特定的社会背景使文人反对儒家思想束缚，更多地吸收了庄、禅、道家思想，追求心灵的舒放和生活的乐趣。因此，晚明文人学士刻意在山水揽胜中品茶，去寻求幽雅。这表现在茶人的著作及茶人的行动中。晚明茶人在谈饮茶的环境时，强调客少则幽，并认为一人独坐品茶则更幽，更能反思人生、感悟世界。清吴友如《玉川品茶》如图5—19所示。

图5—19 清吴友如《玉川品茶》

茶馆、茶楼的普遍存在和茶艺的形成，是明、清时期饮茶深入广大民众生活的最重要体现。据《杭州府志》载，明嘉靖二十一年三月，一位李姓商人在杭州城开了茶坊，饮客云集，获利甚厚，于是远近效仿，旬月间开茶坊50余所。到了清代，开办茶馆蔚然成风，光是杭州，大、小茶坊就有800余所，风格独特的茶馆文化也就应运而生。清代茶馆如图5—20所示。

图5—20 清代茶馆图

市井细民偶有闲暇，多聚于茶馆品茗，此习在清代尤以江南地区为盛。平时茶馆所售之茶有红茶、绿茶两大类。茶馆售茶与茶客饮啜的方式也很多，民间茗饮时有佐以茶食的习惯，品类繁多的茶食以小吃为多，物美价廉，深受欢迎。

此外，在远离城邑、村庄的山野道旁，也有“酒帜与茶旗并列”的茶店。其中，为过路行人提供少憩消渴的村野店，多为出家僧道及善男信女所办的“慈善事业”，称为“施茶所”，均不收费。

茶馆文化的蔚然成风，在当时的文艺作品中也有反映。被誉为“16世纪社会风俗画卷”的《金瓶梅》，描写茶坊之处就很多，提及茶事的有600余处。被鲁迅先生赞为“叙景状物，时有可观”的《老残游记》，对清末社会包括茶馆饮茶风习都进行了忠实的描绘，如第九回“一客吟诗负于面壁，三人品茗促膝谈心”，对饮茶人的感受写得非常细腻、精到和贴切。而《儒林外史》第四十一回“庄濯江话旧秦淮河，沈琼枝押解江都县”，对南京秦淮河夜间茶市的描写更是栩栩如生。

在清代，原有的各具风采的地方茶艺继续流传，而新兴的、特色浓郁的地方茶艺，也迅速发展起来，有许多甚至沿习至今。如广州“上茶楼，吃早茶”和苏州“早上皮包水，下午水包皮”的习俗，都由清代延续至今。

在清代的地方茶艺中，风格最独特、影响最大的是流行于广东潮汕和福建漳州、泉州等地区的工夫茶。据清代俞蛟《潮嘉风月记》载称，工夫茶“烹治之法，本诸陆羽《茶经》，而器具更精”。潮汕烘炉（茶炉）、玉书碨（煎水壶）、孟臣罐（茶壶）、若深瓯（茶盏）是最基本的茶具，被称为“四宝”。冲茶技巧强调“高冲”“低洒”“刮抹”“淋盖”“烧杯热罐”“澄清”等各种要领。玉书碨如图5—21所示，高冲如图5—22所示。

图5—21 玉书碨

图5—22 高冲

当时的饮法是：大茶盘上置一茶壶、数茶杯，壶小如拳，杯小如核桃。茶必用武夷，用凉水漂去茶叶中尘滓后放置壶中，注满沸水加盖，将壶置于深寸许之瓷盘中，再以沸水缓缓淋于壶上，待水将满盘而上，取布巾蒙壶，良久揭巾，注茶水于杯中奉客。客必衔杯玩味，嗅香品茶。若饮稍急，主人必怒其不韵。这种循环往复、尽兴方休的茶艺，盛行城乡，流行及今。

唐代茶饮开始兴盛；宋时茶饮走入千家万户；元代反对饮茶的烦琐，主张简约；明人以茶雅志，另有一番情趣；晚明至清初士人茶文化走向衰弱；清末民初茶文化走向寻常日用。不同的时代又有不同的特征。总体来看，随着社会的进步、人类文明的发展，中国茶文化不仅给人们带来更高的物质享受，也给人们带来更高的精神享受。

3. 茶艺编创的民俗依据

国人饮茶已有数千年的历史。在漫长的历史长河中，茶由神圣的祭品转化为日常的饮料，从神农的解药走向了大众的杯茗，由贵族的专享物变成了百姓的“开门七件事”之一。人们在与茶的长期接触中，将茶融入了生活中，形成了与茶有关的独特民俗，即茶俗，了解这些茶俗对茶艺编创是很有助益的。

（1）地方茶俗

“十里不同风，百里不同俗”。民间茶饮带有浓郁的地方风俗，南北、东西，农村、城市，以及不同的民族风情，都体现在民间茶饮之中。

大体来说，江南爱饮绿茶，闽粤爱饮乌龙茶，北方爱饮花茶，乡村爱饮红茶，牧区一般饮砖茶、沱茶。在历史的习俗传承中，茶的泡制、饮法有与辛辣型佐料、花香型佐料、食物型佐料合饮等多种方法和类型，这在现代生活中断续流行。如长江三角洲地区的熏豆茶，就是先将绿茶放入茶碗，再放入三四十颗熏豆一起冲泡。湖南的橘皮茶是将橘皮洗净晒干备用，饮时取少许与茶叶混在一起，以开水冲泡，也可用鲜橘冲泡。江西武宁县日常饮用的茶种类繁多，如芝麻豆子茶，用开水泡熟（或生）芝麻，再加熟黄豆、熟花生米，和以盐姜，味咸、清香且带微辣，饮嚼均可。该县还流行川芎茶，即在茶水中加芎片或芎末，清香开胃。又有历史悠久的菊花茶，这是用一种野山菊移栽培植而成，菊花朵小、色白、无苦味，每年“立冬”前后摘来，捻去花蒂，以盐拌渍，并以柑橘皮切成细粒拌入，装入罐中备用，以开水冲泡，色碧味香。另有莳萝茶，莳萝亦称“土茴香”，用其果实泡茶，茶味芳香，有开胃、健脾、消食作用。在秦岭山区的略阳、凤县，以及甘肃、宁夏部分地区还有一种“罐罐茶”（见图5—23），是用特制的砂罐在火边煨煮，将茶煮成黏稠状浓汁饮用，浓郁味苦，以量少为佳，有消胀、提神作用。

图5—23　罐罐茶

此外，民间日常饮用的还有其他各种茶，如广州白菊花八宝清润凉茶、广西南宁的地方风味饮料甜茶。江南有些地区泡茶不加茶叶，也称饮“茶”，如用蜂蜜或白糖冲开水的“糖茶”、用开水打鸡蛋冲糖水的“秤砣茶”、过去逢年过节时送给先生的“元宝茶”（用茶叶煮的蛋）等。

茶既是生活的一部分，又是奇情异趣的习俗。各地均有所谓“早茶、中茶、晚茶”之说，但不同地区，早茶的结构、风格完全不同，像南国吃早茶，往往是上茶楼，边饮茶边吃早点边聊天。江苏南通则通常在自己家里喝早茶，早茶泡好后到附近买些早点食物，边喝茶边进早餐。而陕西关中，当地中、老年人喜欢饮早茶，茶叶多为湖茶贡尖或陕青，一般不在家中独饮，喜三五成群地边啜饮边畅谈，称为“茶壶会”。浙江德清地区农家，则特别讲究用别有风味的白咸茶作“晚茶”，尤其在冬春之交，晚上吃了咸茶，能顿消白天疲劳，一觉睡到天亮。在少数民族地区，茶也是人们生活的必需品之一。如裕固族牧民饮食以酥油、糌粑、乳制品为主，每天的“三茶一饭”是他们的主要饮食。

我国地方茶俗有明显的南北之别。在宋代，黄淮以北的人们饮茶有的放盐，有的放乳酪，有的放花椒，有的放姜，还有的放芝麻，而南方则流行由建安兴起并逐渐传开的“斗茶”。这种区别发展到现在，南北差异依然比较明显。

如今在北方，所饮茶叶有黑茶、香片、大叶等。饮用方法或熬饮黑茶，加入奶油、炒米以当饭；或以盖碗品茗。用来“和乳”的茶叶，多为枝叶粗杂的紧压茶，价钱便宜，易于携带。喝茶是因为茶能涤肥腻，有利于消化，适合于北方以肉食为主的人们饮用。

在江南，茶俗像其青山绿水一样，饱含有茶文化的成分，饮茶对人们来说既是一种物质上的享受，又是一种精神上的愉悦，是一种能够显示民风、表现素养、寄托感情的艺术活动，是一种雅俗结合的特殊的消费审美。江南许多地区的人们有早起就饮茶的习惯，每天早起的第一件事就是煮茶汤。所谓“茶汤”，家境稍宽的是用刚烧的白开水沏上一壶茶，家境贫寒者则用老茶叶制作的“老茶婆”泡茶。但是，不论茶的质量高低、茶的味道浓淡，人们一杯清茶入腹，顿觉神清目爽，余香满口。在城镇，人们还有上茶楼、茶馆喝早茶的习惯。江西南昌人称喝早茶为“过早”，讲究清茶细点。也就是说，早茶的茶点并不是大嚼大吃，而是细饮慢吃，以品茶为主。像春卷、白糖糕、“二来子”、馓子、牛舌头、“金线吊葫芦”，都是南昌人品茶时的传统风味小吃。近几年，随着商品经济的发展，吃粤式早茶的风气越来越盛行，喝早茶佐以精美的糕点和小吃，成为人们生活的一大享受。乡村农民饮茶成风，连农忙时加吃点心也称为“送茶”。

每当宾客莅临，首先是敬茶，这是江南民间的习俗。以茶敬客，情深意长。江南的客来敬茶讲究真诚纯朴：主人敬茶，应双手奉送；客人接茶，也用双手，并口称“多谢”。俗话说：“酒要满，茶要浅。”斟茶过满是对客人不尊重。添茶时，要一手提壶，另一手摁住壶盖。而客人为了对主人表示尊敬和感谢，不论是否口渴都应喝点茶；添茶时应用食指和中指轻敲桌面，以示感谢；如果不想喝了，就合上杯盖；在告辞前，应将茶喝完，并表示对茶的赞赏。

在江南有的地方，将喝茶叫作“吃茶”。客人入座之后，主人随即用粗瓷饭碗送来半碗白开水。这并不是喝的茶，只是供净口用的水。接着，主人端上炸得焦黄的干红薯片，香气扑鼻的花生、豆子，还有各种蔬菜做成的菜干、热气腾腾的甜米果。茶果上齐后，主人才倒掉碗中的白开水，换上滚热的茶，正式开始“吃茶”。如果没有几盘几碟茶食款待，只用“白茶”待客，就会被视为无礼之举。还有一种“喊茶”，主人备上茶和几盘或几碟茶食，邀请邻里中的女客到家里品茶。也有许多地方，凡是亲戚、朋友上门，首先送上一杯清茶，接着上一碗糖水或盐水煮鸡蛋，或是一碗长寿面（有的是炒米粉、炒粉皮），吃完再吃中饭或晚饭。之所以用一杯清茶开头，是祝愿亲友平安大吉、万事顺心。

江南有些地方商场也用茶来招徕顾客。如到李祥泰布庄、同升金店、黄庆仁栈药店，店员都会给登门的顾客献上一杯香茶表示欢迎，茶成为迎接顾客的佳品。

客来敬茶的风行，使南方人走亲访友、年节贺喜带的糕饼等礼物，都被称为“换茶”，意思是用礼物去换一盏茶喝。客来请茶如图 5—24 所示。

图 5—24　客来请茶

每逢节日或节气，民俗活动最为盛行，此时的茶俗也最纷繁，端午节时，江南民间有正午到野外采撷百草为茶的风俗，这种茶称为“午时茶”。一般伤风感冒等寒暑时疾，抓一把“午时茶”熬水喝即可见效。中秋月饼则被人们视为品茶时的助兴佳品。另外，民间还讲究不同节气吃不同的茶点，在二三月间吃的是艾米果，立夏节日吃鸡蛋和田螺，端午节吃的茶点是粽子，中元节吃的是叶子米果，九月重阳节吃的是薯丸，春节吃的是黄年米果和蒸笼米果等。

（2）婚礼茶俗

民俗中含义深远的茶礼突出表现在婚礼茶俗上。婚礼茶俗就是与结婚事宜有关的茶俗。古人栽茶必须下籽，隐喻结婚生子，并以茶树不可移植作为婚姻笃定，爱情专一。这种价值取向和道德意义代代相传。江西等地婚姻的各个阶段都与茶有紧密的联系。新娘敬茶如图 5—25 所示。

婚礼茶俗始于行聘。如客家青年谈对象，介绍人引荐双方见面，常常就约在茶店，茶资由男方支付。此时必须要六样茶点，每样称六两，意为“六六大顺”。媒人带“仔俚”（男青年）去“姑俚”（女青年）家相亲，姑俚泡上几碗茶用茶盘端出来，这第一盘茶是见面礼节。女方家长陪同客人一边喝茶、一边拉家常。过一会儿，如果姑俚又送来第二盘茶，仔俚也接过了第二碗茶，表示

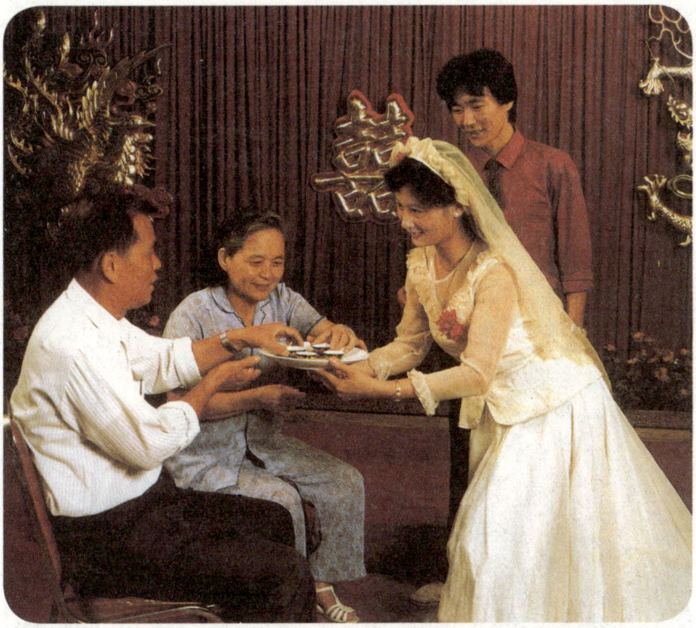

图 5—25 新娘敬茶

男女都同意了亲事，双方的话题也就转入结亲的事。如果姑俚不再送茶出来，表示女方不同意亲事。仔俚不接第二碗茶，表示男方没有相中姑娘。无论哪种情况，客人都要马上告辞。各地也有许多这方面的记载，如“行聘必以茶叶，曰‘下茶’”。有的订婚时虽然不送茶叶，但要以茶为名，如“将婚，男氏具书及饼、饵、鱼、肉、币、帛、衣、钗等物送至女家，俗云‘过茶’”。还有的将男女双方议立记载聘礼与嫁妆的品种与数量的礼单，叫作“立茶单”或“写茶意”。茶单议立后，就意味着初步建立了姻亲关系，双方即改口称呼。有的地方还有送茶包的习俗。订婚当天，男方以5～9人为代表前往女家，女方“客娘”要一一敬茶待客。当“客娘”敬茶到“后生”手中时，“后生”喝完这杯茶随即要把预先包好的“见面礼”红包放在茶杯内，然后将茶杯送回“客娘”手中。“见面礼”茶包的数额多少，视男方家经济条件和大方情况而定，但数字要求逢九。

行聘之后，男女两家便为筹办婚礼忙碌起来。迎娶之日，花轿到女家后，媒人、乐手等稍事休息并用过茶点后，乐队随即吹奏起来，催请新娘上轿。接着，侍娘走到轿前，手握米、茶叶撒向轿顶，意为驱逐邪祟。拜堂、喝交杯酒之后，要“揭席，新郎新娘堂前交拜，姑或祖姑为新娘去花头，揭首帕，饲以茶果，谓之‘拜茶’”。然后，侍娘引新娘入洞房，给箩坐、给篓坐，意为新娘今后做事灵活如箩车篓转，最后给凳坐、给茶喝。闹新房时，有的地方新娘要给六亲百客敬茶。有的地方（如江西婺源）还有要求每个姑娘出嫁前都必须亲自用丝线和最好的茶叶扎一朵“茶花”。出嫁当天，新娘用开水冲泡这朵“茶花”来品评新娘的手艺，而碧绿清新、芳香四溢的“茶花”又象征着新婚夫妇的美好和幸福的家庭生活。同时，还要喝“新娘茶”，即由新娘亲自用铜壶烧水沏茶，按辈份大小依次给亲朋宾客奉上香茶。新娘茶如图 5—26 所示。

图 5—26　新娘茶

新婚第二天清晨，许多地方都有新娘敬茶的习俗，有的只敬公婆，有的还要敬家族中的其他成员及远道而来参加婚礼的亲戚，还有的要挨家挨户去拜叩亲友邻里，一一敬茶。如婺源茶区有请“新郎茶”的习俗，即在新婚头一年，老丈人家的亲戚、好友和邻里，要在来年农历正月“接新郎倌”（俗称“接新客”）。“接新客”那天，要将珍藏的上年好茶每人沏上一杯，边喝茶，边叙谈，边吃糕点，待茶过三巡，才将酒菜上桌。按当地乡风，新郎这天喝醉了主人才高兴，但新婚妻子往往将浓茶递给丈夫，以解酒防醉。

茶贯穿婚俗的始终，是因为茶所富有的多种内涵：茶是清洁的象征，寓意爱情的纯贞；茶是吉祥的象征，祝福新人生活美满；茶是亲密、友爱的象征，祝愿夫妻礼敬、家庭和睦。

以上茶俗经过加工可成为茶艺表演的内容。

4. 茶艺编创的传统与创新

茶艺走向规范化的同时，也在走向多样化，传统与创新并不对立。经过几十年的努力，我国的茶艺事业获得空前的繁荣，茶艺编创和表演也发展到一个更为成熟的阶段。创新不是随心所欲地胡编乱造，它必须根据茶艺的特性和舞台艺术的要求，结合茶叶、茶具的特点来构思，表现一定的情节，体现一定的主题。创新既有时代性，也有地域性，其风格应该和茶道的精神要求相吻合，具有和、雅、静的特点。

茶艺编创的领域是相当广阔的，其内涵是非常丰富的。应该利用创新思维编创出丰富多彩的茶艺节目，既要有反映历代茶事的历史系列，又要有反映各地饮茶风情的民俗系列，更要有反映各民族饮茶习俗的民族系列，以及反映现实生活的社会系列。

以下以我国台湾茶艺为例来说明茶艺编创的传统与创新。

中国台湾茶艺兴起之初，其泡茶的技艺可以说基本上传承中国传统的茶艺，只是有些情节稍作改进。刘汉介任总编辑，中国台湾晓群出版社出版的《中国茶艺》一书，是一本在台湾有广泛影响和代表性的茶书。其中介绍的泡茶方式有五种，即传统式泡法、宜兴式茶具泡法、潮州式泡法、诏安式泡法、安溪式泡法。书中对这几种泡茶方式有以下介绍。

（一）传统式泡法

传统式泡法的特色在于道具简单，泡法自由，并不十分苛求形式及道具，这是目前在国内流行的一种泡茶法。

当今社会，凡事讲求效率及简朴，此种泡法十分适宜大众。第一泡后的洗杯，都是一起放入茶池（见图5—27）中洗，在卫生上曾引起非议，茶海可以解决难题，但是有部分饮者积习已深，喝完后仍习惯性地在池中一沾，这是须逐渐改进的。

图5—27 茶池

1. 备用具、备茶、备水

这是最简单也是最普遍的装备。

水壶用酒精灯加热只是求雅致，一般都用插电式，或是用小瓦斯炉。热水随泡茶中增添。最省事的只备一个茶叶罐。

2. 烫壶

将热水冲入壶中至溢满为止。

3. 倒水

将烫壶的水倒净，可以顺注口而出，也可以从壶口倒出。

4. 置茶

这是比较讲究的置茶，先放一个漏斗在壶口上，然后倒入，自由一点的用手抓茶叶即可。

5. 冲水

将烧开的水倒入壶中，至泡沫满溢出壶口。

6. 烫杯

烫杯的作用有二，一为保持茶汤的温度，不致冷却太快；二为利用烫杯的时间来计量茶汤的浓度。

7. 倒茶

图 5—28 “韩信点兵”

接受茶汤的器具叫公道杯，通称茶海，有了这种器具，才不会你淡我浓地极不均匀，以免茶汤先倒较淡，后倒较浓。不用公道杯的倒法，应先提着壶沿着茶池轻磨一圈，用意在于刮去水滴和摇动茶汤，使茶汤均匀，此种倒茶法叫“关公巡城”。称“关公巡城”是因为一般壶都是红色，刚从池中提出，热气腾腾，有如关云长般威风凛凛，带兵巡弋，故戏称之。摇动只是使茶汤稍为中和，浓淡平均就要靠倒杯的技巧。不能一次倒满，如有二杯，则来回倒至壶盖；如有四杯，可分成四次，每次倒四分之一，这种倒法，也有人戏称为“韩信点兵”，如图 5—28 所示。

把茶海的茶汤倒入小杯，每小杯以八分满为宜。

8. 奉茶

自由取饮，饮后归位。

9. 去渣

茶过三巡得宜，泡过三次后，即去渣。这个动作在客人离去后进行。若是换另一种茶，应另备一把壶。若享用品质较高的茶，可至味尽才去渣。

10. 还原

客人离去后，去渣、洗杯、洗壶，一切归位，以备下次再用。

（二）宜兴式茶具泡法

宜兴式茶具泡法是“陆羽茶艺中心”所整理以及提倡的一种新式泡法。此种泡法是容纳融合各地的泡法，研究出的一套合乎逻辑的流畅泡法，此法使用自创的茶具，讲究用水的温度是其最大的特色。特别说明的是，这种泡法较适合泡高级包种茶、轻火类的茶，焙火重的茶若使用这套泡法，时间必须自行缩短。

1. 赏茶

用来赏茶的器具叫茶荷，取其清新脱俗之意，宜兴式茶具泡法将以手抓茶的方式进行改进，而由茶罐直接倒茶入荷，荷亦具备了引茶入壶的功能。

2. 温壶

以半壶热水将壶身温热后，倒于茶池。

3. 置茶

将茶荷中的茶叶倒入壶中，量为壶的二分之一（标准四杯宜兴壶，约 10 g 左右）。

4. 温润泡

倒水入壶至满，盖上壶盖后立即倒掉，目的是让茶叶吸收温度和湿度，处于含苞待放的状态，时间越短越好。

5. 温盅

温润泡的水倒入茶盅，将茶盅温热。

6. 第一泡

将适温的热水冲入壶中，计时 1 min。

7. 淋壶

淋壶并备洗杯水。

8. 洗杯

将茶杯倒置于茶池中旋转，烫热后取出，置于茶盘中。

9. 倒温盅水

将温盅的水倒掉。

10. 干壶

将茶壶底部在茶巾上沾一下，沾去壶底水滴。

11. 倒茶

将茶壶中浓度恰当之茶汤倒于茶盅内。

12. 倒杯

再持茶盅倒入杯中达八分满。

13. 去渣、倒渣

去渣时，先漂洗壶盖，再挖出茶渣倒入池中。

14. 洗壶

冲水半壶以冲洗余渣，将余渣倒入池中。

15. 拔出壶垫、倒水

用渣匙拔出壶垫。倒掉池水。

16. 还原

宜兴式茶具泡法自创茶车，各种茶具用完后，可收藏其中，甚至茶渣也可贮存。茶车如图 5—29 所示。

宜兴式茶具泡法各泡时间如下。

第一泡：1 min。

第二泡：75 s。

第三泡：100 s。

第四泡：135 s。

宜兴式茶具泡法温度如下。

绿茶类：70℃。

青茶类（冻顶、文山、松柏长青、

图 5—29 茶车

白毫乌龙）：80～85℃。

铁观音（武夷茶类）：90～95℃。

（三）潮州式泡法

潮州位于韩江下游，居民饮茶功夫细腻，素负盛名，很多喝茶的故事及传说，都来自古老的潮州。

这类泡茶法都有师承，不能随意传授，下面所介绍的，或已夹杂其他流派或仅是台派潮州式。在茶艺蓬勃发展的今天，应是技艺重现，以广为流传的时刻，故仍慎为介绍。

潮州式泡法的特色是针对较粗制的茶，它所讲究的是一气呵成，在泡茶过程中，绝不讲话，避免任何干扰，精、气、神三者是其要求的境界。对于茶具的选用、动作的利落、时间的计算、茶汤的变化，都有极严格的标准，日本茶道仅讲究器具，绝难望其项背。

1. 备茶

泡者端坐，大刀金马，静气凝神，右边大腿放包壶用巾，左边大腿上放擦杯白巾，桌面上放两块方巾。桌上中间放中深茶池。壶宜用吸水性较强、音频较低者，壶盖绑细链，能自由旋转最佳，盅宜用较大的，杯数视客人人数而定。

2. 温壶、温盅

用沸滚的水烫壶，视其表面水分蒸散即倒入盅内，盅（公道杯）内水不倒掉。

3. 干壶

潮式干壶有特殊意义，一般高级茶用湿温润，潮式则用干温润，亦即干烘。先持壶在大腿上的包壶用巾上拍打，水滴尽了之后，轻轻甩壶，手腕必须像摇扇般放软，直到壶中水分完全干尽为止。

4. 置茶

潮式置茶，以手抓茶，试其干燥程度，以定烘茶长短。置茶量为壶的八分满。

5. 烘茶

置茶入壶后，不是以火炉烘烤，而是以水温烘烤，烘烤能使粗制的陈茶霉味消失，有新鲜感，香味上扬，滋味迅速溢出。

潮式茶壶，质料不一定要好，但壶口与壶盖一定要严，塞住气孔时要能禁水。在烘茶之先，要以手指轻沾，抹湿壶口与壶盖的结合处，以防冲水时水分侵进。

烘茶的时间视抓茶的感觉而定，若未受潮，不烘也可，若已受潮，则要一烘再烘。

6. 洗杯

在烘茶时以茶盅水倒入杯中洗杯。

7. 冲水

烘茶后，把壶从池中提起，用壶布包起，摇动以使壶内温度均匀，然后放入池中冲水。

8. 摇壶

冲水满后，迅速提起，置桌面巾上，按住气孔，快速左右摇晃，若第一泡摇四下，第二泡、第三泡顺序减一，其用意在使茶的浸出物浸出量均匀。

9. 倒茶

按住壶孔摇晃后，随即倒茶入盅。

第一泡茶汤倒尽后，随即用布包裹，用力抖动，目的是使壶内上下湿度均匀。抖壶的次数与摇晃次数，恰恰相反，第一泡是摇多抖少，往后则摇少抖多。陈年茶最怕浸，久浸又苦又酸，所以浸的时间要逐次减短，抖动也是怕茶在壶中被沤，越搁越酽。

潮州式以三泡为止，其要求的尺度是三泡水的茶汤浓淡必须一致，所以泡者在泡茶过程中绝不能分神，至三泡完成，才如释重负，与客人分杯品茗。

（四）诏安式泡法

诏安在福建省南端，台湾省有很多祖籍福建的人士，故这种泡法也十分流行。本法适合泡焙重火的茶，其特色在于用纸方巾分出茶形，以及洗杯的讲究。

1. 备茶具

壶放主泡者前方桌上45°的位置，布巾折叠整齐，纸巾放在泡者习惯位置，茶盘放在壶的正前方。

2. 整茶形

诏安式泡法用的泥壶没有过滤网，而用单孔壶，不能用牙签通流。因用的都是陈年茶，碎渣多，所以要整形。将茶置纸巾上，折合轻抖，粗细茶自然分开。整理完茶形，将茶叶置于桌上，请客人鉴赏。

3. 热壶热盖

一般泡法，壶盖可以连绑壶身，诏安式泡法不绑壶盖。烫壶时，盖斜置壶口，连盖一起烫。

4. 置茶

烫壶水倒掉后，盖放杯上，等壶身水气一干，即可置茶。置茶时，细末倒在低处，粗形倒在流口附近，避免阻塞。

5. 冲水

水冲至泡沫满溢壶口为止。

6. 洗杯

诏安式泡法所用茶杯为蛋壳杯，极薄极轻。洗杯时，将茶杯排放小盘中央，每杯注水三分之一。洗杯时，双手迅速将前面两杯水倒入后两杯，中指托杯底，拇指拨动，食指控制平衡，在杯上洗杯，动作必须利落灵巧，运用自如。泡茶道行如何，从洗杯动作就可判定。

诏安式泡法以洗杯来计量茶汤浓度，第一泡以双手洗一遍，第二泡以双手洗一来回，第三泡则以单手洗一循环。主人喝的留在最后。水溢杯后，用中指擦掉一小部分水，食指、拇指捏拿倒掉。

7. 倒茶

这种泡法在倒茶时应特别注意，轻斟慢倒，不缓不急，第一杯留给自己，因为含渣机会可能较大，倒法也是巡弋倒法，茶流成滴应停止。

诏安式泡法以三巡为止，焙火较重的茶，三巡后，香味尽去，故不取。

（五）安溪式泡法

安溪在福建省东南沿海，北武夷、南安溪，产茶自古著名。安溪式泡法适用铁观音、武夷茶之类的轻火茶。安溪茶艺如图 5—30 所示。

图 5—30　安溪茶艺

安溪式泡法重香、重甘、重纯，茶汤九泡，以三泡为一阶段。第一阶段闻其香气高古，第二阶段尝其滋味醇否，第三阶段察颜色变否。所以有口诀曰：

一二三香气高，
四五六甘渐增，
七八九品茶纯。

这类泡法能使茶之原形毕露，是茶的另一层鉴定方式。

1. 备茶具

茶壶的要求与潮州式泡法相同，安溪式泡法以烘茶为先，另备闻香高杯。

2. 温壶、温杯

温壶与潮州式泡法无异，置茶仍以手抓，唯温杯时里外皆烫。

3. 置茶

置茶量为半壶。

4. 烘茶

与潮州式泡法相比，安溪式泡法时间较短，因高级茶一般保存条件都较好。

5. 冲水

冲水后约呼五口气的时间即倒茶。利用这段时间，可将温杯水倒回池中。

6. 倒茶

不用茶盅，而以点兵方式直接倒入高杯中，第一泡倒三分之一，第二泡再倒三分之一，第三泡倒满。

7. 闻香

将空杯及高杯一齐放置在客人面前。可请客人将茶倒入空杯，高杯用来闻香。

8. 抖壶

第一泡与第二泡之间，将壶用布包裹，用力摇三次，以下泡与泡之间皆摇3次，九泡共摇27次。

茶汤倒出后的抖壶是要使壶内外温度均匀，开水冲入后的不摇晃是为使其浸出物增多，这与潮州式泡法在摇晃的意义上恰恰相反。

安溪式泡法在杯与壶的选配上，必须自己斟酌搭配，始能称心如意。

《中国茶艺》介绍的这五种泡法与传统的福建和广东的冲泡法一脉相承。

在传统茶艺的基础上，我国的学者又有所创制，如童启庆教授在《习茶》一书中把茶艺分为清饮茶冲泡法、添加茶冲泡法、配料茶制作法和冰茶制作法。其中，清饮茶冲泡法又包括玻璃杯泡法（名优绿茶）、盖碗泡法（花茶、黄茶、白茶）、壶泡法（普通绿茶、花茶、黄茶、白茶、工夫红茶）、壶盅杯碗泡法（乌龙茶壶盅双杯泡法、壶盅单杯泡法）。添加茶冲泡法又有牛奶红茶及柠檬红茶制作法、果汁（晶）茶制作法和姜盐绿茶制作法。已故茶艺表演艺术家袁勤迹编创和表演的《龙井问茶》与《九曲红梅》，虽然冲泡的是传统茗茶，却又加入了现代的茶艺元素，在总体构思、茶具运用、冲泡技艺、主泡表现方面都形成了自身风格。这些茶艺编创成果都是泡茶技艺与表演艺术成功结合的产物，是我国茶艺编创人员精心培育下结出的丰硕果实。

茶艺传统与创新的关系是互为因果、互为促进的。茶艺传统是创新的基础，而创新是对传统的继承与弘扬。在继承传统时，既要有对原来文化遗产的完整保留，如某些茶叶的手工制作技艺和冲泡技艺；又要有适合现代生活需要和现代科技发展的，符合现代社会理念的，却又不背离传统本质的创新。

二、茶艺编创相关艺术品的配置

1. 茶具组合配置

茶艺表演所用茶具的配置要符合以下要求。

（1）所用茶具应造型典雅，质地优良。

（2）所用茶具应光滑润泽，手感柔和。

（3）壶、杯、烧水器等的容量大小应匹配。

（4）茶具色彩搭配要调和，有主有次。

（5）所用茶具的花纹、图案应与茶文化有关（如山川、花鸟、鱼虫等）。

以下以《九曲红梅》茶艺表演使用的组合茶具为例进行介绍。

“九曲红梅”为浙江特有的红茶，条索紧结、细嫩，色泽乌润，汤色红中透黄，口感鲜甜醇厚。为了体现红茶的红叶红汤特点，编创者特地选用钧红瓷器来衬托红茶的暖色调。

钧红瓷器亮丽华贵，散发着浓郁的东方文化气息，具有很强的艺术观赏性。钧红瓷器具有保温适中、传热速度慢的特点，故能保持“九曲红梅”固有的色、香、味。品茗杯内壁上白釉，能体现“九曲红梅”的汤色润泽。

小圆托盘中央摆放的是一只红釉的品茗杯，代表花芯，五只小品茗杯摆成五朵花瓣的样子，像一朵绽放的红梅。

桌子左上角是焚香炉和赏茶荷，左后排是茶组合，将茶则摆放在碗身斜直的斗笠形器皿中，以打破常规的竖式茶则造型。右后排的酒精炉上置一烧水壶，炉前有瓜条纹的水盂，与其他光面的器皿形成对比。

为了展示瓷壶泡茶的规范动作，在茶壶下设置了圆形的茶池，既能观看泡茶的表演过程，又调整了操作时的高度。

右置一花瓶，以供现场插花之用，烘托“九曲红梅”的氛围。

此组茶具的摆放一大一小、一高一低、一前一后、一方一圆，达到了不对称的均衡。无论在茶具的造型、色彩、构图上，还是在茶具和几架的配置上，都注意了格调统一、整体和谐，始终围绕并突出“九曲红梅”的主题。袁勤迹表演的《九曲红梅》如图5—31所示。

图5—31 《九曲红梅》

茶艺表演所用的茶具要符合表演的主题，搭配合理，适合所冲泡的茶叶类型，造型典雅，富有艺术性。

2. 茶艺音乐选配

（1）茶艺音乐选配的基本要求

音乐是表现情感的艺术，它把人对茶的文化感受，通过音符进行描述。应根据不同风格的茶艺选配不同的音乐，以营造不同的品茶心境。

茶艺表演过程中音乐选配的基本要点如下。

1）音乐应优美、典雅，与茶艺表演的主题相适应。

2）音乐的音量应大小适度。

3）茶艺表演者应知道乐曲的曲名和乐曲本身所要表现的意境。

4）乐曲的始终与茶艺表演的始终应相吻合。

5）采用乐器现场演奏时，演奏者位置及演奏音量应处于附属地位，不能喧宾夺主。

（2）音乐运用的方法

1）要巧用民族和地方音乐。鲜明的民族个性和区域特征是中国茶文化的重要标志，同时也是中国民族音乐的基本内容。茶艺表演中要巧用民族和地方音乐。在中国文化中，茶早已超越了茶饮的功能，发展成为一种包含深邃的精神形态的象征艺术。茶文化的深刻内涵借助中国民族乐器独特的听觉形式，能呈现出大自然动态的环境图像和无垠的情感时空，使人对茶的感受进入一种遐想的体验之中。而运用地方音乐素材，借以体现音乐的背景氛围，也能表现茶的民族特色和精神内容。民族和地方音乐素材的巧妙组合，加上多变的乐器演奏技巧，可以描绘成一幅幅多彩的画卷，渲染出各具特色的茶文化乐章，展现更加丰富的茶文化特点。

2）要有正确的音乐理念。茶艺编创上要注意以音乐的静、清、美、怡为理念，在音乐中体味茶的真谛，为现代人体验茶艺之美提供交融的载体。

3）音乐还要有一定的创新，体现时代气息。例如，《中国茶》这首歌，不像以往有些茶歌仅仅局限于对某地某种名茶的咏唱，而是着眼于世界范围，立足于新时代，从一个新的高度、新的视点，为中国茶文化唱一曲新的赞歌。再如，“闲情听茶”系列音乐，其体裁新颖，内容丰富，是很好的茶艺选配乐曲。其中的《清香满山月》和《香飘云水间》以中国16种名茶为表现内容，运用写意的创作手法，呈现了茶的多姿多彩。《桂花龙井》一曲以花茶的情性为表述题材，以十友韵对十种花熏茶的性味，让人体味甘芳满耳，花气袭人。《铁观音》以乌龙八仙的美名，用音乐诠释八种闻名中外的乌龙茶，展示味醇香厚的乌龙本性。《听壶》以乐曲为笔，借用民族乐器婉约纤细的韵质，描绘八种古今名壶，以别出心裁的创意，使人走入茶与壶的情缘之中。《一筐茶叶一筐歌》是根据民间茶歌和舞曲重新创作改编的茶乐曲，充满茶香气息的旋律，让人感受深深的对茶的眷恋。《奉茶》反映了现代人返璞归真的愿望。《闲情听茶》是通过聆听来达到理性和精神的追求。同时，它又是人们社会生活的审美和艺术的表现。茶饮可以享受生命，曲韵可以品味人间。

茶艺表演中的乐器演奏如图 5—32 所示。

图 5—32　茶艺表演中的乐器演奏

3. 茶艺服饰

茶艺服饰是指为了茶艺活动而专门使用的服饰，包括居家饮茶时的茶事服、参加茶事活动的茶礼服，以及茶艺表演的茶道服。服饰可反映出着装人的性格与审美趣味，并会影响到茶艺表演的效果。茶艺服装设计总的原则是要体现所表演茶艺的风格，即素雅、美观、大方，富有民族特色。茶艺服装如图 5—33 所示。

图 5—33　茶艺服装

茶艺服饰的相关文字记载可追溯到唐代。当时，茶艺的基本程序已成形，可以在众人面前表演。封演所著《封氏闻见记》卷六有“伯熊著黄衫、戴乌纱帽，手执茶器，口通茶名，区分指点，左右刮目”“鸿渐身衣野服，随茶具而入”的记载。可见，当时常伯熊表演茶艺时已经有一定的服饰，并对程序加以讲解，具有艺术性和观赏性。而陆羽进行茶艺表演时则是“身衣野服”，没有穿表演用的服饰，也没有讲解，所以“李公心鄙之”。常伯熊和陆羽的茶艺表演艺术效果的差异，自然有各方面的原因，但茶艺服饰无疑也是影响因素之一。

在茶艺服饰运用上，要把握三方面的特性：一是时代性。时代性要求让观看者能从服饰上感受到表演主题的时代性，如仿唐代茶艺表演就应穿着有唐代文化特色的服饰。但从事非仿古型茶艺表演或茶事活动中的服饰就不能一味地仿古，以免让人感觉像在演古装剧。茶艺服饰也需考虑现代元素，使茶艺服饰具有现代的时代性。二是民族性。56个民族的服饰各有特色，在为民族主题茶艺表演选择茶艺服饰时，要考虑该民族相应的服饰特点和色彩，如苗族服饰的特点是短上衣、百褶裙，裙子以白色、青色居多。藏族的服装特点是长袖、宽腰、大襟。回族服饰的主要标志在头部，男子戴白色圆帽，妇女常戴盖头。三是实用性。茶艺服饰是为从事茶艺工作而准备的服装，应充分考虑茶艺操作过程中的实用性，如大袖子在茶艺中妨碍操作，故茶饰服饰袖口宜束紧。例如，江西婺源的“文士茶”，表现的是明、清时期文人士大夫家庭的茶艺，表演者穿着明末清初时的罗裙，既有时代感，又有地方特色，还便于操作。这是茶艺服饰成功运用的实例。

茶艺表演中的仪容应与服饰相和谐。表演者不可浓妆艳抹，不宜过分使用口红、指甲油、香水等。不能珠光宝气，耳环、手镯、项链、钻戒等身上的配件越少越好。在正式的表演场合，表演者不可戴手表，不宜佩戴过多的装饰品，不可涂抹有香味的化妆品，不可涂有色指甲油。如果有条件，女性表演者戴一个玉手镯能平添不少风韵。在需要脱鞋子的场所最好备一双新袜子。长发者最好束到脑后，不要让头发垂下来。表演者的发型不能与表演的内容相冲突。服装的款式和表演者的年龄、身材、脸型、头型、发质等，应尽可能取得整体和谐美。

4. 茶艺表演书画

茶艺表演空间的环境布置应雅致协调，表演场所应挂有与茶文化有关的字画。字画的内容应该契合茶艺主题，并且尽可能简单明了，又有韵味。如果是名家作品，茶艺表演者应理解并能解说其字画的内容。

在茶室悬挂与品茶场所和茶事相配合的书画，不仅可提升品茶环境的美雅境界，还可以为品茶助兴，引发话题和情趣。书画作品摆放的位置、悬挂的高低有一定的讲究，应以与茶艺表演的总体氛围和谐一致、视觉舒适为佳。茶艺表演书画的运用除了悬挂在表演空间，还可以铺设于茶席之上。例如，《将进茶》表演者将书法作品贴于表演茶桌前，既突出了作品的内容，又起到了装饰作用（见图5—34）。另外，书画还可以在表演舞台的电子屏上出现，并可同时展示字画书写的过程，既增添动感又可突出主题。

图 5—34 《将进茶》表演

在中国历史上，品茶人中很多都是杰出的艺术家。唐代的众多饮茶人士，宋代的苏轼、苏辙、欧阳修，宋徽宗赵佶，元代赵孟頫，明代吴中四杰（诗人高启、杨基、张羽、徐贲），清代乾隆皇帝，近代一些文学大家，都是既有很高的文化修养和艺术造诣，又懂茶理的人士。他们在对茶的烹饮过程中融入了自己的艺术思想和美学观点。因此，不能简单地把中国茶艺看作一种技法，而应全面理解其中的美学精神。

5. 茶艺表演场所布景

茶艺表演场所布置、陈列要讲求情调，要求古朴雅致、简洁清幽。

古朴雅致就是要求茶艺表演场所外观典雅别致。简洁清幽就是要求场所内陈设简洁、清明、幽静，在杂乱、喧闹、不洁之地，是领略不到茶的真情趣的。四壁或柱上可适当悬挂书画或雕刻，在适当的位置可摆放盆景、插花、古玩和工艺品，可以摆设书籍、文房四宝或乐器和音响，还可点香以增添优雅和平静的气氛，但不可摆设过满、过杂。袁勤迹进行茶艺表演时的场所布景如图5—35所示。

图 5—35 袁勤迹茶艺表演

三、新编创茶艺表演文化内涵的阐释

“茶艺”的含义包含物质和精神两个方面。认识中国茶艺意象特征，理解茶艺审美情趣，有助于当前中国茶艺的发展与推动，有利于文化理论研究水平的提高。

中国茶文化的基本构成，包括茶的种、采、制、水、器、俗、礼等内容，广泛而高深。但我们通常所参与的茶艺活动，体现的只是茶文化以茶为媒的生活礼仪。唐代陆羽在其《茶经》中提出茶有“九难”：一曰造，二曰别，三曰器，四曰火，五曰水，六曰炙，七曰末，八曰煮，九曰饮。“九难”是中国茶艺形成的雏形，说明茶饮不再只是一种消渴的物质形态，而是一种文化精神需要与文化追求。陆羽的《茶经》首次总结了自汉至唐的茶事经验，把饮茶升华为一种文化，开创了茶艺的新纪元。

中国茶艺包含的物质和精神，不是简单重叠和组合，而是一种文化的交流与融合。它使泡茶的技艺、规范和品饮方法与人的思想进行体验性的交融，着重强调人的思想、道德、行为在品茗过程中的陶冶升华，将茶的物质属性转化为社会的、文化的活动，使茶饮清新雅逸的自然特性与人的益思修身达到哲学上的统一。

与中国传统文化一样，中国茶艺所表现的文化内涵多是以儒家观念为核心，融儒、道、释为一体，互为补充，体现天、地、人的和谐统一。中国古代提倡“以茶利礼仁”“以茶表敬意”“以茶可雅志”，就是要通过茶饮的形式贯彻儒家的道德精神和中庸思想。近几年来，茶艺界倡导“清、敬、怡、真”的茶艺精神，体现出中国茶文化的历史积淀，也表现出中国传统文化的理念更新。

中国茶艺由于地域的广阔和乡土的差异，其文化内容也各具风格，多姿多彩。江西茶人创作表演的“禅茶”“文士茶”“客家擂茶”“惠安女茶俗”等，其文化意义涉及广泛，既具有鲜明的东方美学的典型性，又体现中国茶艺的民众性。以往，人们多注意日本茶道的程序严谨和古朴清寂，实际上，它的形式规则恰恰限制了其民众性的发展，也制约了品茗过程的愉悦性和自然性。中国茶艺追求自然美的精神，有道率真，天人合一。因此，中国文化和各个领域，包括哲学思想、文学艺术、生活情趣、风俗礼仪等，都极易与茶相互发生渗透性交融，产生许许多多的茶文学、茶艺术、茶礼仪、茶风俗，这些直至今天还在影响着人们的生活。

今天，中国的茶艺已发展到一个新的阶段，茶艺指导理念、操作流程也发生了新的变化，更具科学性、文化性、艺术性。当代茶艺内涵讲究六个层面：茶的欣赏、冲泡过程、茶器应用、养性修身、人际交流、品茗环境。六个层面实际包含的历史的、文学的、艺术的、科学的知识内容非常广博深邃。

中国茶艺十分注重内心体验与通过品茗对精神领域的探求，追求唐人卢仝诗中的美妙意境："一碗喉吻润，两碗破孤闷。三碗搜枯肠，唯有文字五千卷。四碗发轻汗，平生不平事，尽向毛孔散。五碗肌骨清，六碗通仙灵，七碗吃不得也。唯觉两腋习习清风生。蓬莱山，在何处？玉川子乘此清风欲飞去。"

作为"国饮"的中国茶，被称为"健康的饮料、文明的饮料、和平的饮料、爱国的饮料"，这也正是茶艺的内涵和活力所在。如今，中国茶艺正在走向世界，美国、韩国、日本和东南亚各国都召开了中国茶文化的国际学术讨论会，中国茶艺已引起了世界的注目，并将再现辉煌。

四、茶艺表演队的组建和训练

茶艺表演的组织形式一般为茶艺表演队，有两种类型：一种从属于经营性的茶艺馆或茶叶公司，是商业性的；另一种附属于某个文化团体，从事文化传播和交流工作。表演的目的和规模不同，茶艺表演队的组织和训练也不同。

1. 茶艺表演队的组建

组建茶艺表演队应注意以下问题。

（1）必须确定表演队的性质

表演队的性质关系着队伍的整体定位和组织的具体实施。如果是商业性的茶艺表演队，就必须考虑其经营目标、商业回报，以利于商业品牌的形成与良好形象的发展。而文化交流型的茶艺表演队，要突出文化的特性与弘扬的目的，讲求文化的品位与审美的价值，但也要考虑可持续发展问题，并应寻求经济支撑。

（2）要确定茶艺表演队的组建规模

随着我国茶艺事业的发展，茶艺内涵不断丰富，表演内容也随之增多，这对茶艺表演队的规模提出更高的要求。茶艺表演队要考虑表演节目的个数和人数、表演需要的时间、表演的场所，以及如何适应特定表演的需要。表演队规模过大，则经费和场地要求都高；规模过小，则难以承担大型活动的演出。这些都要全面、综合考虑。

（3）要考虑茶艺表演队的发展方向

无论是商业性茶艺表演队还是文化交流型茶艺表演队，在组队之初，确定其未来的发展目标与方向关系到组队工作的具体内容。例如，演出的频率和周期关系到组队的规模和人员的选择。

（4）要精心挑选茶艺表演队的人员

人是最基本的，也是最重要的。一般茶艺表演队根据所确定的发展规模和发展目标来决定内容定位，确定表演项目。然后，才能进行人员的选择、分工。随着社会的发展和时代的进步，社会越来越需要具有全方位能力、高素质的复合型人才，茶艺表演也需要一专多能型人才。挑选人员时，还要考虑其容貌、气质、高矮、胖瘦，以及才艺、技能、口头表达能力，适应表演何种节目和担任何种角色。应考虑综合素质，以求选到最优秀的人员。

（5）茶艺表演队的组织领导应坚持有力

不论茶艺表演规模大小，都应该有领导者。当然，小规模的茶艺队组织管理比较简单，承担的任务也比较明确单一，往往指定具体负责人即可。但上规模、上档次的茶艺表演队则应有完善的组织机构，以适应工作需要。一般来说，这类茶艺表演队的组织机构主要有：团长，全面负责茶艺表演队的工作，由具有决策权的领导或部门负责人担任，有时一个单位有多个茶艺表演队，此时就需要团长进行协调。队长或领队，具体负责茶艺表演队的演出活动，对茶艺表演人员进行管理。经纪人员，商业性茶艺表演队需要有专门人员承接和安排演出活动，没有商业演出任务就没有收入来源；而文化交流型茶艺表演队也需要有人安排演出活动，如果数量不多可由队长直接安排。后勤保障人员，茶艺表演队出行、演出和演毕收台，有很多事务性工作。规模小的茶艺表演队，可将事务性工作分配给茶艺表演人员兼职从事。规模大的茶艺表演队，则要有专门的后勤保障人员来打理。具体人数和要求，各表演团体可根据自身的实际情况，具体规划、设计、完善和调整。除了上述人员之外，最重要的是茶艺表演人员。茶艺表演人员应明确主泡、助泡，以及临时出现意外情况的后备人员。另外，茶具的使用，头饰、服饰等物品的使用，只有具体承担任务的表演人员最清楚，应采取谁表演、谁使用、谁负责的原则。而表演时的茶挂、音响，以及其他相关物品，也应指定该项茶艺的表演人员负责。此外，茶具的清洗与收拾，同样应由茶艺人员负责，以免破损、遗失。

2. 茶艺表演队的训练

茶艺表演队的训练需要系统的组织和细致的实施，具体包括：训练的内容、训练的方法、训练的评估。

（1）茶艺表演队训练的内容

对茶艺表演队的训练是综合性的，主要包括五方面的内容：思想观念、人员形体、茶艺知识、茶艺表演、行为规范。

1）思想观念。茶艺表演人员应对茶艺有正确的认识，对表演的要求有正确的认识，对茶艺表演队的组建和活动有正确的认识。茶艺表演队是一个整体，要有严密的组织和统一的意志，要令行禁止。

2）人员形体。茶艺表演人员应“站有站相，坐有坐样”，相应的形体训练包括：形体的综合要求，站姿、坐姿，头、颈、肩、背、腰、腿的具体要求，行走姿态，姿势形态的调整方法，面部表情等。而且，作为团队出现时，有时需要整齐划一，有时又要各具个性，表演人员要服从整体要求。

3）茶艺知识。根据中华人民共和国人力资源和社会保障部制定的《国家职业技能标准·茶艺师》的要求，各级别茶艺师应具备相应茶艺知识。茶艺表演队成员应该努力按照职业标准接受茶艺知识培训。茶艺知识包括：关于中国茶文化整体概念的知识，关于茶艺基本要求的知识，关于茶艺表演美学追求的知识，关于具体茶艺节目历史文化背景的知识，关于茶艺表演肢体语言含义的知识。

4）茶艺表演。茶艺表演培训的内容包括：节目的名称与内涵，茶席布置的总体原则与具体要求，茶艺的操作过程与每一个动作的要领，茶艺表演时的眼神、表情，茶艺表演辅助物品，如茶挂、首饰、发饰、服饰的使用，入场、退场的注意事项等，以保证整个茶艺表演能够如行云流水般和谐、自然。整个表演团队要服务于整体表演要求，要突出泡茶这一中心，要以展示主泡的风采为主，不要本末倒置，喧宾夺主。

5）行为规范。行为规范是茶艺表演队整体素质和管理水平的体现，往往是一些看似不经意的细枝末节，会带来难以想象的负面效应。行为规范表现的是思想、道德、情操，是通过具体的行动来展示的。例如，对观看茶艺表演人员的迎送，要彬彬有礼，热情大方；在茶艺表演准备过程中，要认真细致，一丝不苟；在茶艺表演时，表情要适度，不能“笑场”；在冲泡好茶，给观众奉茶时，主泡、助泡要配合默契，各司其职；在茶艺表演结束谢幕时，态度要始终如一，有条不紊。训练的目的就是使这些行为规范在茶艺表演者的举止上落到实处。

（2）茶艺表演队训练的方法

茶艺表演队的训练，要着力于队伍整体素质和茶艺水平的提高。由于参加培训的队员人数众多，各人的基本条件、素质和茶艺水平是不一样的，甚至会有很大的差距。正确的方法能使训练事半功倍。茶艺表演队训练方法的要点如下。

1）明确事理。要讲清楚茶艺表演队的职责要求，以及各种不同茶艺节目的特点和内涵，讲清楚每个动作要领和操作技巧，讲清楚每一项要求为什么要这么做，使队员在思想上理解“如何做”和“为什么这样做”。

2）定位角色。明确每个队员在特定茶艺节目中担任的角色和具体任务。由于茶艺表演队人员数量有限，应培养大家一专多能，可以担任多种角色和任务。

3）动作演练。在培训的初级阶段，应让队员进行模拟动作的演练，尽可能做得准确、到位、规范、标准。

4）实际操作。实际操作就是真正使用茶具、茶叶和其他茶艺器具，进行实际的训练。有器具和无器具在操作过程中感觉是不一样的。动作演练是基础，实际操作是目标。

5）整体操练。前面所说的动作演练和实际操作，都是针对个人的学习与练习，整体操练则是组合操练。而整体排练又分为两个阶段，一是单个茶艺节目的整合排练；二是在完成单个节目的情况下，让整个茶艺表演队在一起排练，以使各个节目整合成一台节目。

茶艺表演队训练如图 5—36 所示。

图 5—36　茶艺表演队训练

（3）茶艺表演队训练的评估

为了解茶艺表演队训练是否达到预期的目标，应该进行科学、合理、全面的评估，在符合要求的情况下再进行演出。

茶艺表演队训练的评估有三种方式：一是由茶艺教练人员进行评估。因为他们对茶艺和茶艺表演队的要求都非常明确。而且，对茶艺表演队的人员在节目中的作用与表现也最为清楚。因此，这种评估最直接，也最简便。二是请对茶艺内行的人员进行评估。让内行人士横挑鼻子竖挑眼，哪怕是激烈一些的评价，不光能够发现茶艺表演人员的问题，也有利于发现编创、排练过程中的问题。三是在前两种情况都觉得难以达到目的或难以做到的情况下，可以借鉴采用一些全国性茶艺表演大赛的评分规则，进行自测自评。评分标准举例见表 5—1。

表5—1 某创新茶艺竞赛评分标准

序号	项目	分值（分）	要求和评分标准	扣分点	细则
1	创新	10	主题立意新颖，有原创性；意境高雅、深远	主题立意不够新颖，没有原创性，扣4分 有原创性，但缺乏文化内涵，扣3分 意境欠高雅，缺乏深刻寓意，扣3分	优秀：立意新颖，有原创性；意境高雅、深远，符合社会发展的主旋律，传播积极向上主旋律（9～10分） 良好：有创意性；意境好，传播正面积极精神（7.5～8.9分）
		10	场地、备具布置，茶席设置有创新，与主题吻合	缺乏新意，扣2～3分 与主题不吻合，扣2～3分 插花、挂画等背景布置缺乏创意，扣3分 场地布置缺乏美感、凌乱，扣3分	优秀：立意新颖，具有舞台效果的艺术性，充分利用场地烘托主题（9～10分） 良好：立意新颖，有舞台客观性，能清楚表达主题（7.5～8.9分）
		5	泡茶手法、音乐、服饰有新意，且符合主题，符合茶文化的基本理念	泡茶手法平淡无新意，扣2分 音乐、服饰无新意，扣1分 音乐、服饰有新意，但与主题不相符，扣2分	优秀：泡茶手法突破传统，更能泡出茶的品质特征，音乐烘托主题，音乐和服饰有较强的艺术感染力（4.5～5分） 良好：泡茶手法突破传统，更能泡出茶的品质特征，有衬托主题的音乐和服饰（3.8～4.4分）

续表

序号	项目	分值（分）	要求和评分标准	扣分点	细则
2	茶艺表演	12	布景、音乐、服饰及茶具协调，表演具有较强艺术感染力，且茶艺动作及茶具布置具有美感，有实用性	布景、服饰及茶具等色调、风格不协调，扣3分 布景、服饰、音乐与主题不协调，扣3分 表演缺乏艺术感染力，扣2分 表演艺术感染力不强，扣1分 茶具或茶艺表演无实用性，扣2分 整体表演（器、人、境）欠协调，扣2分	优秀：布景、音乐、服饰及茶具协调，具有艺术性，符合茶理，有实用性（10.8～12分） 良好：布景、音乐、服饰及茶具有一定的协调性，符合茶理（9～10.7分）
		15	动作适度，手法连绵、轻柔，冲泡程序合理，过程完整、流畅	动作不连贯，扣2分 操作过程水洒出来，扣2分 杯具翻倒，扣2分 冲泡程序有明显错误，扣3分 表演技艺平淡缺乏表情，扣2分 表演选手间协作无序，主次不分，扣3分 投茶方式不准确，扣1分	
		3	奉茶姿态、姿势自然，言辞恰当	奉茶时姿态不端正，扣1分 未行伸掌礼，扣1分 不注重礼貌用语，扣1分	

续表

序号	项目	分值（分）	要求和评分标准	扣分点	细则
3	茶汤质分	15	茶汤色、香、味表达充分	未能充分表达出茶汤色、香、味，扣9分 仅能表达出茶汤色、香、味其一者，扣6分 能表达出茶汤色、香、味其二者，扣3分 其他不规范因素，扣2分	
		10	茶汤适量，温度适宜	茶汤过量或过少，扣2分 茶汤温度不适宜，扣2分 茶汤浓度过浓或过淡，扣2分 其他不规范因素，扣2分	
4	解说	15	有创意，讲解口齿清晰、婉转，能引导和启发观众对茶艺的理解，给人以美的享受	解说词缺乏创意、立意欠深远，扣3分 解说词无法引导理解茶艺，扣3分 讲解不脱稿，扣3分 讲解口齿不清晰，扣3分 讲解欠艺术表达力，扣3分	
5	时间	5	在10～13 min完成茶艺表演	表演时间超1 min之内，扣1分；超1～2 min，扣3分；超2 min，扣5分 表演时间少于8 min，扣5分；时间为8～9 min，扣2分；时间为9～10 min，扣1分	

茶艺表演队队员在训练之余，还应适当地阅读文化书籍，以提高自身文化素养。多参与茶事活动，增加茶艺体验，也能促进茶艺表演水平的提高，有助于更好地理解各类茶艺表演的文化内涵，以达到最佳的表演效果。

高级茶艺表演队还要考虑到一些辅助人员的素质，以免影响茶艺表演队的整体表演服务水平。

第 2 节　茶会创新

中国是茶的故乡，饮茶历史悠久。人们在饮茶过程中，对水、茶、器具、环境和相关物品都有较高的要求，而茶会则是这些元素的集合。茶会不应仅是原有饮茶形态的重复，而应加入新的文化元素，这要求对茶会在传统的基础上进行创新。大型茶会创意设计必须依据相应要求，创新地达到以茶雅志、以茶会友的目的。

一、茶会创意设计基本知识

茶会是形式和精神的完美结合，包含着美学观点和人的精神寄托，渲染茶性清纯、幽雅、质朴的气质，增强茶事对人的艺术感染力。不同风格的茶会有不同的要求。

1. 茶会的时令与环境

茶会的应用场景较为广泛，常见的有：茶文化研讨会，茶文化节庆活动，茶城、茶馆开张营业，节日庆典之际，以及各届举行聚会时。

时令方面，也就是举行茶会的时间。有一首大家都熟悉的诗：“春有百花秋有月，夏有凉风冬有雪。若无闲事挂心头，便是人间好时节。”借用过来说，一年四季都是举行茶会的好时机。不过，如果是举行大型的室外茶会，则选择春天和秋天最佳。春天万物萌发，春意盎然，又是春茶上市的时节；秋天是收获之际，秋高气爽，气候宜人。两者都是举行室外茶会的好时令。

环境方面，也就是举行茶会的地点。这里有两种情况：一是室内，二是室外。室内应选择大小合适、环境清静、布置雅致的场所，并应根据茶会的主题，进行适当的装饰，以营造氛围。室外的环境，应做到：距离适中，不致茶友劳累奔波；场地开阔，进出通畅，安全方便；环境幽雅，景致宜人，最好有山有水有古建筑，体现出“天人合一”的境界，体味厚重的文化积淀。

2. 茶会的色彩

色彩包括色相、明度和纯度。色彩通过对眼睛的刺激对人的心理起作用，不同颜色有不同象征意义，能对人的感情造成影响。在茶艺过程中，各种器具、服饰、景物都有其颜色，多种颜色构成了色调，其中起主导作用的颜色就是色彩的主调。不同的茶会，色彩主调不同，对眼睛及心理作用也不同，有着不同的象征意义和感情影响。如红色具有较强的刺激性，所以常用作醒目的标志。

在日常生活中，人们从认识色彩，本能地喜欢某种色彩，到形成色彩学理论而能动地应用色彩。在茶会背景中，为体现不同风格茶艺可使用不同的色调。例如，古代朝廷茶宴，“罗玳宴，展瑶席，……，宫女濒，泛浓华”，展现皇室的豪华浓艳，金光闪耀。而如文徵明在《品茶图》（见图5—37）中所题“碧山深处绝纤埃，面面轩窗对山开。谷雨乍遇茶事好，鼎汤初沸有朋来”，描绘大自然青山碧野，茶室窗明几净，举目远眺皆绿，让人感到一种祥和与希望，这与宫廷茶会要求的色调就有区别。

图5—37　文徵明《品茶图》

古朴淡雅型茶会应选用浅淡素雅的色彩，色彩明度选择暗调或中间调，色相趋于冷色。如俗称的古色古香，就是采用暗调冷色来渲染一种宁静、恬悦、淡雅的氛围。豪华高贵的茶会，其背景就应选择暖色调，照明选择以明调为主，以表达热烈、愉快、喜庆的气氛。

3. 茶会书法和绘画

“书画同源”，在用笔、布局和意蕴方

面，书法和传统的中国画有许多相似之处。它们常常结合起来着力表现中国人的审美情趣，仿佛是一簇簇根植于神州大地的春兰秋菊，透射出中华民族特有的情调。

汉字是象形文字，其功能是多元化的，作为信息符号，它是中国人表达思想的载体。历代流传下来的诗词曲赋，大大丰富了茶文化的内容。在茶会中，书法和绘画在背景中往往能起到画龙点睛、烘托意境的作用。茶会中的书法和绘画要求与茶艺风格相协调，同时，它们的艺术表现形式也要求能适合背景对主题的衬托渲染。

古朴淡雅型的茶会，书法一般选用行书和草书为宜，这两种书法有助于感情自然流露，在线条上富有流动美，能较好在与茶文化所提倡的“师法自然”“情景合一”相协调；楷书、隶书因其严肃拘谨而少用；篆书则因其华丽的特征，一般不用。在绘画方面，一般选择写意的作品，色彩浅淡典雅，寥寥几笔，韵味顿生。

对于豪华的茶会，在书法应用方面限制较少，和古朴淡雅型茶会不同的是，篆书可以装饰性地应用，在书法内容上应充分体现富贵的意象。绘画用工笔的表现手法较多，如工笔花鸟（如国色天香的牡丹）、虫鱼走兽等。

书法和绘画除了作为背景起装饰作用外，还可融入茶会中，成为一个环节。例如，唐代颜真卿、皎然、陆士修等名士在竹山寺举行茶会时连句赋诗，每人写两句，成为一首完整的茶诗——《五言月夜啜茶联句》。

泛花邀坐客，代饮引情言。（陆士修）
醒酒宜华席，留僧想独园。（张荐）
不须攀月桂，何假树庭萱。（李萼）
御史秋风劲，尚书北斗尊。（崔万）
流华净肌骨，疏瀹涤心原。（颜真卿）
不似春醪醉，何辞绿菽繁。（皎然）
素瓷传静夜，芳气满闲轩。（陆士修）

又如，与会人员共同绘画，一次茶会中，主办方拿出画有梅花主枝的画卷，让来宾每人在枝干上画上一朵梅花，共同完成此幅作品，并且将这幅作品作为新产品的外包装。

席间书画如图5—38所示。

4. 茶会音乐

品茗赏乐，或是赏乐品茗，本是件无可无不可的事。同为生活雅事，音乐与品茗具有某些相同的属性，两者互相对话是很投机的事。品茗本来是属于物质性的活动，由于提升到艺术境界而达到“道”，就属于精神层面。就茶的本身来说，它的本来属性是物质，有了属性相似的艺术与之结合或对话，就能提升它相对贫乏的精神属性，而达到完整属性的境界；就音乐本身来说，它的本

图 5—38　茶席书画

来属性是精神，有了属性相接近的茶道与之结合或对话，就能充实它的完整属性，达到精神和物质两者兼具。

因此，茶会中有音乐，茶会就会更加幽雅；音乐会中有茶，音乐会也会更加令人身心愉悦。茶与音乐并非谁是主、谁是次的固定模式，而是两者都可以作为主角，具体应视主题而定。如果主题是茶会，则音乐就不是主角了，而应该定位为配角。音乐此时就起“背景”作用。如果是音乐会，则茶就扮演配角，而被定位为滋润的物质属性。当然，配角表现突出，甚至比主角更为出色的情况也是有的，例如，人们会有“那次茶会的背景音乐真是太棒了”，或“那次音乐会的茶真好”的感叹。但是，高质量的主题会不应给人喧宾夺主之感。某种情况下，茶与音乐进行平等对话，就可以定位为双主角的会。

茶与音乐相配合的原则和依据如下。

（1）茶的季节时序

茶因生产的季节不同而有不同的内质，茶与音乐的配合需要根据内质，即香气、滋味、汤色和性质属于阴柔还是阴刚来决定。

（2）品茗的位置和空间

品茗的地方在南方还是北方，南半球还是北半球，东方还是西方，所选配的音乐各不相同。还有，在高山上还是平原品茗，在室内还是室外品茗，是晚上还是白天品茗，是餐前还是餐后品茗，这些因素都应考虑，音乐与茶的配合要根据空间、时间、位置而有所不同。

（3）茶叶的种类

不同茶叶内在品质差异也大。绿茶和红茶属茶性的两个极端，乌龙与花茶属性也不一样，品不同种类的茶，音乐选配不同。

（4）茶侣的区别

个人品茗独乐乐，多人品茶众乐乐。茶侣不同，音乐也要用心安排。

茶与音乐的对话所需考虑的因素很多，因此，不能固定安排什么时候喝什么茶，一定要配合什么音乐，只能原则性地说明音乐与茶搭配的根据。

现代茶会摒弃陈旧落后的东西，充实了需要的新内容，使茶会的精神文化内涵更加丰富，其活力也更强了，体现了茶文化的巨大变化。这既是一种趋势，又是人类社会文明进步的一种表现。因此，现代茶会是对历史文化的继续积淀，是一种艺术的展示，是人们追求丰富精神生活的反映，也是茶文化史上重要的里程碑。

二、特色茶会介绍

要使茶会形成特色，可以从多方面来着手，如独特的创意、创新的形式、特殊的参与人员、传统的翻新等，还需要长期不懈地宣传和推广。下面略举几例现有的特色茶会，对于茶会创新也有借鉴意义。

1. 无我茶会

“无我茶会”创立于中国台湾，是一种大众饮茶形式。“无我茶会”是一种爱茶人皆可报名参加的茶会形式，不论参加者的地位、身份，不讲所用茶具的贵贱，不问所泡茶叶的优劣，人人泡茶，又人人喝茶。泡茶时的位置靠抽签决定，各人拿着抽到的号，去寻找自己的位置。自己泡的茶分给左边的人，而自己喝的茶是右边送来的。

“无我茶会”的程序是：每个人按号码找到自己的位置后，或坐，或跪，将茶具摆放在自己面前。茶会进行期间，没有指挥，也无人说话，每个人都在精心地泡制自己壶中的茶，泡茶的速度大致有个约定，因此泡茶的时间也大体相同。一壶茶泡好，分别斟于四个杯子里，一杯留给自己，其余三杯置于奉茶盘中，起身向自己左边的三位茶友分别奉茶。同时，自己右边的三位茶友奉的茶到齐后，可以自行品饮。这样，每一个人都能品尝到除自己泡的茶外的三杯不同的茶。第二泡时也是如此，只是这次奉茶是将茶注入茶盅，端着茶盅前去奉茶，仍是给自己左边的三位，最后一杯留给自己。如此奉完约定的泡数，分别到左边三位处，收回自己的杯子，然后收拾好茶具，静听大会放的音乐，使身心彻底放松。音乐结束，茶会也结束了。茶会后，大家可以交流感受，切磋茶艺，但不鼓励与他人互换茶具。因为参加茶会的人所带的茶具都是自己的最爱，如果交换，会让对方为难，夺人所爱，也为茶人所不耻。

“无我茶会”所展现的不单是自我寻求返璞归真的内心需求，更是一个茶人所孜孜以求的“和”与“敬”的境界。即人与人之间、人与茶之间的和谐与尊敬，彼此共享着人类的和睦情感及人类与天地自然永恒的真诚。

无我茶会茶具与场景如图 5—39 和图 5—40 所示。

图 5—39 无我茶会茶具

图 5—40 无我茶会场景

2. 少儿茶会

少儿茶会是在少年儿童中推广的茶艺活动，根据少儿的年龄、性格、生理、知识等特点形成的个性化茶会，把才情、亲情、友情都融入茶会过程之中。

从 20 世纪 80 年代末开始，作为我国传统文化百花园中一朵奇葩的茶文化，得到社会的重新认识和推崇，由此兴起了上海茶文化热潮。1991 年 7 月，上海首家集茶文化、茶经济于一体的茶艺馆——宋园茶艺馆开业。1992 年 8 月，“宋园”建立了上海第一支以小学生为主体表演茶艺的苗苗茶艺队，这是全国第一支少儿茶艺队。以后，在上海逐渐形成了以上海黄浦区青少年活动中心为培训基地的少儿茶艺活动中心。上海市教委还专门组建了上海市中小学茶艺教研组，在上海的中小学中开展茶艺活动，先后举办了“我学少儿茶艺征文演讲比赛”“少儿茶艺摄影比赛”“我调制的新茶”等活动。教研组组织中小学生深入茶乡，举办茶艺夏令营活动，组织中小学生赴北京、广州、南京、芜湖等地进行茶艺表演和交流，促进了当地的少儿茶艺活动的兴起。上海市黄浦区青少年活动中心还挤出场地，开设了一家“小茶人茶艺馆”，制作了一部《少儿茶艺冲泡技艺》教学片，为青少年学习茶艺知识和课外劳动实践创造了有利的条件。少儿茶艺活动的开展，使青少年学习到了民族传统文化，又对青少年进行了爱国主义教育，在社会上产生了良好的反响。上海市教委还组织上海市中小学茶艺教研组编写了《少儿茶艺》《茶艺活动》两本教科书，并根据茶艺教学的特点，编写了《茶艺教学研究资料》。目前，少儿茶艺已成为上海中小学生和高中学生探究性、研究性课程，几百所中小学开设了“少儿茶艺”课程，学员几万人。在历届上海国际茶文化节中，茶文化节组委会同上海教育电视台、上海市茶叶学会和上海市中小学茶艺教研组等单位，举办了“上海健康茶娃娃评选”“上海少儿茶艺邀请赛”“大佛龙井杯家庭茶艺大赛”等活动，这些活动的社会参与面广、社会影响大、社会效果好，从而全面和更深地推动了少儿茶艺活动的展开。少儿茶会如图 5—41 所示。

图 5—41 少儿茶会

3. 主题型茶会

茶会还可有专门的主题，如亲子茶会、白茶品鉴茶会、中秋赏月主题茶会等，每场茶会都有自己的主题，根据主题进行会场布置，安排茶会流程。例如，在倡导和谐社会、和谐家庭的大环境下，各地兴起了亲子茶会。通过父母与孩子共同参与茶会的形式，让孩子泡茶、奉茶，学会礼敬嘉宾及亲人，达到互通友爱、增进父母与孩子间了解的目的。茶会中还可加入传统文化中的孝心教育，如《弟子规》《跪羊图》等经典文献的讲解，使茶会主题得以升华。主题型茶会如图 5—42 所示。

图 5—42 主题型茶会

4. 曲水流觞茶会

曲水流觞茶会源于曲水流觞典故。农历三月，人们在举行祓禊仪式（古时除灾求福的祭祀活动）之后，坐在河渠两旁，在上游放置酒杯，任其顺流而下，杯停在谁的面前，谁即取饮，彼此相乐。当今茶人借用古老游戏，将酒杯换做茶杯，在清溪两旁，席地而坐，一盏清茗由上游浮水徐徐而下，经过弯曲的溪流，人们或取饮，或吟诗诵唱，美哉乐哉。

第 6 章　管理与培训

第 1 节　管理

在茶艺师的五个等级中，从大的方面来区分，初级、中级、高级可以说是技术型人才，而技师和高级技师则是管理型人才。技术是管理的基础，而管理则是技术的提升。各个等级都有不同的具体要求区分。茶艺师技师和茶艺师高级技师的工作内容、技能要求和相关知识，都有管理方面的要求。茶艺师技师侧重茶艺服务管理，而茶艺师高级技师则侧重茶艺馆的综合管理，主要是人力资源管理和经营管理。

一、茶艺馆的人力资源管理

茶艺馆的管理首先是搞好茶艺馆的人力资源管理。如何在茶艺馆建立起一套完善的人力资源管理体系，又是实现人力资源管理的根本。茶艺馆的人力资源管理体系，应该从以下四个方面来建设。

1. 人力资源管理的基础建设

茶艺馆人力资源管理的好坏，更多的是体现在能否合理利用茶艺馆人力，达到人尽其才、工作合格，并能有所创新。而要达到这些目标，必须先有规范，无法想象一个很多员工迟到早退、脱岗闲聊的茶艺馆能实现人力资源的有效管理。因此，要搞好人力资源管理的基础建设，最重要的就是要有切实可行的制度。

（1）人事管理制度建设

1）考勤及休假管理制度。制度包括工作时间的界定，考勤的办法，迟到早退、旷工及串岗的处理，请假的程序及审批权限等。

2）劳动关系管理制度。制度包括员工试用期的规定、试用期间的考核、劳动合同的签订、薪酬制度的规定、人事关系档案管理，以及社会保险办理等事项的规定。

（2）招聘选拔制度

1）招聘制度。制度包括招聘考试（笔试、面试等）项目设定、招聘流程等规定。

2）内部选拔及晋升管理制度。茶艺馆在建设初期与迅速扩张时期，需要从外部聘用大量的管理人员，但在茶艺馆稳步发展时期，最好还是从内部培训和选拔人才，这样可以提高员工学习与工作的积极性，并且培养出熟悉茶艺馆业务、对茶艺馆富有感情的中坚力量。因此，建立和完善一套内部选拔及晋升管理制度相当重要。

由于人力资源管理引入茶艺馆管理的时间很短，目前大部分人力资源经理仅立足于解决具体人事问题，做着基础层次的工作。在茶艺馆初创阶段，或在其小规模经营阶段，这些基础工作也许就能满足茶艺馆发展的需要。但是，当茶艺馆发展到一定规模，就必须将人力资源管理工作提到更高层次。

2. 组织管理平台的建设

在做好基础建设之后，人力资源管理的着眼点应放在优化人员配备与组合上，以达到优化业务管理的目的。人员配置不仅仅指招聘，而更多是指组织规划，如业务部门应设置什么职位，由什么人担当，要达到怎样的效果。人力资源经理对业务要熟悉，会办具体的事；茶艺馆的管理者也必须认同人力资源优化和开发的重要性并参与其中。人力资源管理者应参与茶艺馆决策，发挥自己对组织建设、业务流程建设的提升作用。组织管理平台的建设主要包括以下两方面的工作。

（1）组织结构的构建

这项工作包括完成茶艺馆组织架构、部门功能定位及职责划分、管理权限表的绘制等。这些工作必须有茶艺馆负责人参与并最终确定。部门的设立要符合茶艺馆业务的实际需要，茶艺馆业务的所有工作必须分解到各部门，并且各部门的职责不可交叉，以避免工作中出现扯皮现象。

（2）职位体系的建立

这项工作主要有职位分析、职位评估、职位说明书的编写。职位分析产生两个成果：职位描述和职位资格要求，两者合称为职位说明书。职位说明书在人力资源管理中的作用非常大，它不仅清楚地说明了一个职位的要求，而且是招聘、培训工作的依据和考核的基础。一个完整的职位说明书主要包括如下几项：

职位定义，主要权责，上下级关系，资格要求（包括学历、技能、经验等）。

3. 人力资源开发体系的建立

人力资源必须开发出来，才能创造价值。茶艺馆业务现有人力资源一般可分为三大部分：未发育的人力资源（智力水平、知识技能未能达到要求的人员），未利用的人力资源（学非所用、用非所长的人员），已开发的人力资源（正在发挥作用的人员）。人力资源管理者要能明确分析茶艺馆内人力资源的层次，并通过精心设计的有针对性的培训活动及激励措施实现前两种层次向最后一种的转化。人力资源管理者还要有全面资源管理的思想，对业务流程非常清楚，明白棘手的问题可能出现在哪个环节，才能有重点地建立起人力资源开发体系，并通过这一体系，将茶艺馆业政策、管理、培训教育等内容传递给茶艺馆的其他管理者和员工。

人力资源开发体系主要包括以下几个部分。

（1）培训开发体系

这一体系包括培训管理流程、培训制度（如制定新员工入门教育、礼仪培训、工作技能培训、轮岗培训等制度，制订针对每一职位的培训计划等）、管理人员培养制度、员工职业发展规划等。

需要注意的是，培训目标不仅包括提高员工的技能，还包括培养员工的好品格。好品格是指一个人在任何场合都能按最高要求的行为标准做事。好品格不是天生的，完全可以在培训中实现。优秀的人力资源培训计划应当将锻炼员工的诚实、尽责、主动、耐心、毅力、创意等纳入其中，并在激励中将这些好品格加以强化。

（2）绩效管理体系

绩效管理是人力资源管理中最难的工作之一。难在考核指标的细化与量化，难在其实施涉及面广，难在直接牵涉利益问题太过敏感，但绩效管理又是优秀的茶艺馆必须做的一项工作。

绩效管理体系主要包括绩效管理制度、绩效管理流程、述职管理制度、部门及个人绩效考核实施管理办法等项内容。

述职是指每个岗位的工作人员，必须定期（可以每年或每半年一次）向自己的直接主管完整地汇报自己在上一阶段的工作情况。这不同于简单的年终总结，因为述职主要针对自己的岗位职责和工作计划完成情况，非常明确而非泛泛地汇报；述职是面对面地交流，主管可以清楚地了解下属对工作的认识、努力程度和工作中遇到的问题，指出其需要改进的地方。

（3）薪酬激励体系

体系包括薪酬及福利管理制度、奖金评定制度、绩效考核与薪酬激励挂钩方案、关键人才激励办法、非经济激励方案、工作建议激励方案（合理化建议制度）等。

非经济激励方案在国外非常受重视，它可以与茶艺馆的福利方案结合起来，如建立年休假制度、建设员工休闲中心、优化员工工作环境、报销员工一定金额购书款等。

大问题都是由小问题构成的，对茶艺馆业务中的细节问题，每个岗位的员工会在工作过程中最先发现，并且往往能设计出最好的解决方案，所以，要有工作建议激励方案。它不仅可以使茶艺馆工作流程趋于完美，还可以提高员工的责任感和工作热情，并可加强纵向沟通，减少牢骚。

（4）人力资源管理信息系统

它是基于互联网平台的现代茶艺馆的人力资源管理系统，包括招聘管理、档案管理、薪资管理、培训管理、合同管理、绩效考核、职业规划、评价中心等模块。它不仅可以提高人力资源管理部门的工作效率，还可以协助规范人力资源管理部门的业务流程，并为茶艺馆及其员工提供增值服务。

借助现代化的分析和测评手段为人力资源管理服务，这也是现代人力资源管理的必然趋势。

4. 茶艺馆的企业文化建设

真正成功并能生存长久的茶艺馆，一定有其健康优秀的企业文化。这种企业文化有助于形成优良的组织，最终产生优秀的业绩。

茶艺馆企业文化是指茶艺馆的经营理念、价值观念、哲学思想、文化传统和工作作风。它表现为茶艺馆全体成员的整体精神、道德准则、价值标准及管理方式的规范。

茶艺馆企业文化建设工作应该是自上而下进行的，人力资源经理是茶艺馆文化的设计者、建设者、传播者和捍卫者，茶艺馆领导层是茶艺馆文化的力行者和变革者。

茶艺馆企业文化建设分为表层、中层与深层。表层的建设包括茶艺馆企业形象设计、工作环境美化、礼仪培训等。中层的建设主要是茶艺馆制度的制定与实施。深层的茶艺馆文化是茶艺馆中每位员工心中共同的信念，包括茶艺馆价值观、经营哲学、茶艺馆企业精神、道德规范、文化传统等。

茶艺馆企业精神是一种个性化非常强的文化特征。每个成功的茶艺馆都有自己独特的企业精神。这种精神的内容主要包括：爱国精神、创新精神、竞争精神、服务精神、团结精神、民主精神。

成功的茶艺馆其价值观也存在着很多的共性，如争取最好、尊重每个员工及其劳动成果、鼓励每个员工为茶艺馆出谋划策、支持创新、允许失败，动员全体员工认识利润的重要性、树立质量和服务意识、坚持不懈等。可以从优秀茶艺馆企业文化中汲取优点，再结合自己茶艺馆的实际情况，创造自己的企业文化。

二、茶艺馆的经营管理

1. 茶艺馆经营管理计划

（1）茶艺馆经营管理计划的类型

依照不同的标准，茶艺馆经营管理计划可划分为不同的类型，各种类型的计划并不是彼此割裂的，而是由分别适用于不同条件下的计划组成一个计划体系。

1）按期限划分，计划可分成长期计划、中期计划和短期计划。期限在5年以上的为长期计划，期限在1年以内的为短期计划，介于两者之间的为中期计划。这种划分标准并非绝对，在某些情况下，它还受计划其他方面因素的影响。

①长期计划。长期计划的内容主要包括组织的长远目标以及如何去达到组织的长远目标。对一个企业来说，长期计划往往要包括其经营目标、战略、方针，远期的产品发展计划、规模等。总之，长期计划只规定组织的目标和达到目标的总的方法，而一般不规定具体做法。

②中期计划。中期计划来自于组织的长期计划，并按照长期计划的内容和预测到的具体条件的变化进行编制。中期计划主要起衔接长期计划和短期计划的作用。长期计划以问题为中心，而中期计划以时间为中心将长期计划的内容细化为每个时段的目标。因此可以说，中期计划既被赋予了长期计划的具体内容，又为短期计划指明了方向。

③短期计划。短期计划通常比中期计划更为详细具体，更具可操作性。短期计划对一般环境因素做了各种假定，对各种活动有着较为详细的说明和规定。一般来说，短期计划在执行的过程中灵活选择的范围较小，有效的执行是其最基本也是最重要的要求。而且短期计划涉及的环境因素虽然也是变化的，但由于时间跨度较短，各类因素相对较为确定，也较容易预测和评价。

④长、中、短期计划的协调。长期计划为组织指明方向，中期计划为组织指明路径，短期计划则为组织规定行进的步伐。因此，将长、中、短期计划结合起来有着极为重要的意义，可以说短期计划一旦脱离了中、长期计划，那么三者就都失去了存在的意义。

在短期计划与中、长期计划脱节的情况下，短期计划不仅无助于实现中、长期计划，而且会阻碍中、长期计划的实现。例如，一家小企业为了一张临时得到的大额订单而改变了资金和人力、物力的投向，结果订单虽然完成了，但是真正符合公司发展战略的项目得不到正常的人、财、物供给。这样的短期计划不仅无助于中、长期计划的实现，反而阻碍了中、长期计划的实现。因此，企业的管理者是否完全知晓企业的中、长期计划，以及做出的短期计划是否有助于中、长期计划的实现，是非常重要的。管理者只有牢记企业的中、长期计划，才能在制订和实施短期计划时，注意长、中、短期计划的一致性。

2）按范围的广度划分，计划可分成战略计划和作业计划。应用于整体组织，为组织设立总体目标，以寻求组织在环境中的地位的计划，称为战略计划。因为一个组织的总体目标和地位通常是不轻易改变的，所以这种计划的周期一般较长，通常为长期计划。规定总体目标如何实现的细节计划称为作业计划，这种计划的周期通常较短，它与战略计划的最大区别在于，战略计划的一个重要任务是设立目标，而作业计划则是假设目标已经存在，提供一种实现目标的方案。

3）按明确程度划分，计划可分为指导性计划和具体计划。指导性计划只规定一些重大方针，而不局限于明确的特定的目标，或特定的活动方案上。这种计划可为组织指明方向，统一认识，但并不提供实际的操作指南。具体计划则恰恰相反，要有明确的可衡量目标以及一套可操作的行动方案。组织通常根据面临环境的不确定性和可预见性程度的不同，选择制订这两种不同类型的计划。

4）按制订计划的组织层次划分，计划可分成高层管理计划、中层管理计划和基层管理计划。高层管理计划一般以整个组织为单位，着眼于组织整体的、长远的安排，一般属于战略计划。中层管理计划一般着眼于组织内部的各个组成部分的定位及相互关系的确定，它既可能包含部门的分目标等战略性质的内容，也可能有各部门的工作方案等作业性的内容。基层管理计划着眼于每个岗位、每个员工、每个工作时间单位的工作安排和协调，基本上是作业性的内容。

5）按组织的职能划分，计划可分成生产计划、营销计划、财务计划等。从组织的横向层面看，组织内有着不同的职能分工，每种职能都需要形成特定的计划，如企业要从事生产、营销、财务、人事等方面的活动，就要相应地制订生产计划、营销计划、财务计划等。

（2）编制计划的步骤

虽然计划的类型和表现形式各种各样，但科学地编制计划所遵循的步骤却具有普遍性。管理者在编制各类计划时，都可遵循如下步骤：估量机会→确定目标→确定前提条件→确定备择方案→评价备择方案→选择方案→拟订派生计划→编制预算。即使在编制一些简单计划的时候，也应按照如下完整的思路去构思整个计划过程。

1）估量机会。管理者应该对环境中的机会做一个评估，确定能够取得成功的机会。管理者应该考虑的内容包括：组织期望的结果，存在的问题，成功的机会，把握这些机会所需的资源和能力，自己的长处、短处和所处的地位。例如，某家公司的经营业绩出现了滑坡，主要原因是市场竞争过于激烈，供大于求；而该公司的优势是在技术和生产管理方面均领先于竞争对手。因此，该公司的机会是可以通过继续压缩成本、降低售价来扩大销售，取得竞争优势。估量机会的工作就是要根据现实的情况对可能存在的机会做出现实的判断。确切地说，这项工作并非计划的正式过程，它应该在计划过程开始之前就已完成，但它是整个计划工作的真正起点。

2）确定目标。计划工作的第一个步骤就是为整个计划确立目标，即计划预期的成果。除此之外，还要确定为达到目标需要做哪些工作，重点在哪里，如何运用战略、程序、规章、预算等计划形式去完成工作任务等。确定目标的方法如下。

①要注意目标的价值。计划设立的目标应对组织的总目标有明确的价值并与之相一致，这是对计划目标的基本要求。

②要注意目标的内容及其优先顺序。在一定的时间和条件下，几个共存的目标各自的重要性可能是不同的，不同目标的优先顺序将导致不同的行动内容和资源分配的先后顺序。因此，恰当地确定哪些成果应首先取得，即哪些是优先的目标，是目标选择过程中的重要工作。

③目标应有其明确的衡量指标，不能含糊不清。目标应该尽可能地量化，以便度量和控制。有些企业把如“我们的工作要取得突破性的进展”“我们的工作要再上一个新的台阶”这样一些口号性的话语作为计划的目标，结果这些模棱两可的目标往往成了失败的“遮羞布”。

④要注意目标的层次性。组织的总目标要为组织内的所有计划指明方向，而这些计划又要规定一些部门目标，部门目标又控制着其下属部门的目标等，从而使得整个组织的全部计划内容都控制在企业的总目标体系之内。

3）确定前提条件。这是计划工作的一个重要内容。选定目标就是确定计划的预期成果，而确定前提条件则是要确定整个计划活动所处的未来环境。计划是对未来条件的一种“情景模拟”，计划的这个工作步骤就是要确定这种“情景”所处的状态和环境。这种“情景模拟”能够在多大程度上贴近现实，取决于对它将要处在的环境和状态的预测能够多大程度地贴近未来的现实，也就是取决于计划的这一步骤的工作质量。

人们不可能百分之百地预见未来的环境，而只能通过对现有事实的理性分析来预测计划涉及的未来环境。未来环境的内容多种多样，错综复杂，管理者不可能也没必要对它的每个方面、每个环节都做出预测，只要能对计划内容有重大影响的主要因素做出预测便可满足需要了。一般来说，对以下几个方面的因素的预测是必不可少的。

①宏观的社会经济环境。此因素包括总体环境以及与计划内容密切相关的部分环境因素。

②政府政策。此因素包括政府的税收、价格、信贷、能源、进出口、技术、教育等与计划的内容密切相关的政策。

③组织面临的市场。此因素包括市场环境的变化，供货商、批发商、零售商及消费者的变化。

④组织的竞争者。此因素包括国内外的竞争者、潜在的竞争者等。

⑤组织的资源。此因素包括未来为完成计划目标而向外部获取所需的各项资源，如资金、原料、设备、人员、技术、管理等。

上述这些因素，有的可控，有的不可控。一般来说，不可控的因素越多，预测工作的难度也就越大。同时，对以上各因素的预测同样应遵循“重要性”原则，即对与计划工作关系最为密切的因素应给予高度的重视。

4）确定备择方案。解决一个问题，可从不同的途径，用不同的解决方式和方法。因此，计划的这一步工作就是要找出几种解决方案。要发掘出多种高质量的方案就必须集思广益、开拓思路、大胆创新，但同样重要的是要进行初步筛选，减少备择方案的数量，以便集中精力对一些最有希望的方案进行仔细的分析比较。

5）评价备择方案。确定了备择方案后就要根据计划的目标和前提条件，通过考察、分析来对各种备择方案进行评价。评价备择方案的尺度有两个方面：一是评价的标准；二是各个标准的相对重要性，即其权数。计划前期工作的质量直接影响到方案评估的质量。

6）选择方案。这无疑是整个计划流程中的关键一步。这一步的工作完全建立在前几步工作的基础之上。为了保持计划的灵活性，结果往往可能会选择两个甚至两个以上的方案，并且决定首先采取哪个方案，而将其余的方案进行细化和完善，作为后备方案。

7）拟订派生计划。完成选择之后，计划工作并没有结束，还必须帮助涉及计划内容的各个部门制订支持总计划的派生计划。几乎所有的总计划都需要派生计划的支持和保障，完成派生计划是实施总计划的基础。

8）编制预算。计划的最后一步工作就是将计划转变为预算，使之数字化。这主要有以下两个目的。

①计划必然要涉及资源的分配，只有将计划数量化后才能汇总和平衡各类计划，分配好资源。

②预算可以成为衡量计划是否完成的标准。

2. 茶艺馆营销

（1）茶艺馆营销市场分析

随着市场经济的确立和社会生活的多元化，当前的饮料市场已令人眼花缭乱，日益丰富的现代饮料强烈地冲击着古老的茶叶市场。因此，茶艺馆的营销策略尤为重要。

1）茶叶的消费需求趋势。人们的消费从根本上讲是一种满足需求的活动，消费行为实质上是人们为了满足某种需求而发生的行为。就茶叶而言，人们购买和消费茶叶是为了从中获得一定的满足，满足欲诱发需求，对茶叶的消费需求是茶叶消费行为的直接动因。因此，人们是否消费茶叶，关键在于人们对茶是否产生了消费需求，以及茶叶是否符合人们的这些需求。

人们的生理需求及由此引发的行为基本相似且较为简单，但人们心理需求的产生与发展不仅同现实的生活有密切联系，而且随环境的变化而变化。随着当今和未来社会的进步，经济将更加繁荣昌盛，从而使得人们购买与消费商品不仅仅是为了维持生命，解决温饱，满足低层次消费的需求。茶叶消费观开始由同质化转变为多元化，人们购买茶叶与饮茶不仅仅为了满足解渴提神、消食除腻等生理方面的需要，而是希望多层次地满足自身关于社会学、美学等方面的需求和心理需求。例如，为完善自我，提高自我，追求保健防老，舒适轻松，满足审美情趣，体现文明优雅，象征社会意义等将成为新时代的茶叶消费潮流，茶叶的销量也将被这种消费需求趋势所左右。

2）茶叶消费者的心理需求。科学技术的进步、经济的繁荣必将带来社会的成熟，人们的消费将从重视商品的功能转变为更加重视商品的社会意义，即商品的象征价值。商品的某些价值将成为新时代人们购买与消费商品时的重要心理追求。对美的向往和追求是人类的天性，人类的这种天性随着社会经济的发展、生活质量的改善、文化修养水平的提高将越来越显露在生活中。不仅如此，随着人们的生活节奏的加快，为了缓解心理压力，人们希望在自己的生活中多一些情趣高雅、欣赏性强的东西，这就要求商品改变冰冷的形象，增强美感，以便人们在消费商品时，既可得到功能上的满足，又得到精神上的享受，因此，新时代对商品审美情趣的追求将是一种持久而普遍存在的心理需要。

茶是高文化品位的商品，经过历史的演进，早已融进文化艺术和审美的精神内容，因而具备能引发人们高雅审美情趣的社会属性。自茶被发现至今，人们通过不断探索其自然属性，开发茶的实用价值，充分认识到茶的科学价值在于“养生”。常饮茶可不断地从茶中获得丰富的对人体生理功能有促进作用的营养成分及有保健作用的药效成分，使饮茶人身强体健、肌清肤洁。这种因常饮茶而获得的外形美进而又可转化为精神上的愉悦。

茶艺馆有着中国传统文化底蕴，是适应当今生活时尚的新型文化产业，已成为中国茶文化的一道亮丽风景，也是中国大众文化的一个独特领域。

茶艺馆作为一种文化产业，具有物质和精神的双重属性，具有经济效益和社会效益的双重效益。自进入新世纪以来，全国茶艺馆的兴起和发展，对普及和弘扬传统文化、推动茶业经济的增长、丰富人民群众的文化生活，以及促进国内外茶文化界的交流和合作，起到了积极的作用。

（2）茶艺馆的营销准则

1）重视茶艺馆的文化格调，不断提高茶艺馆的文化品位，反对在金钱的驱使下，丢弃自己的文化立场和社会责任。

2）认真学习、充分发挥本地域或本民族的文化特色，既要继承传统，更要有所创新，要把茶艺馆办出特色，创造出具有中国特色的茶艺和文化。

3）要加强对茶艺馆从业员工的培养和道德规范教育，舍得在员工培训上投入，全面提高员工素质。

4）要严格遵守国家的政策法规，加强行业规范和自律，保护消费者的合法利益。同时探索筹建行业管理组织，维护自身的权益。

5）要自觉主动接受新闻舆论与社会各界的监督，不断改进茶艺馆的服务与经营质量，把茶艺馆越办越好。

（3）茶艺馆营销计划的制订与实施

这里简要介绍两种常用的现代计划方法，供茶艺师结合自身所在茶艺馆的实际加以运用。

1）滚动计划法。滚动计划法是一种定期修改未来计划的方法。在制订计划时，计划活动越远，前提条件越难确定。为提高计划的有效性，可以根据近期计划执行情况和内外因素的变动情况对原计划进行修正细化，此后便根据同样的原则逐期滚动，每次修正都向前滚动一个时段，这就是滚动计划法。滚动计划法把近期的详细计划和远期的粗略计划结合在一起，在近期计划完成后，再根据执行结果和新的环境变化逐步细化并修正远期的计划，其优点是很明显的。它推迟了对远期计划的决策，增加了计划的准确性，提高了计划工作的质量。同时，这种计划方法使长、中、短期计划能够相互衔接，既保证了长期计划的指导作用，使得各期计划能够基本保持一致，也保证了计划应有的基本弹性，特别是在环境剧烈变化的今天，有助于提高组织的应变能力。

2）运筹学法。这种方法的核心是运用数学模型，力求将相关因素都转化为变量形式反映在模型中，然后通过数学和统计学的方法在一定的范围内解决问题。这种方法的具体步骤如下。

①根据问题的性质建立数学模型，同时界定主要变量和问题的范围。为了简化问题和突出重点影响因素，还需要做出各种假定。

②根据模型中变量和结果之间的关系，建立目标函数作为比较结果的工具。

③确定目标函数中各参数的具体数值。

④求解，即找出目标函数的最大或最小值，以此求得模型的最优解，即问题的最佳解决方法。

运筹学法被广泛运用于解决合理利用有限资源实现既定目标的问题，并收到了很好的效果。但也有一批管理学家对运筹学法提出了质疑，主要的怀疑有两点，一是对模型的假设条件的怀疑。为了建立模型的方便或降低模型的复杂程度，运筹学方法往往需要对原始问题进行若干假设和抽象，以适合数理计算，这样的做法可能会有“削足适履”之嫌，过多的假设可能会使结果高度失真而失去解决实际问题的意义；二是对目标函数的结果存疑。运筹学法最终要得到问题的最优解，而在管理实践中，决策目标往往有多个，最终方案可能是多个目标的折中。管理者追求的往往是从多个角度来看均为“满意的解”，而非附加各种条件的“最优的解”。

目前，随着计算技术的不断发展，数学模型允许的复杂程度不断提高，以上的疑虑已有部分得到了解决。虽然运筹学法远远不是一种完美的方法，但这无疑要比简单地依靠经验推断和定性方法来做出计划要科学得多。在某些领域中，运筹学法还是一种不可替代的有效的计划方法。

3. 茶艺馆核算

（1）茶艺馆核算知识

茶艺馆核算与其他企业的会计核算一样，需要有比较专业的知识。以下列举一些在日常经营活动中值得注意的核算问题。

1）准确填写应用开支表。茶艺馆开支很多，包括工资、电费、煤气费、水费、支付给茶叶供应商的货款、交通费、文具费、印刷费、支付给花店的费用、饮食费等。每笔开支的用途和收款人及开支金额，都应详细地记录于应用开支表中。

在经营中，掌握好开支是相当重要的环节，如果对此环节管理不善，则可能导致茶艺馆破产倒闭，这是茶艺师必须掌握的一项经营管理知识。

2）小心谨慎，坚守信用。信用是现代社会中企业得以生存的基石。有信用的企业，得到消费者的信任，就能顺利发展。没有信用的企业，或者企业一旦失去信用，就会使消费者远离，企业就难以坚持，更不用说发展。茶艺馆的信用包括品牌、形象，市场的认可度，消费者的美誉度，合作者的信任度，供应商的满意度。因此，任何时候都要坚持信用，坚持信誉。

3）做好收银工作。为了便于核算营业额，必须为每一位顾客开具消费小票或发票。不论是现金、银行卡还是移动支付，都应留好凭证，以便每日营业完毕对账。做到现款、凭证与小票一致。

4）严格管理支票。当使用支票支付时，要注意下列事项。

①开支票时，银行的存款是否足够支付所需付款的金额。

②支票上填写的金额数字应用大写汉字书写。手写数字时，如用阿拉伯数字表示，则1容易被改成4，5容易被改为9，从而造成损失。打印支票的数字时，必须在第一个数字的前面打印上货币符号，并检查符号与第一个数字之间是否有间隙。如果有间隙，则容易被乘虚而入，打印上其他数字，增加金额，造成损失。检查最后一个数字和终止符号之间是否也有间隙。此处若有间隙也容易被打印上其他数字。

③检查打印的数字是否正确，这一点至关重要。多一个0出大错，少一个0也添麻烦。

④检查日期是否正确。支票自出票日起有有效期，只有在规定的时段内去银行兑换支票，银行才能按支票的金额支付现金。

⑤确认副本上是否记录了支付对象的姓名等情况。万一出现情况可根据副本上的记录，进行追查，解决问题。

⑥确认印章是否清晰。

⑦茶艺馆需要现金时，可按要求开据现金支票，持票到银行兑换，即可取出现金。

⑧妥善保管支票，应将支票与印章分别保管在不同的地方。

支票填写样例如图 6—1 所示。

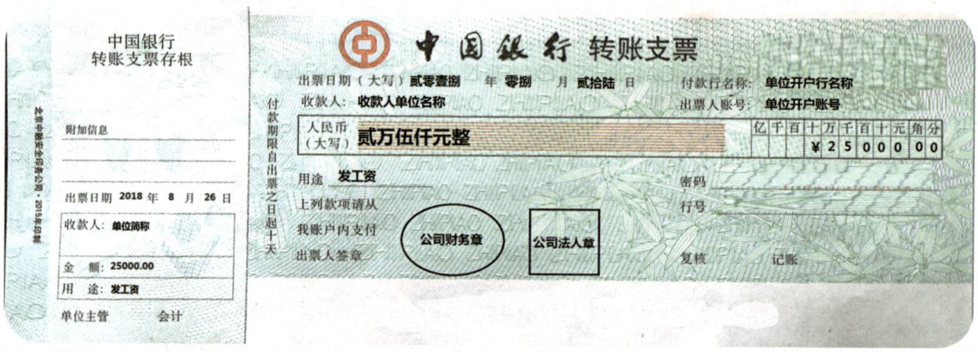

图 6—1 支票填写样例

5）核查银行存款与对账单。用支票支付费用的茶艺馆，会收到银行开具的记有进款额、支出额、支付对象的“对账单”。查阅此单可对资金的收入、支出以及流向等情况了如指掌。

茶艺馆在使用支票时，应将开出的支票与支票存款对账单按日期顺序进行仔细核对。可利用计算机记录下列各项内容，可随时调阅资料，了解支票使用情况。

①支票号码及页数。

②提取金额的数目和支付对象。

③摘要（存款的原因）。

④存款金额的数目。

⑤日期。

⑥余额。

（2）合理定价与成本核算

1）定价的基本程序。当企业拟将其产品投放市场时，或将某些产品通过新的渠道投入市场时，都必须为产品制定适当的价格。因为价格是基本的交易条件之一。有了产品，有了适当的渠道，有了一定的广告宣传，但没有适当的价格，产品仍然进入不了市场，商品交易就不能实现。

定价的基本程序是：选择定价目标→测定需求的价格弹性→估算成本→分析竞争者的价格及产品→选择定价方法→选定最终价格。

①选择定价目标。任何一家茶艺馆都不能孤立地制定价格，而必须按照其发展的战略目标来制定价格。一般茶艺馆的定价目标可以分为一定利润目标、保持稳定、保持或增加市场份额、应付竞争、追求最高利润5类。

②测定需求的价格弹性。价格弹性是价格变动引起的市场需求量的变化程度，包括市场需求的价格弹性，茶艺馆自身定位的价格弹性，在实现一定利润额的范畴内能够允许的价格弹性，根据竞争需要适当调整的价格弹性。

③估算成本。产品成本一般分为两类：一是固定成本，二是变动成本。固定成本是指不管生产或销售多少产品，它们的数额都保持不变。它包括茶艺馆的折旧费、房地租、利息、办公费用、高级管理人员的薪酬等。这种成本费用在茶艺馆开办时即支出，即使未开工也必须负担。变动成本是指随茶艺馆开张和市场消费的变化而变动的成本，主要是服务和市场营销支出方面的费用，包括茶叶、表演费用、一般人员工资等，茶艺馆不营业时变动成本应等于零。

固定成本和变动成本之和为全部成本。

④分析竞争者的价格及产品。价格不仅取决于市场需求和商品成本，而且还取决于市场供给的情况。一般来说，茶艺馆服务最低价格限于总成本，而其最高价格取决于市场上对该项服务的需求。在最高价格与最低价格之间，究竟定多高的价格合适，则取决于竞争对手的同类服务的价格和市场价格的水平。茶艺馆必须采用适当的方式，了解竞争对手所提供的服务质量和价目表，对这方面的信息情报了解得越详细越好。茶艺馆只有通过合法的途径，尽量获取竞争对手有关方面的市场信息情报，才能比质比价，制定出具有竞争性的价格。

⑤选择定价方法。基本的定价方法有三种，即成本导向定价法、需求导向定价法和竞争导向定价法。茶艺馆的服务价格受到市场需求、产品成本和竞争形势三方面因素的影响和制约。因此定价的策略与方法也应随时根据形势的变化进行调整。

⑥选定最终价格。定价策略是茶艺馆进行最终定价的参考。茶艺馆在选定最终价格时，还应考虑以下几方面的问题。

a. 所制定的价格是否符合政府的有关法律和政策。

b. 所制定的价格是否符合茶艺馆的定价策略，是否符合茶艺馆的“定价形象”（有些茶艺馆始终不愿定低价就是怕损害“定价形象”）和“价格折扣”的指导思想，是否符合茶艺馆对待竞争者价格的态度。

c. 所制定的价格是否考虑了消费者心理。

d. 所制定的价格是否考虑了茶艺馆内部有关人员和合作伙伴的有关意见，是否注意到了竞争对手的反应。

2）确定定价目标

①利润达到投资额的一定比例。根据投资额期望得到一定百分比的毛利为目标，是各行业龙头企业经常采用的定价目标。

②保持价格稳定。以保持价格稳定为定价目标，适用于在行业中能够左右市场的企业。虽然这种行业需求变化较大，但行业中的大企业往往希望稳住价格。大企业稳住价格，并非意味着其他企业要向它看齐，而是说其他企业的价格总要与大企业的价格保持一定的比例差距，并希望稳定。

③保持或增加市场份额。有些企业的定价目标，是保持或增加本企业在市场中所占的份额。采用此种目标的企业有大企业，也有小企业。每个企业对自身在市场中所占份额是容易掌握的，因而以此作为保持或增加份额的定价目标的依据，比较切实可行。

④应付竞争。很多企业有意识地通过产品定价去应付竞争。这些企业制定的价格主要以对市场价格有决定影响的竞争者的价格为基础。当然定出的价格不一定与竞争者绝对一致，但要对本企业绝对有利才行。采取这种定价目标的企业，在成本或需求发生变化时，只要竞争者维持原价，他们一般也会维持原价；而当竞争者调价时，他们也会及时调整价格以应付竞争。

⑤追求最高利润。以追求最高利润为定价目标的企业有很多。追求最高利润，并不等于追求最高价格，而是指追求企业长期目标的总利润。实际上，人们很难找到高价垄断能维持很长时间的例子。

西方经济理论认为，从长远观点看，企业追求最高利润，对企业、对社会均有好处。因为，如果各企业都追求长期最高利润，经营效率低的企业将被淘汰。竞争的结果是，价格最终会降到一个合理的水平。此外，争取最高利润应从企业的总收益衡量，而不能根据每个单项产品来核算。这也是一个价格对策问题。为了争取整个企业的最高利润，企业可以有意识地牺牲一些容易引起人们注意的商品的价格，借以带动其他商品的销路，甚至可以带动高价高利润产品的销路。

3）成本核算。成本核算制度是指为编制财务报表、进行日常的计划和控制等不同目的所共同完成的一定的成本核算程序。

成本核算制度不是会计系统之外临时的和分散的成本统计、技术核算和调查分析，而是与财务会计系统有机结合在一起，周期性进行的常规成本核算，是有稳定程序的、制度化的成本核算。

成本核算制度中核算的成本种类与财务体系结合的方式不是唯一的。从总体上看，成本核算制度可以分为实际成本核算制度和标准成本核算制度两类。

①实际成本核算制度。实际成本核算制度是核算产品的实际成本，并将其纳入财务会计主要账簿体系的成本核算制度。在实际成本核算制度中，产品的实际成本成为资产负债表“存货”项目的计价依据，并成为利润表“主营业务

成本”的计价依据，从而与财务会计有机地结合起来。在成本管理需要时，可以在账外设定成本标准，并分析实际成本与成本标准的差异，以及做出成本分析报告。

②标准成本核算制度。标准成本核算制度是核算产品的标准成本，并将其纳入财务会计的主要账簿体系的成本核算制度。在标准成本核算制度中，产品的标准成本和成本差异分别或合并后列入财务报表，与财务会计有机结合起来。标准成本制度可以在需要时核算出实际成本，分析实际成本与标准成本的差异，并定期提供成本分析报告。

广义的成本核算还包括成本核算制度之外为决策服务的特殊成本核算，如差额成本核算、资本成本核算等。

茶艺馆应根据自己成本核算的主要目的和具备的条件，分别采用实际成本核算制度或标准成本核算制度。

第 2 节　培训

在茶艺师技师和高级技师两个等级的工作内容中，都有培训的任务与要求。但是，两者既有联系，又有区别。茶艺师技师应担任的培训是“茶艺培训”，可以说是单一的技能型培训；而茶艺师高级技师承担的培训则是“人员培训”，可以说是综合的全员性培训。再从茶艺培训来看，技师只负责初、中、高级人员的培训，而高级技师除上述培训任务外，还要能够对茶艺师技师进行指导。因此，无论是从培训的广度还是深度，两者都是有差别的。茶艺师培训现场如图 6—2 所示。

图 6—2　茶艺师培训现场

一、培训教学计划与培训讲义的准备

1. 准备教学计划的意义

（1）可以增强培训者自信心

茶艺师高级技师对授课是否具有自信心关系到教学的成功与否。通过制订教学计划，收集授课资料，理清教学内容和引用实例，都会使他们对授课成功增强自信心。

（2）可以促进在预定的时间内达到教学的目的

在制订教学计划过程中，进行教学重点的确定，减少多余和不相关的内容，有助于在教学中使受培训者获得最需要的知识和技能。

（3）有利于控制授课时间

通过教学计划的实施，可以将内容和实例引用分开，以实例引用的多少来调整时间。

（4）有利于教学资源共享

一份好的教学计划，加以调整可以应用在其他各种茶艺培训和人员培训中。

（5）有助于提高培训水平

在制订茶艺馆人员培训教学计划中，茶艺师高级技师通过梳理教学内容可以得到自我启发，有利于进一步完善自己的授课内容和授课方法。

2. 培训教学计划的内容

培训教学计划可分为个人用和通用两种，由茶艺师高级技师制订的计划一般属于个人用的教学计划。以对新进员工的培训为例，教学计划主要包括以下内容。

（1）茶艺馆高层领导

致欢迎词，介绍茶艺馆历史及概况、茶艺馆的经营方针和理想、经营思想等。

（2）总务经理

介绍茶艺馆的组织、人事管理及各项规定、就职规则、资历和薪酬、劳资关系、就职合同等。

（3）业务部经理

介绍茶艺馆的经营活动、经营网络、商品构成、业务员心得、销售技术等。

（4）生产部经理

介绍茶艺馆的生产管理，关于质量管理、生产部门的概要。

（5）茶艺馆教育部主管

介绍职业礼仪、待客礼节、电话礼仪、人际关系、具体办事手续、计算机技术等。

3. 教学计划的制订顺序

茶艺馆培训教学计划可以按以下基本顺序来制订。

（1）确定教学目的

（2）决定授课题目（教学名称）

题目最好能清楚明白并具有弹性。如以“茶艺馆的管理”来代替过去的“生产管理体制的概要”。

（3）检查教材内容

要列出教材内容的提纲，并标出重点。内容要以培训对象能够接受的程度为准，不能过深过难，重点的理论和技能要突出。

（4）确定教学方法

例如，是以讲授为主还是以边讲授边讨论为主，是以传授理论为主还是以操作技能训练为主等。

（5）选定教材和辅助工具

使用教材和辅助工具是非常必要的，一定要选好。要选质量有保证的教材，授课中可配以幻灯片或音像电子出版物。

（6）设计培训方式

这是整个教学计划的重心，必须多花点时间来讨论。

（7）时间的分配

时间分配应使整个课程能很顺利地进行，最好在课程结束前留 5 min 做总结。

4. 教学计划书的写法

教学计划书有各种格式，这里举一例说明。项目栏里写上讲座名称。训练名栏里写上“新进员工教育”或“女性员工教育”的名称，或其他教育名称。时间栏里写上培训所需要的时间。形式栏里写上授课或讨论，或是事例研究等形式。强调点栏里写上这次培训所强调的重点。内容按照每个要点、项目（细项）、学习时间分类记录。

5. 培训讲义资料的整理

完成教育计划的同时要开始整理讲义资料，可以按照整理资料、课题资料、资讯资料、摘要进行分别整理。

整理资料是指将讲义的要点或补充说明经过整理写出来的资料，可分为全内容的资料和只写重点内容的资料两种。

课题资料又称作业资料，是假设性案例或思考问题的资料，可在授课时发给学员作为参考。

资讯资料又称情报资料，它是靠讲课无法完全说明的内容或专门用于解说的资料，用来补充讲课的不足，所以多在事前分发。

摘要仅写出讲义的项目名称，不用写具体内容。项目和项目之间的留空可以记录讲义内容，可以当作笔记簿兼资料。

6. 讲义资料制作的原则

（1）按照使用方法的原则。例如，是作授课之用，还是作课后的参考资料之用，使用目的不同，制作方法也不同，并以此来决定内容的量与组合。

（2）教学中使用的资料最好整理成一页，在上面写上标题或项目名，并以40～100字的短文来进行说明。

（3）要分项目来写，越简洁越好。

（4）资料不要在事前全部一次分发，授课时才分发。

（5）要附上装订夹，便于保管。

二、茶艺师培训基本要求

对茶艺师进行培训的基本要求应参照茶艺师国家职业标准。例如，初级茶艺师要能够完成泡茶前的准备工作以及泡茶的一些基本方法。中级茶艺师要能够准备茶具，并且能够掌握相关的茶叶知识，还要能够进行一些简单的茶艺表演，如在乌龙茶类的冲泡过程中会做完整的、优美的解说。高级茶艺师要对茶叶的品质、茶叶的产地，以及与茶具相关知识有足够的了解，能够独立组织茶艺表演，并且介绍其文化内涵，能够掌握消费者的消费心理，以引导消费，能够用外语进行简单的对话。

各级别茶艺师须掌握的技能要点列举如下。

1. 基本知识部分

（1）职业道德

1）职业道德基本知识。内容包括职业道德的概念、含义、作用、基本准则、具体体现。

2）职业守则。内容包括文明经营、礼貌待客、忠于职守、真诚守信、钻研业务、精益求精。

（2）基础知识

基础知识包括茶文化基本知识、茶叶知识、茶具知识、品茗用水知识、茶艺基本知识、科学饮茶、食品与茶叶营养卫生、相关法规。

2. 职业技能部分

（1）初级茶艺师

1）接待

①礼仪要求。修饰个人仪容仪表，符合仪态要求，服务时的站姿、坐姿、走姿。

②接待。营业环境的卫生、装饰、氛围营造准备，营业用具的茶具配置，品茗用水、茶叶选配等准备，着装、饰物、面部、发型、手部的准备工作。

2）准备与演示

①茶艺准备。识别六大茶类并有针对性地准备茶叶品种，根据所泡茶叶配

置泡茶器具，完成泡茶用水的准备。

②茶艺演示。选择适宜的泡茶用水和冲泡器具，绿茶、红茶、乌龙茶、白茶、黄茶、黑茶和花茶的冲泡手法、程序等技艺，介绍茶的色、香、味、形及品饮方法。

3）服务与销售

①茶事服务。根据顾客状况和季节不同推荐相应的茶饮。

②销售。推介茶叶与茶具、使用茶单、完成茶叶茶具的包装、告知顾客的消费款项情况、向顾客介绍茶叶保管知识。

（2）中级茶艺师

1）接待

①语言运用。使用礼貌服务用语，适当应用迎宾时的肢体语言。

②接待。根据顾客的性别、年龄特点，进行针对性的接待服务。

2）准备与演示

①茶艺准备。区分基本茶类的品级，识别常用茶具的质量，配置茶艺茶具和布置表演台。

②茶艺演示。按照不同茶艺表演要求，选择和配置适当的音乐、服饰、插花、薰香、茶挂；担任三种以上茶艺表演的主泡。

3）服务与销售

①茶事服务。介绍清饮法和调饮法的不同特点，向顾客介绍中国各地名茶、名泉，解答顾客有关茶艺的问题。

②销售。根据茶叶、茶具销售情况，向茶艺馆提出货品调配建议。

（3）高级茶艺师

1）接待

①特殊礼仪运用。掌握国际交流的基本礼仪，掌握接待宗教人士的基本礼仪，掌握接待特殊人员的基本礼仪。

②接待。用英语等与外宾进行简单的沟通，根据不同国家的礼仪接待外宾，根据不同宗教信仰的要求接待顾客，根据不同人员的特点接待顾客。

2）准备与演示

①茶艺准备。介绍主要名茶产地及品质特征，介绍主要瓷器茶具的款式及特点，介绍紫砂壶的源流及艺术鉴赏，选用和介绍少数民族茶饮的器具、服饰，选用和介绍调饮茶的器物。

②茶艺演示。组织茶艺表演并介绍其文化内涵，完成不同主题的茶席设计，掌握三种以上各地风味茶饮或少数民族茶饮的操作，配制三种以上调饮茶。

3）服务与销售

①茶事服务。根据茶艺消费者需求特点，适时营造和谐的经营气氛；引导

顾客消费；介绍茶文化旅游事项。

②销售。根据季节变化、节假日等特点，制订茶艺馆消费品调配计划；按照茶艺馆要求，初步设计和具体实施茶事展销活动。

（4）茶艺师技师

1）茶艺馆布局设计

①茶艺馆设计要求。提出茶艺馆选址的建议，提出不同特色茶艺馆的布局设计建议。

②茶艺馆布置。根据茶艺馆的风格，布置陈列柜和服务台；根据茶艺馆的主题设计，布置不同风格的品茗区。

2）茶艺表演与茶会组织

①茶艺表演。担任仿古茶艺表演的主泡，进行一种外国茶艺的表演，运用一门外语介绍茶叶茶具，提出并策划茶艺表演活动的可实施方案。

②茶会组织。设计和承办各类中、小型茶会。

3）管理与培训

①服务管理。编制茶艺服务程序，制定茶艺服务项目，教授低级别人员实施茶艺服务，对茶艺师的服务工作进行检查指导，对茶艺馆的茶叶、茶具进行质量检查，处理顾客投诉。

②茶艺培训。制订并实施茶艺人员的培训计划。

3. 注意事项

对茶艺师的培训，除了上述内容外，还要进行以下多方面的考虑。

（1）必须根据茶艺馆的定位、发展战略和服务要求，进行茶艺师培训。这样会更有针对性，形成茶艺馆自身独特的服务模式。

（2）要根据不同等级人员的状况，进行差异性的培训。因为茶艺人员等级不同，原有的基础和水准不一，如果培训时采用相同的方式，有的人会觉得是在“炒冷饭”，浪费时间；也有的人会觉得艰深，一时无法掌握。

（3）应根据曾学和初学茶艺的状况，进行针对性的培训。同一等级的人员，大多有过相同或相似的学习经历。而曾学与初学，则有很大不同。曾学茶艺人员培训的重点，应是复习已知技能，增加新学内容，也有的需要改进过去的错误知识。而初学人员，由于内容是没有听过的，有新鲜感，最易于接受讲授的内容。

（4）对茶艺馆的人员进行培训，既要坚持各种岗位、各种等级的差异性，又要考虑到即使再大的茶艺馆，人员也应有互补性、适应性，便于根据情况调整人员和岗位，或者应急时的及时补充。所以，在教授基本技能时，又要有打通各岗位、各等级的适度内容。

（5）在对茶艺馆的人员进行培训的过程中，要坚持“理论——实践——再理论——再实践”的循环往复原则。先学理论是为了明确事理，经过实践又会有新的认识和问题。带着新的问题学习理论，然后又以新的理论来指导实践。这种循环过程，实际上是不断学习和提升的过程。

三、指导茶艺师技师的基本要求

茶艺师技师是茶艺师职业中的较高等级，《国家职业技能标准·茶艺师》中对这一等级人员的学历、从业时间和实际水平都有较高要求，因此，茶艺师高级技师对茶艺师技师的指导，必须考虑到人员的特殊情况，应遵循以下原则。

1. 茶艺师高级技师对茶艺师技师是进行指导，而不是与初级、中级、高级一样进行培训和教学。这种准确的定位很重要，可以正确地认识与处理彼此的关系，以朋友式的态度进行指导。

2. 茶艺师高级技师对茶艺师技师的指导，方法较为灵活。可以就对方的要求，对于某一特定茶艺与管理方面的问题进行指导性的讲解，也可以就某些问题进行讨论式的探索，还可以介绍相关的信息以开阔对方眼界。

3. 茶艺师高级技师对茶艺师技师的指导，要以问题为中心，以实践为需要，以提升为原则。所谓“问题”就是茶艺馆在经营和制定发展战略时面临与需要解决的问题。这些问题是在茶艺馆实践中遇到的，解决问题的办法也应是在原有方案上的提升。

茶艺师高级技师对茶艺师技师的指导，应在其晋升职业等级时，能够出示进行过指导并取得成效的证明。

第 7 章 茶文化研究

第 1 节 茶文化研究概况

一、茶文化研究的历史与现状

1. 茶文化研究的历史

茶是中华民族的举国之饮，犹如称京剧为“国剧”一样，茶是“累日不食犹得，不得一日无茶也”（唐杨晔《膳夫经手录》）的“国饮”。我国的饮茶历史悠久，茶文化可谓源远流长，正如陆羽所云：“茶之为饮，发乎神农氏，闻于鲁周公。齐有晏婴，汉有扬雄、司马相如，吴有韦曜，晋有刘琨、张载、远祖纳、谢安、左思之徒，皆饮焉。滂时浸俗，盛于国朝，两都并荆俞（同渝）间，以为比屋之饮。”神农尝百草如图 7—1 所示。

图 7—1 神农尝百草

中国是茶文化的源头。我们的祖先从茶的含嚼阶段走来，经过了漫长的进化和探索。“柴米油盐酱醋茶”，曾几何时，茶叶从“开门七件事”中走出来，饮茶也终于从药用、解渴走向高层的品茗，开始步入“文化”的行列。

（1）唐代茶文化研究

我国的饮茶自西汉开始出现，经过三国、两晋、南北朝，饮茶风尚渐渐由南向北推进，茶叶也从原来帝王将相的专享品由上而下逐渐向平民百姓普及。这一过程是缓慢的，而且茶的作用也一直在药用与饮用间徘徊。进入隋朝以后，饮茶习俗又得到进一步发展，但那时的饮茶还是解渴型的粗放饮法。到了唐代，饮茶活动更加兴旺，尤其是进入中唐，尽管有些文化现象似乎开始走向衰退，但另一些文化现象如唐代传奇、说唱文学等，却开始发出异样的光彩，茶文化也在此列。到了中唐，中国人饮茶开始进入更细腻、实在、富有闲情逸致的阶段，中唐大批文人墨客的加入更加快了饮茶从实用上升到精神的艺术化进程。从精神需要出发的中国饮茶文化在中唐应运而生。

陆羽的《茶经》成书于公元780年左右，是应茶业发展和社会上对茶的知识的需要而诞生的，是当时有关茶的记载中最翔实、最完备的一本书。宋朝陈师道曾在《茶经序》中对此作过很高的评价："夫茶之著书，自（陆）羽始，其用于世，亦自羽始。羽诚有功于茶者也。上自官省，下迨邑里，外及夷戎蛮狄，宾祀燕享，预陈于前。山泽以成市，商贾以起家，又有功于人者也。"茶圣陆羽的专著《茶经》在中唐的问世，具有划时代的意义，从而奠定了中唐在茶文化史上的重要地位。陆羽塑像如图7—2所示。

图7—2　陆羽塑像

《茶经》问世以后，唐代茶人们又纷纷撰写诗文著作，表述自己对茶文化的心得体会。如张又新的《煎茶水记》，写出的是作者对烹茶用水的独到体会，而诗僧皎然的"三碗得道"更成为当今茶道之说的源泉。当然，卢仝的《走笔谢孟谏议寄新茶》则是以天才诗笔表达了唐人对饮茶的独到理解，这些都是唐代学者对茶文化研究的结晶。

（2）宋代茶文化研究

茶在隋唐时期还是士人及上层人士的专享品，而到了宋代则是"茶之为民用，等于米盐，不可一日以无”（王安石语）。茶饮的民间化也就推动了茶文化的普及与扩散，而反过来又促使了茶文化自身的发展变化。而茶文化研究也得到了飞速发展，有关茶的著作唐时仅有几部，而宋代却诞生了几十部。

丁谓所著三卷本的《北苑茶录》是我国第一部记载北苑茶事的作品，主要介绍了北苑贡茶焙制的情况，并以图像的形式形象地描绘北苑贡焙的器具，而这种图文并茂的形式上承于茶圣陆羽的《茶经》，又为后人提供了一个极好的榜样。稍晚于丁谓的蔡襄则写了一部《茶录》（见图7—3），这部富有特色的茶艺专著，标志着茶饮提升到了更为艺术化的程度。宋子安的《东溪试茶录》成书于宋治平元年（1064年），这本茶著也是作者宋子安为了弥补丁谓、蔡襄两家所写茶著的不足而写的。其著录之翔实非丁、蔡二人之作所能比拟。

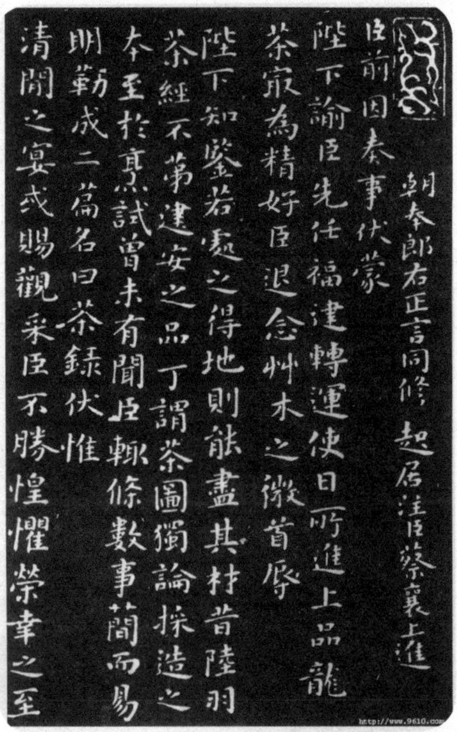

朝奉郎右正言同修 起居注臣蔡襄上進
臣前因奏事伏蒙
陛下諭臣先任福建轉運使日所進上品龍
茶最為精好臣退念艸木之微首辱
陛下知鑒若處之得地則能盡其材昔陸羽
茶經不第建安之品丁謂茶圖獨論採造之
本至於烹試曾未有聞臣輒條數事簡而易
明勒成二篇名曰茶錄伏惟
清閒之宴或賜觀采臣不勝惶懼榮幸之至

图7—3 《茶录》序篇

宋代最为有名的茶研究著作仍推宋徽宗赵佶于“百废俱举，海边晏然”的大观年间以九五之尊所著录的《大观茶论》。集中阐释了蒸青团茶的产地、采制、烹试、品质诸方面，隽思妙理深藏其中，有些内容至今仍为专家们津津乐道。书中所描绘的“七汤”点茶法为宋代饮茶的极致代表。

除此以外，宋代茶文化研究著作方面还有许多优秀作品，如叶清臣的《述煮茶小品》（1040年）、黄儒的《品茶要录》（1075年）、王端礼的《茶谱》（1100年）、蔡宗颜的《茶山节对》和《茶谱遗事》（1150年）、曾伉的《茶苑总录》（1150年）、佚名的《茶杂文》（1151年）和《茶苑杂录》（1279年）等。

（3）明、清茶文化研究

明代由于统治者的偏好，以及“瀹饮法”的盛行，饮茶进一步普及，茶文化研究又兴盛起来。朱权的《茶谱》，独创蒸青叶茶的烹饮方法，被称为“开千古茗饮之宗”。茶之味、茶之意、茶之美，在朱权的生花妙笔下一一展现，使人读后能真正体味到品茶时那种“此中有真意，欲辩已忘言”的境界。朱权之后，明代茶人专著的又一扛鼎之作是张谦德撰写于万历二十四年（1596年）的《茶经》。这部《茶经》凡一卷，约2 000字。上篇“论茶”，分产茶、采茶、造茶、茶色、茶香、茶味、别茶、茶效八节。中篇“论烹”，分择水、候汤、点茶、用炭、洗茶、涤器、藏茶、炙茶、茶助、茶意十节。下篇“论器”，分茶焙、茶笼、汤瓶、茶壶、茶盏、纸囊、茶洗、茶瓶、茶炉九则，对茶事所用器具简略地细数一通。综观全书，茶、烹、器三论概括了点茶的主要方面，虽未面面俱到，但也自成系统，对后人茶理论的发展起着积极的作用。明代丁云鹏《煮茶图》如图7—4所示。

图7—4 明代丁云鹏《煮茶图》

明、清两代的茶文化研究还有一点值得称道的是，许多研究者经过辛苦整理，将茶文化历史梳理得更清晰了。如钱椿年和顾元庆的《茶谱》（1541年）、程用宾的《茶录》（1604年）、屠本畯的《茗笈》（1610年）、夏树芳的《茶董》（1610年前后）、万邦宁的《茗史》（1621年）等。

另外，清代书画家金农的茶书法也颇值得称道，如图7—5所示。

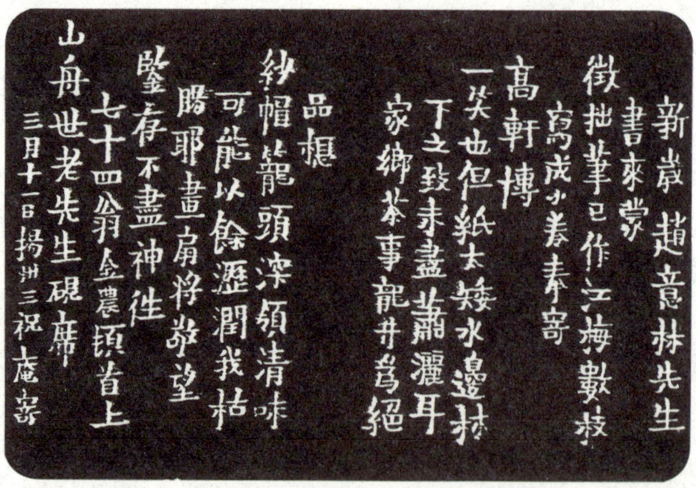

图7—5 金农的茶书法

2. 当代茶文化研究的现状

1912—1949年，这一时期茶的著作，在已见的10多种茶书中，仅有胡山源编的《古今茶事》录入了一些古代茶文化的内容。1949—1978年间的120多种茶书，只有数种为茶文化著作，其余均为茶学和茶业的内容。此后，茶文化研究进入快速发展期，这一时期的研究情况如下。

茶文化的复兴和茶文化研究的重视，是随着社会经济的变化而变化的。这一阶段，始于20世纪70年代。在中国台湾地区，随着经济发展和对中国传统文化的追寻，1977年，第一家茶艺馆出现，中国茶艺热的兴起，使大众想更多了解茶文化知识，一些茶文化普及的图书出现，其中包括一些研究性的著作。如张宏庸编的《陆羽全集》《陆羽茶经译丛》《陆羽研究资料汇编》《陆羽书录》和《茶艺》，吴智和的《中国传统的茶品》《中国茶艺》《中国茶艺论丛》《明清时代饮茶生活》等，以及廖宝秀的《从考古出土饮器论唐代的饮茶文化》《宋代吃茶法与茶器之研究》等，都有相当的学术价值。同时，中国台湾还出版了一些大陆学者撰写的茶书，如李传轼编选的《中国茶诗》，吕维新、蔡嘉德著《从唐诗看唐人茶道生活》。而在香港，相当一部分有影响的茶书是由内地学者撰写的，如陈彬藩著《茶经新篇》《古今茶事》、陈文怀著《茶的品饮艺术》、韩其楼著《紫砂壶全书》等。

自20世纪70年代后期开始，中国内地的茶文化引起了人们广泛关注并逐渐兴起。庄晚芳等编著的《饮茶漫话》、张芳赐等译释的《茶经浅释》、陈椽编著的《茶业通史》、刘昭瑞著《中国古代饮茶艺术》、陆羽研究会编《茶经论稿》等，都是这一时期有一定影响的研究和普及之作。特别是吴觉农主编的《茶经述评》，更是权威之作。庄晚芳还发表了《中国茶文化的发展与传播》《日本茶道与径山茶宴》《茶叶文化和清茶一杯》《中国茶德》《略谈茶文化》等论文或短论，为新时期茶文化研究做出了贡献。这一阶段，茶文化研究者大多是茶学与茶业界人士，主要是从茶史、茶艺等层面切入研究。

20世纪80—90年代，是新时期茶文化研究的重要转型期。1989年9月，在北京举办“茶与中国文化展示周”，有33个国家和地区的人士参加活动。1990年9月，茶人之家基金会在杭州成立，旨在弘扬茶文化，促进茶文化、科技、教育、生产和贸易的发展。1990年10月，设在杭州的中国茶叶博物馆基本建成并开放。与此同时，1990年起“首届国际茶文化学术研究会”召开，后形成惯例，每两年举行一次国际性的茶文化研讨会。以此为契机，国际茶文化学术研讨会常设委员会设立，并在此基础上成立中国国际茶文化研究会。从此，全国各种国际性、全国性或专题性的茶文化活动及学术研讨会纷纷举行，极大地推动了茶文化研究的开展。1991年4月，王冰泉、余悦主编的《茶文化论》和王家扬主编的《茶的历史与文化》两本论文集出版，集中发表了一批有影响的茶文化论文。也就是在这一年，江西省社会科学院主办、陈文华主编的《农业考古》杂志推出《中国茶文化》专号，以后每年出版两期成为定制，成为当时国内唯一公开出版的茶文化研究刊物。杂志刊登有关茶文化的研究论文和各种不同体裁的文学艺术作品，茶文化有分量的学术论文，大多刊登在这份刊物上。适逢其时，一些社会科学院系统和高等院校的人文社会科学研究人员，长期坚持茶文化研究，运用哲学、文学、艺术、历史、文化、民俗、民族、文献、考古等多学科的知识和多角度的研究，拓展了中国茶文化研究的领域和视野，撰写和发表了许多有独到见解、有影响力的茶文化论文与著作。如余悦主编的《中华茶文化丛书》（10本）和《茶文化博览丛书》（5本）、沈冬梅的《宋代茶文化》等，都是这一阶段有代表性的著作。

作为这一阶段研究的亮点之一，一批颇有价值和为研究者带来便利的资料性著作与工具书问世。1981年11月，陈祖椝、朱自振编的《中国茶叶历史资料选辑》由农业出版社出版。而陈彬藩、余悦、关博文主编的《中国茶文化经典》（见图7—6），则洋洋大观250万字，成为当时收录古代茶文化资料最全面的资料集。陈宗懋虽然以茶叶生化研究享誉海内外，却以极大热情主编了《中国茶经》和《中国茶叶大辞典》。这两部大型著作，虽然由茶学家主持，却有相当部分关于茶文化的内容与研究成果。此外，还有朱世英主编的《中国茶文化辞典》等。

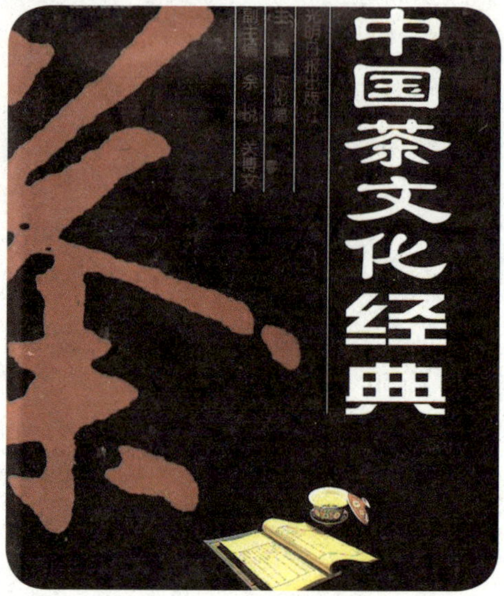

图7—6 《中国茶文化经典》

20世纪末，全国各个学科都掀起一股回顾过去，展望未来的热潮。中国茶文化研究者也同样进行了深入的反思。凯亚先生曾就研究状况分析利弊得失，不无担忧地提出，必须改变“我国现代茶学在理论探索上的贫困现象”（《农业考古·中国茶文化》专号1999年第4期）。提升茶文化研究的整体水平，加强茶文化学科建设，被提到议事日程。学术研究是长期和艰辛的劳作，不可能“拔苗助长式”地飞快改变局面。最近几年，罕见突破性的研究成果，但偶尔也有耀眼的光芒。如陈文华的《长江流域茶文化》、关剑平的《茶与中国文化》、滕军的《日本茶道文化概论》和《中日茶文化交流史》，均为厚重之作。中国国际茶文化研究会也意识到加强学术研究的重要，于2005年成立茶文化研究专业委员会，组织一批著名的茶文化专家学者共同参与，并且投入巨资，有组织、有计划地完成一批研究课题。江西省社会科学院也把“中国茶文化研究”作为重点学科，集中科研力量和科研经费，进行学术研究攻关。“板凳要坐十年冷，文章不写一句空”，也许这一段时间的相对空寂，正是中国茶文化研究界在重新集中力量，迎接新的挑战。这一阶段，正是中国茶文化研究的突破期。

3. 当代茶文化研究的重点与成就

当代茶文化研究的重点与成就，大体有以下几个方面。

（1）当代茶文化研究，最重要的是将茶文化与茶的其他方面相区分，自觉增强学科意识，并逐步形成具有独立性的中国茶文化学科。

在汗牛充栋的古籍中搜寻，我们只能见到诸如“茶德”“茶道”等的记载，而没有“茶文化”之类的词语。现代茶书、茶文，也没有这样的说法。应该说这一名称是当代才有的，并且最迟于1982年就出现了。因为这一年，庄晚芳发表了《中国茶文化的发展与传播》一文。1987年5月，由中国台湾幼狮文化事业公司出版的张宏庸撰写的《茶艺》一书，也采用了“中国茶文化”的称法。不过，这一时期仍然是过渡期。1989年，国际性的大型活动还称“茶与中国文化周”。可见，“中国茶文化”作为一个固定搭配的词，还缺乏稳定性和权威性。但是，这种状况很快就发生了根本性的变化。经过长期筹备，1990年，江西南昌设立“中国茶文化大观”编辑委员会，并陆续推出相关书系，包括《茶文化论丛》《茶文化文丛》等。1991年5月，姚国坤、王存礼、程启坤编著的《中国茶文化》一书由上海文化出版社出版，这是第一本以“中国茶文化”为名称的著作。随后又有王玲的《中国茶文化》于1992年12月由中国书店出版，陈香白的《中国茶文化》于1998年6月由山西人民出版社出版。同一名称的著作反复问世，这种“重名”现象除了证明茶文化热，还说明“中国茶文化”名称已经定型和得到公认。

但是，在一段时间内，著作和论文的重点在于关注一些茶文化事项的研究，而对于其整体状况，尤其是学科属性没有涉及。1991年4月，由文化艺术出版社出版的《茶文化论》一书，收入由余悦撰写的《中国茶文化学论纲》一文（当时署笔名彭勃），对构建茶文化学的理论体系进行了全面探讨。文章认为：茶文化的整体特征包括综合性、民族性、地方性、传承性，还有社会性、集体性、类型性及播布性。中国茶文化是一门独立的学科，又是一门开放的学科，还是一门边缘学科，以及一门当代之学。文章还提出中国茶文化结构体系的六种构想，认为茶文化学必须研究和解决六大问题：茶文化基本原理、茶文化分类学、茶文化历史学、茶文化信息学、茶文化的比较研究、茶文化的研究方法。后来，作者多次在不同的论著和场合阐述了这些观点。在受《中国茶叶大辞典》编辑委员会委托撰写前言时，作者又一次论述围绕茶叶研究的学科应包括茶学、茶业学、茶文化学三个子学科，其建立中国茶文化学的观点，受到茶界和茶文化学界的重视。刘勤晋主编的农业高等院校茶文化教材，就以《茶文化学》为书名。随后，又有一些探讨中国茶文化学的论文问世，如王玲的《关于“中国茶文化学”的科学构建及有关理论的若干问题》，陈文华关于茶文化方面情况的梳理与反思，赖功欧、陈香白、丁以寿关于茶文化研究的一些论文，都对茶文化学科的完善，提供了有益的滋养，做出了积极的贡献。

任何学科的提出和构建，很重要的是有没有内涵和灵魂。对中国茶文化精神的探讨和对中国茶文化思想内核的研究是茶文化学科提升的必要课题。陈香白提出，"中国茶道"的内涵是"七义一心"。他具体分析说，中国茶道涵盖着七种主要义理，即所谓的"七义"：茶艺、茶德、茶礼、茶理、茶情、茶学说、茶导引；中国茶道精神的核心，即所谓的"一心"是"和"。一个"和"字，不但囊括了所谓"敬""清""寂""廉""俭""美""乐""静"等意义，而且涉及天时、地利、人和诸层面。赖功欧则对儒释道与中国茶文化的关系进行了全面探讨，撰写出版了专著《茶哲睿智·中国茶文化与儒释道》。他认为：中国茶文化的千姿百态与其盛大气象，是儒释道三家互相渗透综合作用的结果。中国茶文化最大限度地包含了儒释道的思想精神，融汇了三家的基本原则，从而体现出"大道"的中国精神。宗教境界、道德境界、艺术境界、人生境界是儒释道共同形成的中华茶文化极为独特的景观。陈文华在写作《中华茶文化基础知识》时，曾对茶文化和茶道的一些观点进行梳理，归纳为：茶道精神是茶文化的核心，是茶文化的灵魂，是指导茶文化活动的最高原则。而在《长江流域茶文化》（见图7—7）一书中，他进一步提出：和是茶之魂，静是茶之性，雅是茶之韵。实际上它们既是中国茶艺的主要特点，也是中国茶道的本质特征，因为茶艺、茶道本来就是互为表里的，故其特征也必然会表里一致。

图7—7 《长江流域茶文化》

余悦对茶道进行过系统的阐述：作为以吃茶为契机的综合文化体系，茶道是以一定的环境氛围为基础，以品茶、置茶、烹茶、点茶为核心，以语言、动作、器具、装饰为体现，以饮茶过程中的思想和精神追求为内涵的，是品茶约会的整套礼仪和个人修养的全面体现，是有关修身养性、学习礼仪和进行交际的综合文化活动与特有风俗。茶道具有一定的时代性和民族性，涉及艺术、道德、哲学、宗教以及文化的各个方面。他还具体分析了儒释道和民众观念对茶道的影响，概括出中国茶道精神为：中和之道、自然之性、清雅之境、明伦之礼。中国茶道精神是和中国的民族精神、中国民族性格的养成，中国民族的文化特征一致的。中国茶道精神是中国民族精神、中国文化精神的组成部分之一，同时又是这一大的背景下的一个分支。在当前经济全球化和文化多样性的大背景下，中国茶道精神的走向也必然要进行变化。他还就“儒释道与中国茶道精神”在日本东京进行演讲，获得广泛好评。他还把相互关联的中国茶道和中国茶艺加以区别，认为“茶道”是“茶艺”的精髓，“茶艺”是“茶道”的表征。不谈“茶道”的“茶艺”，不免见木不见林，缺少厚重；没有“茶艺”的“茶道”，则不免流于抽象，神韵不足。“艺通于道”“道与艺合”，这就将“茶道”与“茶艺”两者千丝万缕的联系理清了。

（2）在新时期的茶文化研究中，对于茶艺的探讨是重点之一，也是最有成就的方面之一。

茶文化的复兴与弘扬，首先是从茶艺实践开始的。喝好一杯茶，从随意的喝茶到艺术的品茗，有高下之分、雅俗之别。从品茗形式的规范向品茗精神的追求，茶艺经历了一个由肤浅到精深、由表层到厚重的过程。正是在品茗艺术不断深化的进程中，学术界对其关注、探索，不仅在技艺层面逐步走向精致，而且在学理层面逐步走向升华。关于茶艺学术方面的争论和成果，大致集中在以下三个方面。

一是茶艺的产生与茶艺名称的由来。比较有代表性的主要有两种意见，第一种认为唐代陆羽时期茶艺就有完备的形态，茶艺的定型应该是在唐代。学者们依据大量的文献资料考证，起码在唐代“艺”字就与“茶”字发生联系。宋代，“艺”与烹茶、饮茶联系在一起。在这之后，“艺茶”之说频频出现。20世纪30年代，“茶艺”两字连用就已在中国出现。20世纪70年代末，“茶艺”一词在中国台湾地区广泛使用，并且和茶艺馆产生了紧密的联系。第二种认为，中国台湾地区创造了茶艺名称和茶艺方式。其依据是20世纪70年代后期以来，“茶艺”一词得到中国台湾地区学者的首肯，并且得到广泛的采用。比较两种意见，前者有相当多的资料依据，又关照由历史到现实的演变，更有值得重视的必要。

二是茶艺的界定。茶艺的界定大体说来分广义说、狭义说和两者并存说。为中国台湾茶叶生产和茶艺事业做出重要贡献的吴振铎持广义说观点。他在《中华茶艺》杂志创刊词中说：“‘茶艺’是茶叶产、制、销的技艺与饮茶生活艺术之溶化与升华的总称；是广义的‘茶道’，与农业、艺术、文学等有密切的关联。”陈香白也主张茶艺的广义之说，认为“茶艺就是人对种茶、制茶、用茶的方法与程序”。台湾茶艺专家蔡荣章和江西茶文化专家陈文华都持狭义说。蔡荣章认为：“‘茶艺’，是指饮茶的艺术而言……讲究茶叶的品质、冲泡的技艺、茶具的玩赏、品茗的环境以及人际间的关系，那就广泛地深入到‘茶艺’的境界了。”陈文华认为：“我们赞成按狭义的定义来理解。通俗地说，茶艺就是泡茶的技艺和品茶的艺术。其中又以泡茶的技艺为主体，因为只有泡好茶之后才谈得上品茶。”台湾茶艺专家范增平则持两说并存论，他认为：“广义的茶艺是研究茶叶的生产、制造、经营、饮用的方法和探讨茶业原理、原则，以达到物质和精神全面满足的学问。”“狭义的解说，是研究如何泡好一壶茶的技艺和如何享受一杯茶的艺术。”浙江茶文化专家寇丹也持广义和狭义并存说，并且用词也与范增平先生相同。余悦具体分析了“茶艺”产生歧义的原因，提出了界定名称的原则，认为：“所谓‘广义’只不过把茶学的、茶叶商品学和茶文化学范畴内的其他东西，笼而统之拼成‘大杂烩’。茶艺只不过是茶文化的一部分，使其独立出来，才免得成为其他的附庸。”他还进一步解释了《中国茶叶大辞典》撰写“茶艺”词条时表述“茶艺是指泡茶与饮茶的技艺”的多重含义。“一是把茶艺的范围仅仅界定在泡茶和饮茶的范畴。种茶、卖茶和其他方面的用茶却不包括在此行列之内。”“二是指茶艺包括泡茶和饮茶的技巧。”“三是指茶艺包括泡茶、饮茶的艺术。”他总结道：“我们认为茶艺的内涵，应该是与泡茶、饮茶直接相关的技巧与艺术方面的内容。而与茶艺相关的其他方面，则应该属于其外延。我们之所以把茶艺和其他相关方面严格区别开来，只是使其更为科学，更为准确，也更有利于发展。当然，茶艺不可能与茶文化的其他方面，甚至茶学的、茶叶商品学的其他方面截然分开，也有交流、交叉，我们也应该清醒地认识到这一点。”这些争论，进一步明确了茶艺的内涵和外延，也为茶艺的发展奠定了理论基础。

三是茶艺特征的研究。茶艺虽然具有很强的学术研究价值，具有很强的学理性，但又具有实践性和使用性。因此，有相当一部分人员的探讨集中在具体品茗艺术的层面，主要集中在茶叶、品茗用水、茶具、冲泡技巧和品茗环境研究。同时，丰富多彩的各民族茶俗、各地独特的饮茶风俗、茶与礼仪等，也成为论著的重要内容。与此相关的中国茶艺馆研究，也进入到学者的学术研究范围，如《茶馆闲情——中国茶馆的演变与情趣》《中国茶馆》等较有理论色彩和理论深度。

（3）当代中国茶文化研究取得令人注目的成就，还由于学术论文和学术著作内容丰富，涉及茶文化的众多方面。

例如，茶文化的断代史，如茶文化的起源，各个历史朝代的茶文化史；中国饮茶史，如各个不同时期的饮茶方法；茶业经贸史，如中国古代的茶商和茶叶商帮，古代茶马互市，茶叶外销历史；著名茶人研究，如探索其生平、思想和对茶文化的贡献。

关于茶与文学艺术的研究，历代茶诗、茶画、茶书法、茶歌、茶舞、茶戏剧、茶建筑，都成为论著关注的重点。这些研究方面对于茶艺美学也有初步涉及。

关于中外茶文化交流研究，中国茶的外传可以追溯到2 000多年前的汉代。在中国对外交流史上，茶叶和丝绸同样发挥着重要的作用。茶文化论文对于茶叶最早的外传时间，对“茶叶之路”的走向，以及日本茶道、韩国茶礼、亚洲其他国家茶事、欧洲的饮茶时尚、世界其他地区的饮茶与茶事，都做了有益的探索。

关于茶文化历史文献的研究，主要集中在陆羽的《茶经》上，另有对蔡襄的《茶录》、赵佶的《大观茶论》、朱权的《茶谱》，以及其他茶书的研究，对于书中的疑难问题，学者们从不同角度提出了不同的看法。此外，还有的论文对现当代茶书做了介绍和评论。

以上所说，远非当代中国茶文化研究成果的全部，而只介绍了其中有代表性的几个方面。几十年来，数量庞大的茶文化学术性和学术普及性的著作为学术积累和学科建设奠定了厚实基础。更重要的是茶文化研究方法也展现出多样性，注重多学科的交叉、多种方法的运用。特别是学术争鸣初步兴起，成为茶文化研究兴旺发达的前提，学术不断突破的基石，也是学科走向成熟的一个重要标志。

4. 当代茶文化研究的不足与要解决的问题

新时期茶文化研究虽然取得重要的进展，但从总体上来看，还存在许多值得关注和提高的问题。

一是学术的空白点仍很多。有些历史遗留的疑点问题未能解惑，有些热点问题也没解决。在进一步完善中国茶文化学构架的同时，应该更多地关注细节问题、细部问题的研究，把宏观和微观研究科学结合起来。

二是有学术创见、有学术突破的论文不多。任何学科的研究，原创性极为重要。新材料的发现、新角度的选择、新问题的提出、新课题的论证、新方法的运用，才是茶文化研究课题需要的。但从目前来看，学术的原创性不足，陈陈相因、拾人牙慧的现象较普遍。

三是治学态度浮躁。急功近利的问题带有一定普遍性。在相当一部分论文中，征引的资料大多是旁人引用、随处可见的；也有的文章，甚至有似曾相识之感，或拼凑而成。

这些不仅是茶文化研究的弊端，也是学术研究的通病。

中国茶文化研究现在正处在一个十字路口，面临着机遇，也面对着挑战。中国茶文化研究要有新的突破和新的发展，要走上学科建设良性循环和持续发展的道路，有五个需要解决的问题。

一是学科地位。经过多年的研究，中国茶文化研究领域及其学科特性已经初步明晰。但是，客观来看，茶文化的学科地位并未确立。学科地位的不确定，使其不得不始终处于边缘化的境地。从学术层面来看，茶文化与哲学、社会学、民俗学、文艺学、文化学、美学、历史学、心理学等互相联系，相互渗透。同时，茶文化的物态性、实用性和多样性这三种特性，既成就了茶文化的学科特质，又影响着茶文化的学科地位。物态性容易导致精神文化被忽视，实用性容易导致思想内涵被淡化，多样性容易导致学科形象被边缘化。归根结底，茶文化学科地位的不确定，还在于自身的学术成果和学术影响力。在目前的情况下，茶文化研究最有可能产生较强影响力的，大体有以下六个方面。

一是与哲学相关的研究，即中国茶文化与儒释道及其他思想层面的探讨，对中国茶文化精神的进一步探寻；二是与历史学相关的研究，如茶文化各个历史阶段和事项的研究；三是与文学艺术相关的研究，许多文学艺术形式都有关于茶的内容，值得关注和探讨；四是与民俗相关的研究，中国许多民族和地区都有饮茶的习惯，许多民族传统习俗中也有用茶的风俗，这方面还有许多未被发掘的领地；五是与美学相关的研究，茶艺可以说是美的集中表现，但对这一形态的美学思想和审美情趣都缺乏有深度的成果；六是与文化学相关的研究，茶文化本质上就是属于文化学的范畴，由于文化学学科定位的游移性，也影响到茶文化。不过，社会学中有文化社会学，也有文化学的位置，更多地导向与文化学相关的茶文化事项研究，无疑也是良策之一。这六个方面的茶文化研究，都与已经有明确定位的学科相衔接，更有利于在某方面或多方面研究的突破。

二是学术视野。学术视野应该既关注历史，又关注现实，还应关注未来的走势。学术视野应该既关注区域的事项，又关注全国的事物，还应关注世界的动态。中国茶文化研究要有新的突破，研究者的学术视野必须更有洞察力、穿透力。但是，当前学术视野在广度和深度上还存在相当的差距。

三是资料发掘。中国茶文化研究的深入，还有赖于新资料的发掘与发现。新时期以来的茶文化研究，其基础性工作之一就是多部资料性著作的问世。这既是茶文化研究的成果，也为茶文化研究者提供了极大的便利。这些资料集主要包括三个方面：一是历史资料的汇编，二是地方志资料的搜集，三是现当代和专题的茶文化资料。除了这些类型的资料搜集外，还可以从更广泛的范围去搜集资料，如最新文物考古的发现，民间茶俗、茶事的调查，以建立起更为完备的现代茶文化资料库。

四是国际交流。与茶相关的国际交流，可以说是古已有之，于今更盛。在经济全球化和文化多样性的态势下，茶文化研究的国际交流是一种趋势。从表面的升温，走向实质的深入，这是一个过程，需要增加交流，展开直接对话，增进双方的学术积累和学术了解。这样，中国茶文化研究才能够不断得到提升。

五是人才培养。任何事业的发展，都需要人才的支撑。茶文化研究的兴盛，也取决于人才的素质。随着茶文化的繁荣，茶文化方面人才的需求也越来越旺盛。茶文化教育受到重视，国内已经形成人才培养的网络系统。不过，茶文化教育目前重在培养茶学人才和实用型人才，而缺乏培养茶文化研究型人才的机制和体制。在现有的条件下，从事茶文化普及与研究的人员，应面对现实，积极进取，追踪学术前沿，不断提高学术水准。

二、茶文化著作简介

1. 唐代茶著概说

写作最早、流传最广、影响最大的茶书是唐代陆羽的《茶经》。陆羽曾作《六羡歌》，以明其志："不羡黄金罍，不羡白玉杯。不羡朝入省，不羡暮登台。千羡万羡西江水，曾向竟陵城下来。"他的一生逸趣唯在"茶水"二字，而他殚精竭虑，发奋而著的《茶经》只以七千余字泽被后世，沁润着一代代中国人的茶香之心。

陆羽的《茶经》分上、中、下三卷，共十章，呈现于人们眼前的是一个异彩纷呈的茶的世界。上卷有"一之源""二之具""三之造"三章，中卷仅有"四之器"一章，下卷则包括"五之煮""六之饮""七之事""八之出""九之略""十之图"六章。陆羽《茶经》如图7—8所示。

图 7—8 陆羽《茶经》

继陆羽《茶经》之后，又有张又新的《煎茶水记》。作者对此书曾有自述云："元和九年暮春，予初成名，与同年生期于荐福寺，余与李德垂先至，憩西厢玄鉴室。会适有楚僧至，置囊有数编书，余偶抽一通览焉，文细密，皆杂记。卷末有一题云《煮茶记》。云代宋朝李季卿刺湖州，至淮扬，逢陆处士鸿渐，……闻其评定水之优劣。"张又新于偶然处得到陆羽的《煮茶记》，对他于水之优劣颇具慧眼的分法产生了于心有戚戚焉的应和之感，于是照录陆文。但他同时又看到其他人的不同评定方法，如"为学精博，颇有风鉴"的刘伯刍的品水文就与陆羽大相径庭。张又新比较之后，又一一游历，自行取水煮茶品鉴，觉得似乎伯刍之言很对，但有人却告知尚有他水，伯刍所言未搜访尽。于是，张又新又寻至伯刍未到的两浙，得桐庐严陵滩溪水与永嘉仙岩瀑布之水，觉其水质远在刘伯刍称为第一的扬子江南零水之上。至此，张又新不得不对陆羽的选水之书深感敬佩，写下了“此二十水，余尝试之，非系茶之精粗，过此不之知也。夫烹茶于所产处，无不佳也。”《煎茶水记》中有其突破前人的发现之处。如认为茶汤品质高低与泡水有关系，水的性质不同会影响茶汤的色香味，但烹茶用水不必拘于名泉名水，而需得水土之宜才好，而且他还强调善烹洁器也为重要条件。因此，可以说，《煎茶水记》开了饮茶用水理论的先河，如图 7—9 所示。

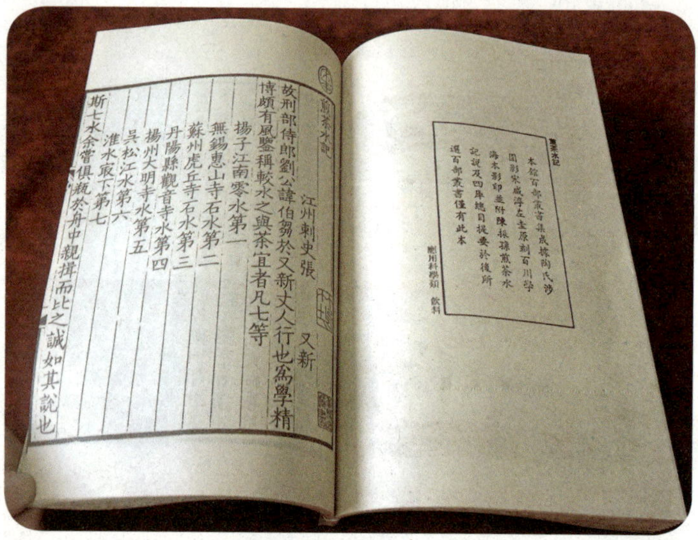

图 7—9　张又新《煎茶水记》

唐时茶著还有苏廙撰写的《十六汤品》，影响也较大。《十六汤品》约成文于光化三年（900 年）。该文原来是苏廙《仙芽传》第九卷中的一篇短文，后由陶谷“慧眼识英雄”地将其收录到《清异录》卷四中。现存明代喻政《茶书全集》本、清代陈世熙《唐人说荟》本、清代孙梦雷《古今图书集成》本等。《十六汤品》，顾名思义，即是按茶汤好坏评比出十六品，分别是：得一汤、婴儿汤、百寿汤、中汤、断脉汤、大壮汤、富贵汤、秀碧汤、压一汤、缠口汤、减价汤、法律汤、一面汤、宵人汤、贼汤、魔汤。苏廙又将其分为四类：煎以老嫩言者凡三品，注以缓急言者凡三品，以器标者共五品，以薪论者共五品。即是从开水滚沸情况、冲水缓急程度、贮水器具的异同、所用燃料的优劣四个方面来分品茶汤。

唐时茶文还有一名篇是封演的《封氏闻见记》中第六卷的《饮茶》，此文大约完成于贞元年间（785—805 年）。文中记述：“（茶）南人好饮之，北人初不多饮。开元中，泰山灵岩有降魔大师大兴禅教。学禅务于不寐，又不夕食，皆恃其饮茶，人自怀挟，到处煮饮，从此转相仿效，遂成风俗。自邹、齐、沧、棣，渐至京邑，城市多开店铺，煎茶卖之，不问道俗，投钱取饮。”文中说的“城市多开店铺，煎茶卖之”，是我国对茶馆进行明确记载的最早文献，是研究我国茶馆历史的珍贵材料。更为重要的是，文中有关我国北地饮茶与北地禅宗有极大关系的记载，这是后世人们研究“禅茶一味”的开端。

晚唐文人温庭筠于《采茶录》中记辨、嗜、易、苦、致五类，分别是：李约天性辨茶，得以诠释陆羽《茶经》中煮水要法；陆龟蒙嗜茶成瘾，自为《品第书》一篇；刘禹锡欲以茶醒酒，只得以腌菜换取乐天之茶；王濛好饮人茶，使客人每有水厄之叹；刘鲲与弟书求取真茶。

到了后蜀，毛文锡著《茶谱》，虽多为短言妙语不成长篇巨著，又兼记民间故事，但茶理茶思，茶意茶哲却又时表文外。文中分出各地所产名茶，如彭州六出花茶、眉州丹棱茶、出口党项的临邛数邑茶、蜀州横源雀舌茶（这大概是为最早之雀舌了）、泸州的泸茶、建州的露芽及紫笋茶、长沙的石楠茶、南平的狼猱山茶、洪州的西山白露茶、婺州的举岩茶、团黄的一旗二枪茶、涪州的三般茶、宣城的阳坡茶、义兴的含膏茶、龙安的骑火茶、睦州的鸠坑茶、扬州的禅智寺之茶，雅州的蒙顶茶等。《茶谱》虽已失传，但从后人辑录的资料大致可以了解该书的内容及特色。书中主要论述各产茶区的名茶，并对其品质、风味及部分茶疗效均有评说，还有对各种散叶茶（即芽茶）的记载，或为当时除饼茶外还有散叶茶产生与发展的佐证。

2. 宋代茶书要览

宋代茶事发达，已知的茶书有近30种，虽大多失传，却有几部重要茶书完整地保存下来。除前面已叙的丁谓《北苑茶录》、蔡襄《茶录》等书外，还有以下茶书。

宋子安的《东溪试茶录》成书于治平元年（1064）。东溪是建安的一个著名产茶区。全书分总叙，以及焙茗总说、北苑（曾坑、石坑附）、壑源（叶源附）、佛岭、沙溪、茶名（茶之名类殊别，故录之）、采茶（辨茶须知制造之始，故次）、茶病（试茶辨味必须知茶之病，故又次之）八目。“总叙焙茗”描写东溪的山川景色、地势特点及土壤性质。书中写道：“隰首七闽，山川特异，峻极迴环，势绝如瓯……会建而上，群峰益秀，迎抱相向，草木丛条，水多黄金，茶生其间，气味殊美。”还分别写了东溪各处的特点及优劣。总叙之后再以八目分别叙写。“焙茗总说”把北苑及其他各处的焙茗之法的沿袭与改革说得清清楚楚。“北苑”“壑源”“佛岭”“沙溪”，主要讲述此四处所产茶叶与各处自然条件的关系。如说到曾坑“山浅土薄，苗多发紫，复不肥乳，气味殊薄”，而壑源正壑岭“土皆黑埴，茶生山阴，厥味甘香，厥色青白，及受水则淳淳光泽”，佛岭“连接叶源下湖之东，……隔溪水，……茶少甘而多苦，色亦重浊”，沙溪是“山浅土薄，茶生则叶细，芽不肥乳”。“茶名”中分东溪茶为七名：一曰白叶茶，次有柑叶茶，三曰早茶，四曰细叶茶，五曰稽茶，六曰晚茶，七曰丛茶。“采茶”注明了采茶时间：北苑之茶，惊蛰过后最为第一，其余则要晚北苑半个月，太晚又不行，而且采茶必须清晨方可等。“茶病”中标出各种茶的毛病，使人不至于爱屋及乌。

宋徽宗赵佶常与臣下品饮斗茶，且亲自点汤击沸，能令“白乳浮盏面，如疏星朗月”。他所著的《大观茶论》首列绪论，其后分地产、天时、采择、蒸压、制造、鉴辨、白茶、罗碾、盏、筅、瓶、杓、水、点、味、香、色、藏焙、品名、外焙共20目，集中阐释了蒸青团茶的产地、采制、烹试、品质诸方面，隽思妙理深藏其中。例如，“地产”中说：“植茶之地，崖必阳，圃必阴。”“天时”中说：“茶工作于惊蛰，尤以得天时为急，轻寒英华渐长，条达而不迫，茶工从容致力，故其色味两全。”“采择”中说：“白合不去，害茶味，乌蒂不去，害茶色。”“鉴辨”中说：“膏稀者，其肤蹙以文；膏稠者，其理敛以实。即日成者，其色则青紫；越宿制造者，其色则惨黑。”“鉴辨”中还提出了三项标准：一是观色，“色莹彻而不驳”者为佳；二是品质，“缜绎而不浮”“举之则凝结”者为上；三是闻声，“碾之则铿然”者称好，并说“可验其为精品也”。

宋人喜好茶，宋人更喜好斗茶，有关斗茶的文章也颇多，这其中茶人唐庚的一篇《斗茶记》则是首屈一指者。书中内容节选如下。

政和二年三壬戌，二三君子相与斗茶于寄傲斋。予为取龙塘水烹之而第其品，以某为上，某次之。某闽人，其所赍宜尤高，而又次之，然大较皆精绝。盖尝以为天下之物，有宜得而不得，不宜得而得之者。富贵有力之人，或有所不能致，而贫贱穷厄流离迁徙之中，或偶然获焉。所谓尺有所短，寸有所长，良不虚也。唐相李卫公，好饮惠山泉，置驿传送，不远数千里。而近世欧阳少师作《龙茶录序》，称嘉祐七年，亲享明堂，致斋之夕，始以小团分赐二府，人给一饼，不敢碾试，至今藏之。时熙宁元年也。吾闻茶不问团銙，要之贵新；水不问江井，要之贵活。千里致水，真伪固不可知，就令识真，已非活水。自嘉祐七年壬寅，至熙宁元年戊申，首尾七年，更阅三朝，而赐茶犹在，此岂复有茶也哉？今吾提瓶支龙塘，无数十步，此水宜茶，昔人以为不减清远峡。而海道趋建安，不数日可至，故每岁新茶，不过三月至矣。罪戾之馀，上宽不诛，得与诸公谈笑于此。汲泉煮茗，取一时之适，虽在田野，孰与烹数千里之泉，浇七年之赐茗也哉？此非吾君之力欤。夫耕凿食息，终日蒙福而不知为之者，直愚民耳，岂吾辈谓耶？是宜有所记述，以无忘在上者之泽云。

3. 明、清茶学著作

明代的各种艺术雅事得以再度辉煌，而茶文化也从一度的衰落中振兴，经典著作不断问世。有趣的是，明人当时著茶书，喜欢随己意增删添改并同名著书，如以《茶谱》为名的就有七部之多。其他如名为《茶录》《茶说》的著作均有同名现象。而在这些茶书中，最值得一提的当属朱权的《茶谱》。这部《茶谱》也是茶书经典中的上乘之作。朱权大胆改革传统的品饮之法和前代茶具，结合当时具体的生产与生活实际，开创了一套新颖独特的烹饮法。在开篇序言中，朱权写道：

挺然而秀，郁然而茂，森然而列者，北园之茶也；泠然而清，锵然而声，涓然而流者，南涧之水也；块然而立，晬然而温，铿然而鸣者，东山之石也；癯然而酸，兀然而傲，犷然而狂者，渠也。渠以东山之石，击灼然之火，以南涧之水，烹北国之茶，自非吃茶汉，则当握拳布袖，莫敢伸也。本是林下一家生活，傲然玩世之事，岂白丁可共语哉！予尝举白眼而望青天，汲清泉而烹活火，自谓与天语以扩心志之大，符水火以副内炼之功，得非游心于茶灶，又将有裨于修养之道矣，其惟清哉？

朱权塑像如图7—10所示。

图7—10 武夷山茶博园朱权塑像

文中反映出来的是朱权受挫于政治因而醉心于顺心自适的自然之道。饮茶并非只为饮得手中茗，而是味其茶理“以扩心志之大”“以副内炼之功”“有裨于修养之道”“栖神物外”“探虚玄丽参造化，清心神而出尘表”，以此作为个人精神修炼的一种途径。

既然“茶以明志”，朱权就大胆改革前人品饮风格，而以清饮为主，从而开始了茶之历史的一次根本性变革。茶性洁，故茶器选择上要反对“雕镂藻饰，尚于华丽”，而以清丽古朴的风格为主。例如，茶炉，“与炼丹神鼎同制”，以“泻铜为之，近世罕得”；茶灶则“每令炊灶以供茶，其清致倍宜”；茶磨，“以青礞石为之”（见图7—11）；茶碾，“古以金银铜铁为之，皆能生锈，今以青石礞石最佳”；茶罗，“以纱为之”；茶架，“予制以斑竹、紫竹，最清”；茶匙，“以椰壳为之，最佳”；茶筅，“截竹为之，广、赣制作最佳”。最为重要的是在茶叶的选取上，朱权遵循“味清甘而香，久能回味，能爽神者为上”的原则，因为“杂以诸香者，必失其自然之性，夺其真味”。在点汤之法上，朱权亦摒弃了宋徽宗时烦琐复杂的“七点法”，而代之以简单有效、便于操作的“三花点汤法”。相比之下，无论是茶叶及器具选取、点茶之法、品比水第，还是煎汤品茶等，朱权最为精彩的是对品饮过程的描述：

命一童子设香案携茶炉于前，一童子出茶具，以瓢汲清泉注于瓶而炊之，然后碾茶为末，置于磨令细，以罗罗之。候汤沸如蟹眼，量客众寡，投数匙入于巨瓯，候茶出相宜，以茶筅摔令沫不浮，乃成云头雨脚，分于啜瓯，置之竹架。童子捧献于前。主起，举瓯奉客曰："为君以泻清臆。"客起接，举瓯曰："非此不可以破孤闷。"乃复坐。饮毕，童子接瓯而退。话久情长，礼陈再三，遂出琴棋。

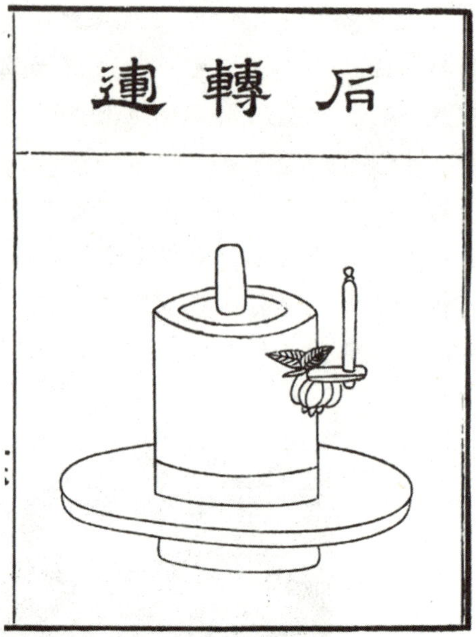

图 7—11 石转运（茶磨）

朱权之后，张谦德著《茶经》。如前所述，明人喜同名而著，而张谦德毫不谦让地以茶圣之著作命名自己的书，其意图或许是想借圣人之名声为自己造势。不过从书的内容来看，该书还是有一定学术价值的。作者自序称作书的初衷是因有感于"烹试之法，不能尽与时合，乃于暇日折衷诸书，附盖新意，勒成三篇，僭名《茶经》"。凡一卷，共约 2 000 字。上篇"论茶"，分产茶、采茶、造茶、茶色、茶香、茶味、别茶、茶效八节。产茶中列名地名茶，如虎丘天池、常州阳羡、湖州顾诸紫笋、峡州碧涧明月等。张氏又以自己口味品比高下，得"虎丘最上，阳羡真岕、蒙顶石茶次之，又其次姑胥天池、顾诸紫笋、涧溪明月之类是也"。"产茶"一节最后一句"余惜不可致耳"道出了茶道中人也有心底的遗憾。"采茶"一节中，时节之说继承了陆羽之论而有翻新。"造茶"一节中则叙古时团饼茶的制作之法，同时推崇"龙团胜雪"。"茶色"一节能证明作者慧眼的是，着一"白"字于茶，添一"清"字为止，"黄"者次之。中篇"论烹"，分择水、候汤、点茶、用炭、洗茶、涤器、藏茶、炙茶、茶助、茶意十节，凡烹茶所用皆一一叙说不厌其烦。下篇"论器"，分茶焙、茶笼、汤瓶、茶壶、茶盘、纸囊、茶洗、茶瓶、茶炉九则，对茶事所用器具简略地细数一通。综观全书，茶、烹、器三论概括了点茶的主要方面，虽未面面俱到，但对后人理论的帮助及推动作用甚大。顾诸紫笋茶饼如图 7—12 所示。

图 7—12 顾诸紫笋茶饼

继张谦德之后，又有明代皇室朱

佑槟的《茶谱》（1529年），朱日藩、盛时泰的《茶事汇辑》（1550年），孙大绶的《茶经水辨》和《茶经外集》（1588年），这一类大多数采集前人论茶之作，无太多创新意见，且篇幅短小。而另外一类则为茶中史书，一般多从大量的古代茶书中辑录演义而出，资料极为丰富，记叙翔实，且其中多带有作者自身对茶道的理解和认识，篇幅相对而言都比较长，对于后世茶文化的研究有很大的参考价值，有着重要意义。

明代茶人周高起著有《阳羡茗壶系》，是记述茶壶的大作。此文除序言外，分有创始、正始、大家、名家、雅流、神器、别派，以品系人，列制壶家及其风格品鉴，并论及泥品和品茗用壶之宜。明代茶学著作中有关选茗议茶、评水品茶的载录，多是拾前人牙慧，而周高起的茶具之说却是前人没有论述过的，颇有见地。

明代陈师所撰《茶考》是较早的一部茶史著作。《茶考》共分为五节，内容包括辨别真假之茶、论茶品、论制茶、藏茶之宜等。其中所载："杭俗烹茶，用细茗置茶瓯，以沸汤点之，名为撮泡。北客多哂之，予亦不满。一则味不尽出，一则泡一次而不用，亦费而可惜，殊失古人蟹眼、鹧鸪斑鸠之意。"此书也反映了品茶方法的新旧更替。书中旁征博引，用《品茶》《茶经》《茶诀》《方舆》《一统志》《尘史》《茶述》《新茶诗》等多部书籍资料，来论证自己的观点。

明代岕茶崛起，盛极一时，因此记述岕茶的专著多，这也是明代茶书的一个特征。清代茶叶采制、品饮因袭前代，无多创举，茶书也少，原创性的茶书更少，大多是摘抄汇编性的。清代共有茶书17种，现存8种，已佚9种。其中程淯的《龙井访茶记》，记述龙井茶的产地及采摘、炒制方法等，是古代有关龙井茶的唯一专著。程雨亭的《整饬皖茶文牍》，详录清末外销茶叶"着色掺杂"，以及进口茶机，改进品质的一段史实，是第一手资料，很有史料价值。陆廷灿的《续茶经》，虽是从陆羽《茶经》原目"采摭诸书以续之"，然"其搜采可谓勤矣，录而存之，亦足以资考订"。全书10万字，为古代茶书字数之最，《四库全书》亦不嫌其长，全文收录，给予较高评价。

清代刘源长的《茶史》以存史而著称，其中所收诸书中的内容是后人考证此前各书的一大参照，因而其于茶史方面的作用远远超过其他。但此书亦有不足，恰如《四库全书总目提要》中所批评的"冗碎殊甚"。但从茶文化史的角度看，这确实是一部巨著，绝非《四库全书总目提要》中所认为的"卷端题名自称曰八十翁，盖暮年颐养姑以寄意而已，不足以言著书也"。

4. 当代茶学著作简介

随着改革开放的春风吹遍祖国大地，中国大地掀起了一股迅猛的文化热潮，含义广泛的大文化概念，把人们的衣食住行、生活方式、社会心理、道德风尚、社会习俗都纳入了文化的范畴。在茶文化热和茶学演进的推动下，茶书编撰的黄金时代虽然姗姗来迟，却以令世人瞩目的气势迅猛发展。品种增多，字数激增，作者广泛，茶书的新格局开始形成。仅1979—1998年的20年间，就出版了300多种茶著作，超越了此前1 200年的茶书总数。而且，出现了一批皇皇巨著，如《中国茶经》《中国农业百科全书·茶业卷》《中国茶文化经典》《中国茶叶大辞典》《中华茶文化丛书》《中国茶文化大观》等。现将部分有代表性的茶文化著作简介如下。

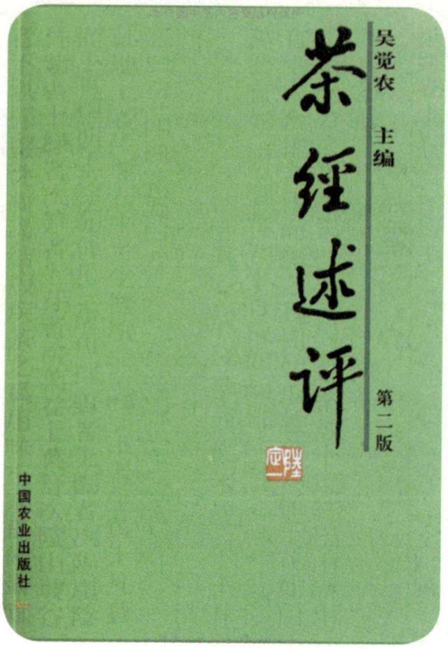

图7—13　吴觉农《茶经述评》

《茶经述评》（见图7—13）由吴觉农主编（中国农业出版社2004年12月出版）。该书是研究《茶经》最有分量的著作之一，被誉为20世纪的新茶经。该书在继承陆羽《茶经》精髓的基础上，在阐述茶的起源的同时，更注重鲜叶品质的鉴别方法、茶的烤煮、茶具的选用等实际学问，包含了吴觉农先生深厚的茶叶实践经验和理论沉淀。

《茶业通史》由陈椽编著（中国农业出版社1984年5月出版）。这是中国第一部比较系统、全面的茶叶通史。该书详细、全面而科学地介绍了茶的起源、茶叶生产的演变、中国历代茶叶产量的变化、茶叶技术的发展与传播、中外茶学、制茶的发展、茶类与制茶化学、饮茶的发展、茶与医药、茶与文化茶叶生产发展与茶业政策、茶业经济政策、国内茶叶贸易、茶叶对外贸易、中国茶业今昔。这是中国近年研究茶史的重要成果。

《中国茶史散论》由庄晚芳编著（科学出版社1988年9月出版）。这是一部中国茶叶的研究论文集，共收入论文13篇，从茶的发展史、饮用史等方面介绍了茶的发源地、茶的传播、人们的饮茶习俗，以及茶与卫生、文化、政治经济的关系，并着重论述了茶树栽培技术的演变以及茶叶科学研究的进展。该书还附有现代恢复和创新的名茶录、历代茶诗及参考资料，考证严谨，论述得当，是研究中国茶叶历史的重要著作。

《中国农业百科全书·茶业卷》由王泽农主编（中国农业出版社1988年12月出版）。该书为一部工具书，除茶业总论外，详细介绍了茶树生物学、茶树栽培、茶树育种、茶树病虫害、茶业生物学、制茶、茶叶审评检验、茶业机械、茶业经济等茶业自然再生产和经济再生产的基本知识，在概述基本理论的同时，重视应用技术的介绍，具有一定的专业深度和实用性。

《中国茶文化》由姚国坤、王存礼、程启坤编著（上海文化出版社1991年

5月出版)。这是一本普及性的读物，以通俗易懂的语言介绍了茶文化的发源，茶之风情、品饮，茶与生活、文学艺术的关系，以及历代茶著等茶文化方面的基础知识。它关注的是与人们生活息息相关的茶文化内容，如茶疗、茶礼、茶艺、茶俗等，因此读来颇具趣味性。

《中国茶文化》由王玲著（中国书店1992年12月出版)。这是一部茶文化专著，是《莲池文化丛书》之一。该书详细介绍了中国茶文化的历史发展脉络，深入研究了中国茶艺与儒释道茶道精神、茶文化与各族人民的生活、茶文化与其他艺术形式的结合，以及中国茶文化向世界的外传等问题。这部著作反映了中国茶文化研究的新成果，拓展了该学科的研究领域和视野。

《日本茶道文化概论》由滕军著（东方出版社1992年11月出版)。该书主要介绍了日本茶道的历史、内容、建筑、道具、礼法、思想、美学，是一部为中国读者写的日本茶道入门书，也是将茶文化研究的视角伸向异域文化的尝试。

《中国茶经》由陈宗懋主编（上海文化出版社1992年5月出版)。这是一部大型的工具书，全书共160万余字，全面、系统地介绍了茶的起源和传播、茶的性质和功用、茶的品类和花色、茶的栽制和贮存、茶的品饮和礼俗，以及茶与文学艺术的关系，较全面地反映了中国数千年茶文化概貌，是一部了解中国茶业与茶文化的百科全书。

《中国茶文化经典》由陈彬藩主编，余悦、关博文担任副主编（光明日报出版社1999年8月出版)。这是一部全面、系统反映古代茶文化成果的文献类著作。全书按时代先后分为六卷，收录了先秦、两汉、魏晋南北朝、隋唐五代、宋、元、明、清各历史阶段有价值的茶书和有关茶的文章、诗词等，并收录个别生活于清末民初的作者文字，是一部学术性、实用性、权威性兼具的中国茶文化书籍。

《中华茶文化丛书》由余悦主编（光明日报出版社1999年8月出版)。全书共10册，以翔实的史料、严谨的构架和生动的文笔，对中华民族数千年来浩如烟海又具有深刻内涵的茶文化进行了全面、系统的梳理。这是江西社会科学院十位茶文化研究者就中华茶文化的流变历史，中国茶的品类，品饮之道，中国茶文化中儒、释、道精神的融合，中国茶文化的外传等问题进行深入研究的成果。

《中国茶叶艺文丛书》由余悦主编（光明日报出版社2002年4月出版)。全套共5册，收录了中国现当代作家具有代表性的茶诗、茶文、茶歌、茶事小说等文学作品，每一册书都是本领域中的首部作品集。整套书内容丰富多彩，是茶文化与当代文学结合的独特产物，也为当代茶文化研究提供了一种新颖而饶有兴味的素材。

《中国茶韵》由余悦著（中央民族大学出版社2002年12月出版)。本书为余悦主编的茶文化博览丛书之一。全书以“韵”字为核心，以极富文学色彩的语言，从历史学、文学、美学、心理学等角度剖析了中国茶俗、茶艺、茶道的内涵，是一部研究中国茶文化的重要理论著作。

《长江流域茶文化》由陈文华著（湖北教育出版社 2004 年 10 出版）。本书为季羡林总主编的长江文化研究文库之一。该书研究的重点是长江流域茶文化，实际上也就是研究以长江流域茶文化为代表的中国茶文化。全书梳理和回顾了茶叶、茶业和茶文化的历史进程，对茶具、茶艺、茶道、茶俗、茶的外传及其与文学艺术的结合等问题进行了思辨性的分析和研究，是茶文化研究的又一部重要著作。

三、茶文化研究的方法

1. 比较研究

在比较、借鉴与相互参照中，比较对象彼此都可以增添活力，加快茶文化研究的发展速度。比较研究的对象，可以是现代与古代，汉族与少数民族，中国与国外，茶文化与其他文化现象，此地与彼地等。比较研究的内容，可以是流传的来龙去脉和相互交流的关系，影响与融合各自的特点、长处和不足，以期在比较中求鉴别、求发展。使用比较研究的方法，好处是显而易见的。通过比较，研究者能很快地把握研究本体的特征，并使之清楚地突显出来。但是，如果所作比较不够深入的话，则结果很容易流于肤浅，给人以“雾里看花”的感觉。

2. 分类研究的方法

从独特的研究视角切入，将研究对象细化，分门别类地进行逐个研究。采用一个或多个分类标准，对研究对象采取外科手术式的精细解剖，从而非常细致、准确地发现研究对象的特点。从微观角度入手是这种研究方法的特点，也是其长处所在。但在使用时一定要注意不要纠缠于细节，应该“进得去，也出得来”，把握住研究的主攻方向。

3. 综合研究的方法

与分类研究相反，综合研究则是从大处着眼，将一些看起来相互之间有关联或没有关联的事项放在一起进行整体的分析研究。学术事业不应该仅仅关注于解剖麻雀的理性分析，还应该有对国计民生的审视，有更加宽广的社会拓展。茶文化研究就应该既是给广大读者的，也是给学术精英的；既是文化的，也是实用的。对于学术而言，可以有更多的原始资料使研究者对于当代的茶文化形态有更直观的认识；对于广大的读者，又可以使人们能从中感受到文化的魅力、鲜活的思想、敏锐的洞察力；而对于与茶文化密切相关的茶科技、茶经贸界，则可以凭借其中的文化而达到自己特定的目标。

4. 专题研究的方法

在茶文化研究中，可选取其中的一个事项或者某段历史过程以及某种文化现象作为专题，进行长时间的专项研究。

5. 历史与现实相结合的方法

从事茶文化的学术研究，大量掌握第一手资料，是开展研究工作的重要基础。致力于原始资料的搜集整理，茶文化的研究、茶文化的发展，不仅需要从传统吸取营养，从旧有的文献当中发现真谛，而且还应密切关注茶文化的当代形态和发展。只有把茶文化的传统与当代的状态紧密地联系在一起，才有可能真正地使茶文化发扬光大，得以升华。有一段时间，茶文化研究只关注昔日的辉煌，而忽略了当代的状况；只关注传统的积淀，而没有对今人的著述给予足够的重视。这是应当注意的。长期以来，学术界每每因“为学问而学问”或者“学术为现实服务”而争论不休。其实，在茶文化研究中，理性和实用应该是流向同一方向的长河，学是为了用。学术为现实服务，无疑地应该得到肯定。在具体的研究过程中，则必须界定“中国茶文化”的科学范畴，了解它的内容、特点、科学内涵等。要进行茶文化史的研究，品茗艺术的研究，茶与文学艺术的研究，茶与儒、释、道的研究，中外茶文化交流的研究，茶文化历史文献的研究。只有这样，才能从多方面来把握住茶文化的根本。

6. 跨学科的研究方法

茶文化研究要进行跨学科、多领域的研究，必须对我国的哲学、史学、文学、医学、民俗学、美学、社会学、艺术、科学技术等学科都有较为深刻的认识与了解，因为，茶文化本身就是一个开放的体系，它与这些学科领域都有着千丝万缕的联系。只有进行跨学科、多领域的研究才能更深入、更全面地发现茶文化的精髓。

第 2 节　茶文化论文的写作

一、论文写作的基本要求

茶文化研究的成果，很多采用论文形式发表。论文又称学术论文，它是对科学领域中的问题进行探讨、研究，表述科学研究成果的文章。学术论文是学术研究的结晶，而非一般的“收获体会”；是对某一学科领域的科学规律的揭示，而非对某些现象的直录、材料的罗列、事件经过的描述；是对真理的探求和发展，而非对他人研究成果的简单重复。学术论文的作者必须站在一定的理论高度来观察和分析带有学术价值的问题，引述各种事实或道理去论证自己的新发现、新见解，向学术界汇报自己研究的新成果。学术论文具有科学性、独创性、平易性特点。

1. 科学性

学术论文的科学性是由科学研究的性质决定的。科学的任务是揭示事物发展的客观规律，探求客观真理，作为人们改造世界的指南。学术论文要正确地反映某项科学研究的过程及成果，发挥其改造世界的指南作用，其本身就应具有科学性。不具备科学性的论文是不能称作学术论文的。具体来说，学术论文的科学性包括以下 3 个方面的内容。

（1）论点正确

学术论文的立论，要求作者不带个人好恶偏见，不主观臆造，不急功近利，要从客观实际出发，符合事物发展的客观规律，并从中得出切合实际的结论。

（2）论据充足

要求作者扎扎实实地工作，经过周密的观察和调查，尽可能多地收集各种材料，真实、全面、有力地论证论点。

（3）论证严密

要求作者经过周密的思考，严谨而富有逻辑地进行论证。

要做到这些，就要求作者掌握科学的思想方法，掌握坚实的理论知识，同时还要具有强烈的责任感和事业心。

2. 独创性

科学研究是对新知识、新领域的探求，这就要求作者在论文里表述的见解应具有独创性。独创性是学术论文的生命力。学术论文的价值在很大程度上是由其独创性决定的。独创性可以分为以下3种类型。

（1）开拓型

这种独创性是"发前人所未发"，提出别人没有发现过的问题，创立新说，成一家之言。开拓型的独创不是轻而易举就能获得的，它是长期潜心研究的结果。每一位学术论文的作者，都不应该放弃这方面的探索和努力。

（2）加深型

它的独创性表现在对前人已研究过的课题的开掘和加深上。研究前人已经研究过的课题，并不是步人后尘、拾人牙慧。如果我们在这种研究过程中，掌握确凿的第一手材料，从新的角度，采用新方法，对该课题达到了较高层次的认识，得出了过去的研究者限于以往的历史条件和认识水平所不能得出的结论，那么，我们就实现了加深型的独创。

（3）争鸣型

它的独创性是在与旧说或通说的商榷中体现出来的。如果我们在这种研究中，从客观事实和实际材料出发，经过深入探索，得出了与已有的结论不同，然而又有科学性的结论，这便是争鸣型独创。这种独创与毫无根据的信口雌黄、与不负责任的随意瞎说、与故弄玄虚的文字游戏，完全不能混为一谈。

3. 平易性

尽管学术论文内容比较专一，要求对某一科学领域的某一问题进行研究，要求较多地运用某一专业的名词术语，有明显的专业性，但它的目的非常明确，就是宣传科学真理，因此它要让人看得懂，容易被理解，这就需要尽可能将论文写得深入浅出、平易近人、通俗易懂。

二、论文写作的程序

1. 选好课题

爱因斯坦曾经说过，在科学面前，提出问题往往比解决问题更重要。选好课题就是在研究资料（包括实验、观察、调查所得的客观材料）的基础上提出问题，确定学术论文的研究方向和目标。选题是决定论文内容和价值的关键环节。有了好的选题，整个学术论文的写作就等于找到了一个可望成功的出发点。如果缺乏深入思考，贸然定题；或者选择了论者已多、难以出新的课题；或者选择了无关紧要、价值不大的课题；或者选择了似是而非、难以说清的课题；或者选择了力所不及、无法驾驭的课题。这样的选题，从确定的那一刻起，就已经潜伏着失败的危机。因此，对于选题决不能掉以轻心。尤其是对以下三个方面的问题，更应予以高度重视。

（1）掌握学术信息

撰写学术论文，无论是在确定课题过程中，还是在定了课题之后，都要注意有关此课题的信息。信息不灵，往往会在无意中步人后尘，或者与他人“撞车”，从而使独创性难以体现。

掌握学术信息，途径之一是向导师或内行讨教。这有利于准确及时地掌握学术信息，了解学术研究的动态和现状，从而为自己的选题奠定“价值判断”的基础。

掌握学术信息，途径之二是查阅文献资料。查阅文献资料，包括查阅相关的专业目录、报刊目录索引、专题目录索引和年鉴等。通过查阅，可了解本学科研究的历史和现状，了解有多少人研究过，达到了什么高度，还有哪些问题没有解决。弄清了这些情况对确定选题大有好处。

（2）进行自我认识

首先，要了解自己的兴趣指向。兴趣可以培养，也可转移，对某个课题，原先不感兴趣，后来变得甚感兴趣的情况是有的。但对课题始终提不起兴趣来，终究是一种极不利于课题研究的心理状态。我们应当避免这种情况。

其次，要估量自己的资料积累。从材料与选题的角度看，大致有两种情况：一种是从掌握的大量资料中引出研究的课题；另一种是在大致了解材料后先确定课题，然后再收集材料。不管属于哪种情况，都必须估计一下自己的资料积累情况，计划如何再进一步搜集资料。

最后，要明白自己的优势。有人长于宏观把握，有人精于微观研究，有人立论周严，有人驳论锋利。在选题的时候，要扬长避短，研究工作才能很好地展开。对于初学写学术论文的人来说，由于时间、经验和能力所限，应选择突破口小一点的课题，具体一点的课题，以利于研究工作的顺利开展。

（3）确定主攻方向

一般来说，确定论文的主攻方向应该从以下两个方面来考虑。

第一，选题应该选与社会生活和科学文化事业密切相关的问题。现实的需要永远是科学研究的最根本、最强大、最内在的推动力。需要，能孕育、催生新的学科；不需要，任何学科都势必萎缩甚至消亡。现实的需要，是不能不予以重视的原则问题。

第二，选题应该选具有学术价值的问题。学术研究的根本目的在于提高学术水平，推动学科的发展。这一类的课题，有的对某门学科的发展有迫切的现实意义，有的从表面来看不直接应用于当前的现代化建设，如对基础理论或古代文学的研究，但它与我国的科学文化发展相关联，同样具有学术价值。学术研究既要看现实的需要，也要考虑长远的利益。

（4）目标明确、勿空勿大

课题不宜过大、过空泛，应清晰明了，即给阅读者准确的信息且能使作者目标明确。例如，“浅谈唐代茶文化”就不如“从唐代茶诗中剖析唐代茶文化”目标明确。

2. 搜集资料

科学研究是研究客观事实，从丰富的事实、资料中概括出规律，提出切实的见解。因此，资料不仅是整个研究工作的“起点”，也是整个研究工作的“基石”。资料贫乏，研究者在研究工作时会感到困难和棘手；资料不典型、不完备，也势必影响整个研究工作的可信性和周密性。

学术论文写作，一般要搜集两类资料：一类是研究对象的原始资料，另一类是他人的有关论述。原始资料是论文所提出的观点的主要来源和依据，引证应当尽可能引用原始资料。原始资料中可能出现各种不同的说法，会有相互矛盾的情况，搜集时应该兼收并蓄，然后加以鉴别，去伪存真。搜集他人的有关论述也是很重要的。作者可以从这些论述中得到启发，可以借鉴他人研究问题的方法，也可以引用某些经过他人考证的事实材料作为旁证。但是，在参考他人的文章时，应该以己为主，坚持独立研究，不要被别人的条条框框所束缚，更不要被别人牵着鼻子走。否则，就只能重复别人的见解。

在拥有充分、完备的资料的情况下，要特别注意搜集动态资料和个性资料。

动态资料指新近的、尚未沉积的鲜活资料，如具体事实、事例、调查报告、抽样结果、统计数字、表格、实验分析报告等。

个性资料是指自己观察到的、发掘出的关键资料。常规资料是中性的；个性资料是个性的，打着作者的印记。通常自己发现的个性资料对论文的学术性影响最大。

3. 确立论点

学术论文的论点，是作者论述事物或解决问题所提出的见解和观点。学术论文写作要在搜集大量资料并对资料进行分析研究的过程中，逐渐形成自己的见解，从而确立论文的论点。这是对大量资料进行研究、提炼的过程。

确立论点，主要是确立全文的中心论点。为了论证中心论点，还要围绕中心论点确立若干分论点。这些分论点从属于中心论点，是为证明中心论点服务的。中心论点一经确立，就起着统率全文的作用，材料的取舍、论证方法的选择、层次段落的安排，都要根据论点的需要来进行。所以，一篇论文的好坏，在很大程度上取决于论点是否正确、深刻、有新意。

4. 拟定提纲

提纲是学术论文写作的设计图。通过提纲，作者可以把初步酝酿成形的思路、观点等用文字固定下来，明确起来，提纲起疏通思想、安排材料、形成结构的作用。

提纲是论文的整体框架，反映了作者对论文的总体把握，显示了预想中论文的轮廓。它体现了作者的眼力（高或低）、思辨力（强或弱）、写作能力（高或低）乃至气魄（有或无）等综合的水平。有了提纲，行文就有了依据，何处该起，何处该收，何处该分，何处该合，起承转合，详略疏密均在自己的意料之中，写起来全局在握，目标明确，可避免论文内容的松散零乱，自相矛盾。

（1）提纲的内容

拟写学术论文的提纲，一要从全局着眼，权衡好各个部分；二要项目齐全，能初步构成文章的轮廓。一般来说，提纲应该写得细一些，包括的项目有题目（暂拟）、文章的宗旨和目的、中心论点下的各个分论点、各个分论点下的小论点、各小论点所依据的论据材料（理论材料、事实材料）、每个层次采取哪种论证方法、结论。

（2）提纲的写法

提纲的写法，概括说来有以下三种。

1）论点写法。这是社会科学学术论文提纲常采用的一种写法。这种写法如图7—14所示。

2）标题写法。自然科学学术论文提纲采用这种写法的较多。这类写法的思路如图7—15所示。

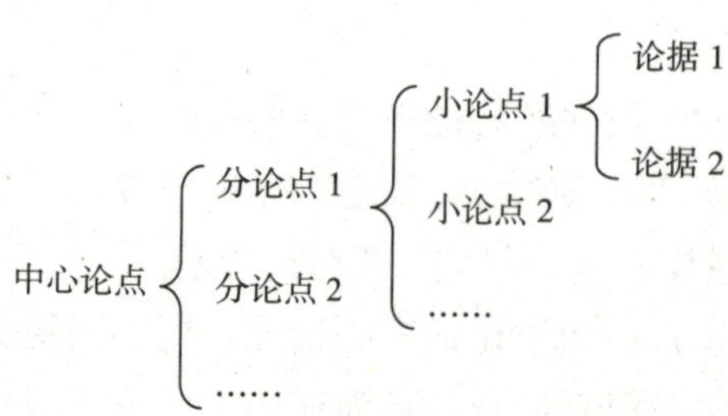

图7—14 论点写法的提纲示意图

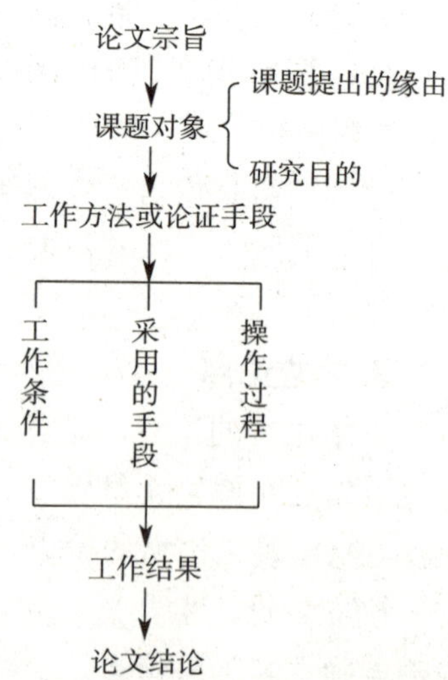

图7—15 标题写法的提纲示意图

这种写法描述的是研究工作的大体过程，按事物的自然发展顺序列写清楚。它与论点写法的区别在于：论点写法要求作者将研究的问题高度综合，提炼出近似成型的文章论点；而标题写法只是对工作过程的顺次标示，在标示同时还要列出作者的看法和意见。

3）提要写法。这种写法适用于各学科学术论文。它是文章全部内容粗线条的描述，既要分开各个层次，同时还要以要点的形式，概括地写出各个层次部分的基本内容。实际上它是文章的雏形，是文章的缩写。

提纲写好之后，不要立即动手写作，而应当回过头来看看自己所掌握的材料有无错误。同时，要反复推敲提纲的几项内容：论点是否明确，论述的层次有无主次不分、颠倒或重复等情况，论据是否充分，材料安排是否恰当等。提纲的推敲过程，也就是作者的逻辑思维渐趋严密的过程。

5. 撰写成文

搜集了资料，确立了论点，拟定了提纲之后，就进入了撰写阶段。

（1）把握学术论文构成的基本形式

学术论文一般由绪论、本论、结论三部分构成。

1）绪论（引言）。这一部分，一般是说明为什么要研究这个课题，解释研究这一课题的现实意义，并提出论文的中心论点。如果是篇幅较长的论文，绪论中往往要把本论部分作扼要介绍，或提示出论述问题的结论。绪论部分必须写得简明扼要，在整篇文章中所占的比例要小。

2）本论。这一部分应详细地阐述论文作者个人研究的成果，特别是详细地阐述作者提出的新的、独创性的东西。论文作者在这一部分必须根据论题的性质，或正面立论，或批驳不同的看法，或解决别人的疑难问题，从而周详地论证文中的思想和见解。这一部分应是论文的核心部分，要全力把它写好。

3）结论。这一部分的内容与绪论相关，是围绕本论所做的结论，是对本论部分的强调，但不是本论论点的重复，而是一篇论文要旨的简明扼要的提示。如果结论部分已提前在绪论或本论部分做了提示，这部分只作为文章的收尾，不再揭示文章的主旨，但必须注意要与文章的开头相照应。

上面所说的只是学术论文构成的基本形式，并不是一成不变的刻板公式，作者可根据实际情况加以变通。

（2）展开论述，阐述明晰

1）展开论述。学术论文主要是阐明道理，揭示规律。这就要求作者善于展开论述，把矛盾充分地揭示出来，从不同角度和层次对问题进行具体的分析，把道理讲得深入透彻。

展开论述的重要方法是夹叙夹议，或者是先叙后议，先议后叙，交替进行。好的论文说完一层意思再说另一层意思，一步一步地接近所论问题的核心。例如，有一篇论文的作者在第一节中提出基本观点：张洁在她的《伤口》

中所追求的是一种美。在第二节中，指出她的这种美，不是物质生活的美好和人的外表的漂亮，而是一种内在精神的美。在第三节中，又指出这种美属于道德审美范畴，这种美，对于她的主人公来说比物质生活乃至生命本身更重要。在第四节中，作者为这种美又增加一层内涵——对于社会的使命感和对生活的职责感。第五节又指出这种美不是那阳刚之美，而是朴素优雅之美，因而在她的作品中成功的正面主人公很少是叱咤风云的英雄。在最后一节中，作者指出这种美成为张洁的创造的标志，但是这种创造的优点也是有限度的，它也具有局限性。论文逐层分析，逐层深入，使论点的内涵越来越丰富、具体，给读者以深刻的启示和教益。

2）阐述明晰。一篇论文，除了论证部分，往往还有非论证部分，如开头介绍有关情况引出要讨论的问题；解释关键性的概念，明确研究的对象；复述典型例子，理清它的来龙去脉；指明实现论点的途径，提出具体的做法等。这些都是论文不可缺少的部分，要通盘考虑，全面安排，明晰地加以阐述。

阐述明晰主要指概念明确，界限清楚，主次分明，条分缕析。例如，在解释基本概念时，常有这种情况：双方各持己见，争论不休，纠缠了大半天，才发现彼此都没有明确表达自己所用的概念，实际上是混战了一场。可见，概念含糊不清，思想活动就不可能正常地进行，思想交流就没有共同的目标。下定义、分类别、释词语等，是确切地阐述概念的一些方法。

（3）要有理论深度

为了增强学术论文的理论深度，在整个写作过程中，都要注意“摆事实，讲道理”，进行理论分析。特别要注意的是，有时要介绍一下背景情况、事件情节、人物状况，目的是为了更好地讲明道理。这些叙述的文字应该是十分简练的，不能拖沓、求全，更不能当作重心而大写特写。论文中的“节录”和“复述”，也要力求恰当和精练。大量的复述以及冗长的节录，会使论文偏离主题，冲淡理论性。

加强学术论文的理论深度要从以下几方面入手。

1）要有综合和抽象的过程。论文写作时不能一味地罗列现象，堆砌材料，而要从感性上升到理性的高度，对纷繁复杂的客观现象进行提炼，进而找到规律性的东西。

2）要有从个别到一般的“飞跃”。这就是说，论文的作者不能沉浸于某一具体事物上，就事论事，而应该去深入开掘其广泛的社会意义。只有跳出具体事物的小圈子，才能放开眼界，发挥论述的指导作用。

3）要坚持以理服人。在学术讨论中对自己不同意的观点提出异议，展开争论，是正常的，但绝不可以将对方的观点故意歪曲夸大，说得一无是处。一定要坚持以理服人，不能离开理论分析，不能搞简单化、庸俗化。

（4）几个技术性问题的处理

1）内容提要。内容提要一般放在文章标题和作者署名下面，用“内容提要”四字标出。排版时要与正文有区别，有的还在内容提要文字的两边加上花边，以引起读者的重视。内容提要应力求精练，一般用两三百字把论文的内容要点提示出来，让读者在阅读正文之前对论文的重要论点有所了解。

2）引文。在学术论文写作中，由于论证上的需要，常常要用到引文。如何处理好引文是学术论文写作中需要注意的问题。

①引文要符合原作的本义。故意曲解原作的本义，然后再将这种经过曲解的文字引出来，为我所用，这是学术论文写作所不允许的。引文要相对完整。掐头去尾，断章取义，往往使引文失去原貌。有些原文过长，不能全部加以引用，只摘引与论题有关的文字，这是允许的，但一定要以符合原意为前提。

②引文与作者对引文的解说，这两个部分要界限分明。哪些是他人的观点，哪些是自己的见解，在引文中要明确地表示出来。同时，对任何引文都要明确地表示出作者的态度，是赞同，还是反对，要态度鲜明，使读者一目了然。

③引文要核对无误，不能错引。引文的内容应准确无误，原文作者、出处不能张冠李戴。

3）加注。说明引文的出处要加注。引文中注释难点或必要的解说也要加注。加注的方法有以下四种。

①尾注。这是在全文或全书的末尾一并加注。篇幅不长的单篇论文常用这种方法。好处是注集中在一起，引文的出处一目了然；不足之处是阅读论文查阅注释时，需要翻找。

②脚注。注加在当页的页脚。读者如需查阅附注，无须翻找，较为便利。现在的论文使用较多的就是这种脚注。

③段中注，即夹注。段中注在正文中一律用括号标明。段中注不宜太多，频繁使用段中注将影响阅读连贯性。

④章、节附注。注在一章或一节之后。

行文要加“注码”。正文中的注码，一律用带圆括号或加圈的阿拉伯数字标出，写在所注对象的右上角。如果注释不多，也可以用星号（*）标出。附注出处的安排顺序一般是：著者、书名或篇名、出版地、出版者、出版年份、页码。

⑤文献目录。这部分是向读者提供对于这篇学术论文有参考价值的专著或论文。文献应该是经过选择的、有较高学术价值的文章或著作。文献目录应注明：作者、篇名、期刊名、年份、期号。如文献是专著，在作者后面还应写明书名、出版地、出版社、出版年份、版本。

6. 修改定稿

论文的初稿写成之后，还要再三推敲，反复修改，认真誊清或打印并校对好。

论文的修改，一般包括观点的订正、材料的增删、结构的调整、语言的润色等几个方面。修改的方法因人而异，因文而异，但不论用什么方法，都应该注意以下几点。

（1）要主动听取他人的意见

写好初稿，要多听取他人的意见。有条件的还应请内行的人看，广泛听取各种意见，特别要虚心听取关于论文存在问题的意见，作为修改时的参考。当然，对各种意见，不要囫囵吞枣，而要细细咀嚼，好好消化和吸收。

（2）要再查阅、再研究之后才动笔修改

修改是一项艰苦的工作，只做字面上的修改，很难提高论文的质量。特别是内容方面的问题，发现之后，要不怕艰苦，再去查找有关的资料，或再到实际中去调查研究。只有把问题弄清楚了，再动手修改，才容易取得较好的效果。

（3）要“冷处理”

一般来说，写初稿时，作者就已倾尽全力。如果马上修改，往往看不出问题，很难突破原来的框框。较好的做法，是把初稿放下，然后广泛地浏览有关资料，让脑子放松一下，待冷静下来，再进行修改。这样，往往会突破原来的框框，发现问题，产生新的看法。如此修改两三次，论文质量定会有明显提高。

三、茶文化论文写作工具书

在进行茶文化论文写作时，需要对各类文献进行注释、著录、校勘、辨伪、辑佚等，需要借助工具书，常用文史工具书见表7—1。

表7—1　　常用文史工具书

查找内容		工具书
汉字	现代常用字	《新华字典》《简化字总表》
	冷僻字与古文字	《康熙字典》《汉语大字典》
	汉字形体	《甲骨文编》《金文编》《真草隶篆四体大字典》
	汉字音韵	《广韵》《集韵》
词语	现代常用词语	《现代汉语词典》
	古代词语	《辞源》《辞海》《汉语大词典》
	成语	《成语词典》
	虚词	《现代汉语虚词》《文言虚词》
	方言俗语	《通俗编》《汉语方言词汇》

续表

查找内容		工具书
诗文出处	诗词出处	《毛诗引得》《佩文韵府》
	文句出处	《十三经索引》
	佚书、佚文	《艺文类聚》《永乐大典》
署名	经典著作署名	《马克思、恩格斯全集目录》《鲁迅著译系年目录》
	古籍篇名	《元人文集篇目分类索引》
	报刊篇名	《全国报刊索引》
	专题篇名	《中国史学论文索引》
书名	古籍书名	《四库全书总目》《艺文志二十种综合引得》
	新书名	《全国总书目》《全国新书目》
	丛书书名	《中国丛书综录》
	专科书名	《史部要籍解题》《中国通俗小说书目》
	其他书名	《伪书通考》《同书异名通检》《同名异书通检》
人名	姓名	《中国人名大辞典》《中国文学家大辞典》
	传记资料	《二十四史纪传人名索引》
	生卒	《历代人物年里碑传综表》
	字、号、别名	《古今人物别名索引》
地名	古今地名	《中国古今地名大辞典》
	地名沿革	《历代地理沿革表》
	地图	《中国历史地图集》
年代	年号和年数	《中国历史纪年》
	历史大事	《中外历史年表》
	年、月、日	《二十史朔闰表》
历代文物典章制度和职官	历代文物典章制度	《唐会要》《明会要》
	历代职官	《历代职官表》
事物	古代事物	《古今图书集成》
	现代事物	《中国大百科全书》

参考文献

[1] 余悦．中国茶韵 [M]. 北京：中央民族大学出版社，2002.

[2] 柏凡．中国茶饮 [M]. 北京：中央民族大学出版社，2002.

[3] 连振娟．中国茶馆 [M]. 北京：中央民族大学出版社，2002.

[4] 龚建华．中国茶典 [M]. 北京：中央民族大学出版社，2002.

[5] 徐传宏，骆芃芃．中国茶馆 [M]. 济南：山东科学技术出版社，2002.

[6] 滕军．日本茶道文化概论 [M]. 北京：东方出版社，1992.

[7] 余悦．问俗 [M]. 杭州：浙江摄影出版社，1996.

[8] 余悦．中国茶文化研究的当代历程与未来走向 [J]，江西社会科学，2005，07：7-18.

[9] 陈宗懋．中国茶叶大辞典 [M]. 北京：中国轻工业出版社，2002.

[10] 余悦．中华茶艺：上：茶艺基础知识与基本技能 [M]. 北京：中央广播电视大学出版社，2014.

[11] 余悦．中华茶艺：下：茶席设计与茶艺编创 [M]. 北京：中央广播电视大学出版社，2015.